U0342347

世界钢轨生产技术研究与创新

Research and Innovation in Global Rail Production Technology

董志洪　著

北　京

冶　金　工　业　出　版　社

2025

内 容 提 要

本书全面介绍了世界百年来钢轨技术的进步与创新历程，提出了未来钢轨技术发展的新思路。全书共分4篇，第1篇回顾了百年来伴随世界铁路和钢铁技术的进步，世界各国对钢轨从断面到钢种生产技术的研究，重点介绍了世界各国在开发珠光体钢轨和贝氏体钢轨钢的研究成果；第2篇介绍了以钢轨为代表的翼缘型钢的核心技术——万能法孔型设计技巧；第3篇介绍了作者50多年来参与钢轨技术研究的多项成果和在近年来研究基础上提出的一种新型短流程钢轨生产新工艺的设想；第4篇介绍了我国主要钢轨生产企业的生产技术及工艺。

本书可作为政府部门、科研设计单位项目决策、设计和研究的参考书，也可作为大专院校师生的教学参考书和钢轨生产企业工程技术人员的培训教材。

图书在版编目（CIP）数据

世界钢轨生产技术研究与创新／董志洪著. -- 北京：
冶金工业出版社，2025. 1. -- ISBN 978-7-5240-0038
-9

Ⅰ. TG335. 4

中国国家版本馆 CIP 数据核字第 2024ZG0602 号

世界钢轨生产技术研究与创新

出版发行	冶金工业出版社	电　话	（010）64027926
地　址	北京市东城区嵩祝院北巷 39 号	邮　编	100009
网　址	www. mip1953. com	电子信箱	service@ mip1953. com

责任编辑　王雨童　美术编辑　彭子赫　版式设计　郑小利
责任校对　葛新霞　责任印制　禹　蕊
北京印刷集团有限责任公司印刷
2025 年 1 月第 1 版，2025 年 1 月第 1 次印刷
710mm×1000mm　1/16；21.5 印张；1 彩页；420 千字；323 页
定价 128.00 元

投稿电话　（010）64027932　投稿信箱　tougao@cnmip. com. cn
营销中心电话　（010）64044283
冶金工业出版社天猫旗舰店　yjgycbs. tmall. com
（本书如有印装质量问题，本社营销中心负责退换）

前　言

钢轨作为最古老的钢材品种，从早期的木制轨到现代的钢轨，已有近260年的历史。19世纪初，随着工业革命蒸汽机车的出现，真正意义上的钢轨登上了历史的舞台。随着铁路的发展，钢轨作为铁路最重要的基础材料，得到了快速发展。特别是20世纪后，钢铁冶炼、轧钢等冶金技术的进步和火车车速、轴重的不断提高，进一步推动了钢轨制造技术的创新和发展。

我国铁路在近百年的发展过程中，经过数代人的努力，不断开拓创新，实现了从落后、追赶、创新到领先。到目前为止，我国铁路的营运里程突破了16万公里，其中高速铁路超过4.6万公里。我国已经成为世界铁路最发达的国家之一。

铁路经历了100多年的发展，至今仍是方兴未艾。21世纪铁路运输仍然是陆路运输的主要工具。随着铁路的发展，尤其是随着高速铁路、重载铁路和城市快速轻轨铁路技术的发展，世界各国对钢轨的研究有了新的进展。近半个世纪以来，高技术铁路的发展，特别是自动化、智能化、数字化和人工智能的快速发展与推广，进一步带动了钢轨生产工艺和材料的研究。

为满足我国铁路发展的需要，钢铁人卧薪尝胆，埋头苦干，潜心钻研。经过多年几代钢铁人的努力，通过学习引进日本、德国和法国等国家的先进技术、工艺、设备，特别是引进炉外精炼、真空脱气、大方坯连铸、万能轧机、长尺冷却、联合平-立矫直、在线检测等技术和设备，解决了长期困扰钢轨质量的几大技术难题——钢质纯净度不高、不耐磨、几何尺寸精度低、疲劳寿命低等。同时，结合我国资源特点，研究开发了多种含铌、含钒、含钛、含稀土的高强度、高韧性合金钢钢轨新钢种。更令人欣喜的是我国对贝氏体钢轨钢的研究，取得了突破性进展，使我国重载铁路用钢轨的性能走在了世界的前列。现在，我国钢轨生产不仅能充分满足国内高速铁路、重载铁路和城市轨道交通的需要，而且还大量出口到世界各国。可以毫不谦虚地说，现在我国已成为世界第一钢轨生产强国。

本人长期在国内外从事钢轨的生产、技术研究，亲身经历了我国钢轨生产技术进步和铁路发展关键节点的历史，为了将钢轨技术传承下去，经过多年收集、整理和准备，比较系统地研究了100多年来伴随世界铁路的发展，钢轨生产技术的进步里程。

本书共4篇，包括钢轨与铁路概论、钢轨与型钢孔型设计原理、钢轨技术专题研究报告和我国主要钢轨生产企业生产技术工艺介绍，系统介绍了百年来世界各国在钢轨断面、钢轨钢种等方面的研究成果和技术进步；重点介绍了作者50多年来从事钢轨技术研发的历史积累、近年来参与贝氏体钢轨研究的最新成果和最近提出的钢轨生产新工艺的研究报告。本书作为研究钢轨技术发展和历史的专著，可供从事钢轨研究、生产和使用的工程技术人员学习、参考。

本书在撰写过程中，得到原冶金工业部、铁道部、中国钢铁工业协会有关领导和专家的指导，得到包钢、鞍钢、武钢、攀钢、邯钢、永洋钢铁等单位领导和技术人员及我家人的合作支持，在此表示衷心感谢！

董志洪

2024 年 10 月完稿于北京家中

目　　录

第1篇　钢轨与铁路概论

第2篇　钢轨与型钢孔型设计原理

第3篇　钢轨技术专题研究报告

Contenes

Volumn I   Introduction to Rail Technology and Railways

Volumn II   Rail and Flange Type Steel Pass Design

Volumn III   Rail Technology Research Reports

Volumn Ⅳ   Introduction to the Production Technology of China's Major Rail Production Enterprises

第1篇 钢轨与铁路概论

1 铁 路 起 源

1.1 世界最早铁路的雏形

早在 16 世纪以前，随着商业的发展和采矿业的需要，当时的马车运输获得了空前的发展，以四轮马车为主要形式的运输，在运输长途旅客和货物上已相当普及。17 世纪初，随着工业的发展和商业贸易的扩张，各国各地区间的贸易往来越来越多，尤其是各国间征战的需要，单靠过去四轮马车已不能满足运输物资和武器的需要。特别是当车轮行走在土质松软的原野草原上时，常常因阴雨而造成车轮陷入泥水中，严重影响运输速度和效率。为了解决在松软土路上和泥泞季节的马车运输的正常进行，人们曾采用了许多办法，如往路上铺干草、铺皮革等。经过很长时间多次实践，人们发现在路上铺设木板的方法最方便、最实用。于是这种方法很快得到推广，人们在马车行驶的主要干道上铺设木板后，不仅解决了在雨季道路泥泞所带来的不便，而且大大提高了马车的行进速度。据历史记载，在 1830~1835 年就出现了以马为动力的"火车"，其车轮行走在木质轨道上，如图 1-1-1 所示。木质轨是钢轨的最早形式之一，这种木质轨后来随着车轮的加大和运量的增加，常常发生磨损和折断而影响行车。此后人们又开始摸索采用其他材料如石板等。但仍不理想。这时的冶金技术已发展到可以生产各种铸造生铁水平。实践告诉人们：铸造生铁比木材、石材不仅耐磨，而且易于生产加工。尽管当时铸造生铁在价格上比木材、石材贵得多，但其良好的性能和长久的使用寿命，让人们开始采用铸铁轨代替木质轨。据有关史料记载，铸铁轨出现在 1767 年前后，当时生产的铸铁轨实际上是一块仅有 1.5 m 长的铸铁板。铸铁轨由于强度高又耐磨，很快就取代了原有的木质轨。正是铸铁轨的出现，使马车增大了体积和运输量，在进一步增加马匹的条件下，扩大了运输速度和运量。由于马匹管理困难，常常因马匹的伤病而造成运输停业，这又促使人们寻找新的动力，如在马车上加装风帆等，但都因不能维持稳定的行车而未能广泛采用。

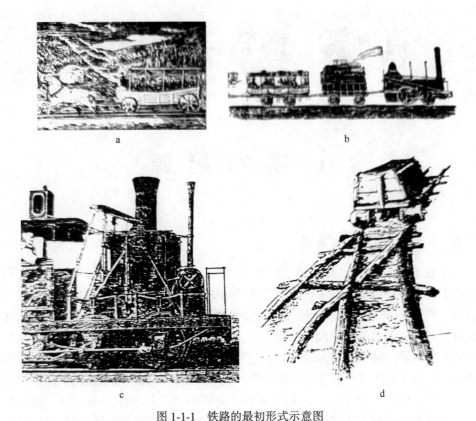

图 1-1-1　铁路的最初形式示意图

a—1830～1835 年在巴尔的摩（Baltimore）和俄亥俄（Ohia）出现的以马为动力的"火车"；
b—1835 年波士顿和威尔卡斯特铁路运输情景；c—名为"Grasshopper"的机车示意图；
d—木质轨在加拿大各种铁路建设中的早期应用

在 1820 年前人们发明了蒸汽机，这种以煤为燃料、以水为介质通过产生蒸汽为动力的机器的出现因其动力巨大、效率高而著称，很快被广泛应用到各种工业领域，如纺织机等，推动了整个英国工业革命。此时也有人尝试采用蒸汽机做动力牵引货车和客车。蒸汽机的牵引力要远远超过数匹马的能力，而且又平稳。但最初设计的以蒸汽机为动力的机车热效率较低。

英国人乔治·史蒂文森出生在威尔姆城，这是英国煤炭外运的一个港口城市。他从年轻时就开始研究如何提高运输煤炭机车的效率问题，经过多次反复实验，在 1829 年设计出了被称为"火箭"的机车。他设计的机车采用了热交换原理，即在炉膛内装有大量热交换管道，让从管道内通过的水受热后产生大量蒸汽，再由蒸汽推动活塞做功，牵引整个机车运动。这一设计对当时的机车改造可以说是革命性的，其设计的机车无论是速度还是牵引力均超过当时任何其他机车。其发明的机车如图1-1-2所示。

图1-1-2 乔治·史蒂文森发明的"火箭"机车示意图

在以蒸汽为动力的机车问世之前实现的用轧制方法生产钢轨，使得阻碍铁路发展的两大难题获得解决，从而为铁路的发展创造了条件。据有关历史记载，用轧制方法生产钢轨最早出现在1820年。最早公开运营的铁路是1830年在英国从利物浦到曼彻斯特的一条铁路。这时候美国修成了从斯托克城到达林城的铁路。德国在1835年开始有铁路。日本则在1872年建成了自己的铁路。早在1887年美国拥有的铁路总里程就达到$24.1×10^4$ km，这时候英国拥有的铁路总里程为$3.1×10^4$ km，德国拥有的铁路总里程达$3.9×10^4$ km。到1887年，拥有铁路的国家共有10个。

我国的第一条铁路建于1864年，它是建在北京宣武门外的一条0.5 km长的铁路。

可以这样说，19世纪铁路的大发展，促进了人类的文明和进步，也刺激了资本主义的发展和向海外的侵略扩张。

1.2 铁路发展历史和现状

从1830年铁路的诞生至今已有190多年，现在世界上共有铁路总里程$140×10^4$ km以上，遍布世界5大洲。不仅有普通客运铁路、货运铁路，而且有地下铁路、重载铁路和高速铁路。铁路的车速也已从最初以马为动力的$10~20$ km/h发展到现在的$120~350$ km/h。火车的动力也从过去的蒸汽机车更换为内燃机车或电力机车，机车的牵引力发展到4000 kW。

世界主要国家的铁路现状见表1-1-1。

表 1-1-1　世界主要国家的铁路现状

国　名	国土面积/万平方公里	人口/亿人	铁路总长/万公里	高速铁路（2021 年）/km
日本	37.8	1.27	2.71	3422
法国	54.91	0.60	2.96	3802
德国	35.76	0.82	4.19	4639
意大利	30.21	0.57	2.02	2368
美国	937	3.00	22.49	2161
俄罗斯	1709.82	1.48	8.71	845
中国	960	14.2	16	46000
印度	298	14	12.5	
西班牙	50.6	0.39	1.49	5525
加拿大	998	0.35	4.65	
巴西	851.04	1.88	3.0	893（1073）
澳大利亚	774.12	0.18	3.84	326
英国	24.36	0.61	1.65	1579

　　从铁路技术发展历史看，铁路发展经历了 3 个阶段。

　　第一阶段，即初期发展阶段：大约从 1830 年到 1900 年前后。这一阶段以蒸汽机的发明和钢轨生产技术的进步为代表，解决了铁路发展的动力和钢轨等关键问题，促进了铁路的大发展。火车的速度得到了很大提高，从 1830 年的 46 km/h 发展到 1900 年的 130 km/h，成为运输能力最大、运输速度最快的陆路运输工具。在这一阶段，铁路技术的进步主要是围绕轨距尺寸而展开的。由于最初的火车是行驶在原有以马匹为动力的旧铁路线上，故其仍采用原有的轨距，即为 1422 mm。这一数字的确定是通过长期马车运输的检验后，被认为是最合适的车轮间距。现在，人们通过考古发现，早在 3000 年前的马车车辙间距是 4 英尺 8 英寸（1422 mm），也正是这一间距。由于火车车轮的宽度比马车车轮宽，故需要把轨道间距增加 12.7 mm，这样一来，火车的轨距被定为 1435 mm。与此同时，也出现了宽轨距铁路，其设计轨距为 2140 mm。窄轨距铁路和宽轨距铁路之间出现了竞争，铁路设计者们也就这一问题开展辩论，通过运输实践对比，人们发现：宽轨铁路比窄轨铁路要增加铁路建设投资，增加车辆的单重，在曲线处使轮轨的摩擦力增大，并增加轨道的维护费用等，说明窄轨铁路比宽轨铁路更经济。在英国，1846 年 8 月 18 日出台了铁路轨距标准法，规定铁路轨距为 1435 mm。这个法律经当时的英国国王批准并在英国实施后，也带动了世界铁路轨距的标准化。

　　第二阶段：大约从 1900 年到 1950 年前后。在这一阶段中，铁路技术的进步主要是围绕机车技术的进步和钢轨断面的改进两个方面进行的。首先是电力机车的出现，为铁路的发展提供了干净的动力。最早的电力机车出现在 1879 年 5 月 31 日的巴黎工业博览会上。1901 年由德国西门子公司研制出的电力机车正式问世，其车速达到 162.5 km/h，这一速度突破了蒸汽机车 160 km/h 的纪录，创造了当时世界铁路速度的最高纪录。在 1903 年 10 月 27 日，又创造了车速为 210.2 km/h 的世界铁路纪录。

据查，到 1939 年，意大利的 ETR-200 机车的车速达到了 203 km/h。与此同时，蒸汽机车的最高车速也提高到 202.7 km/h，这是 1938 年 7 月 3 日在英国创造的蒸汽机车的当时世界最高纪录。在德国，其飞机和汽车业在这一时期发展很快，为对抗其对运输市场的占领，德国首先研制成功了内燃机车，在 1931 年 6 月 21 日由内燃机车牵引的火车车速达到 230.2 km/h。内燃机车的出现对发展无电地区的铁路提供了机遇。

机车车速和机车牵引力的提高，对钢轨的要求也越来越严格，特别是随着电力机车和内燃机车的出现，机车轴重的大幅度提高，要求使用更大断面的钢轨。原来蒸汽机车所用的单重仅在 18~38 kg/m 的断面钢轨，已不足以抵抗大功率机车的磨耗，在这种形势下，1900 年出现了单重为 45.3 kg/m 的钢轨，1916 年出现了单重为 58.9 kg/m 的钢轨，1930 年出现了单重为 59.3 kg/m 的钢轨。但这些钢轨的断面形状都基本保持了 1865 年的 T 形形状。

第三阶段：从 1950 年开始到现在。这一阶段是高技术铁路的飞跃发展时期，特别是 1964 年 10 月 1 日，世界上第一条高速铁路——日本东海道新干线的问世，向世人展示了高技术铁路的发展前景，使古老的铁路又焕发出了新的生机。从 20 世纪 60 年代到现在，高技术铁路以其高的速度、高的运输效率、低的运行成本和其特有的安全舒适性，在陆海空运输中独占鳌头。

高技术铁路是以电力牵引技术为基础发展起来的，它综合了近代的通信技术、计算机技术、电子技术、自动化技术和冶金技术等学科的成果。其突出特点是高速、高效、安全。它包括了高速客运铁路、地下铁路、自动化铁路和重载铁路等领域。

从 1954 年开始，法国首先进行了大量的采用电力机车牵引列车的高速实验，在当年的 2 月 21 日用 CC7121 号电力机车牵引列车，创造了时速 243 km 的纪录，在 1955 年 3 月 28 日又创造了时速 331 km 的当时世界铁路速度的最高纪录。日本在 1963 年 3 月 30 日在新干线的实验段创造了时速 256 km 的纪录。1974 年 8 月 10 日，美国创造了时速 410 km 的世界铁路速度的最高纪录。1989 年，法国的 TGV 线创造了时速 482.4 km 的世界纪录。1990 年 5 月 18 日，法国的 TGV 大西洋线又创造了时速 515.3 km 的最新最高世界铁路速度。

从 20 世纪 60 年代开始，世界铁路的技术发展趋势是高速、重载，以满足世界人口不断增加和经济快速发展的要求。不少运输和经济学专家认为，高技术铁路在 21 世纪将会有长足的发展。高技术铁路是以高速铁路、重载铁路和自动化铁路为代表的。近 40 年的高技术铁路发展历史说明，高技术铁路是 21 世纪世界铁路发展的主流，它具有航海、航空和汽车运输无法比拟的优势，其主要特点有以下 3 个方面：

（1）运输效率高、运量大、运行成本低。据国外有关资料介绍，高速铁路的列车密度可达到每间隔 4~5 min 发出一列，每天可开行 200~240 列列车。每年可运送旅客 6000 万~8000 万人。其劳动生产率为公路运输的 15 倍，为航空运输的 50 倍，这是航空和公路运输根本无法相比的。其投资的收益率在 12% 以上，一般在 10 年之内就可以还清全部工程贷款。据日本修建新干线以后的统计，从东京到大阪，由于有了新干线，每年节约旅行时间达 3 亿小时，按其旅客的时间价值计算，可创造 4000 亿日元的价值，这相当于修建新干线的投资，从中可见高速铁路社会效益的巨大。而其无形的社会效益就更大，主要表现在对综合国力的提高。不少经济学家在谈到日本经济在 20 世纪 70 年代能够腾飞的原因时，均认为新干线高速铁路起到了非常巨大的作用。一般认为，高速铁路的效益比普通干线铁路的效益至少提高 20%~35%。

（2）能耗低，有利于环境保护。据测定，每人每公里的能耗，高速铁路为569.4 kJ，轿车为 3299.2 kJ，飞机为 2989.4 kJ。从以上数据不难看出，高速铁路比高速公路和飞机更节能。这对于石油储量日见减少的今天和明天，意义是重大的。高技术铁路由于是采用电做能源，它基本上无粉尘、油烟、废气等污染，既不会造成飞机的酸雨，也不会形成轿车的二氧化碳对空气的污染，这无疑对改善生态环境和人民的健康状况是有益的。

（3）安全、舒适、准时。高技术铁路由于采用了最现代化的科学技术、最好的材料和最现代化的事故预防技术，可以避免出现重大事故。日本的高速铁路从开通到现在，未出现过死亡事故就是最好的证明。而无论是高速公路运输还是航空运输，其事故率至今仍居高不下。仅据日本的统计，汽车事故是铁路事故的1570 倍，飞机事故是铁路事故的 63 倍。我们从中不难看出，高技术铁路是当今最安全的运输方式。高速铁路的旅客车厢空间大，可以给旅客的旅行生活提供很大的活动场所，尤其是豪华的车厢，其设施可以和星级宾馆相比，为旅客的旅行创造安静、舒适的环境。这一点也是汽车和飞机运输所无法相比的。高技术铁路是采用全立交、全封闭、计算机在线控制的一种运输系统，列车的运行一般不受天气、地面运输等环境的影响，基本上是全天候运输作业，列车的准点率在99% 以上。而这也是飞机和汽车难以实现的。

1.3　世界各国铁路火车运行速度的历史记录

（1）轮轨式铁路运输系统火车运行速度历史发展：

1829 年 10 月 8 日英国蒸汽火车最高车速 46.8 km/h。

1893 年 5 月 11 日美国蒸汽火车最高车速 181 km/h。

1901 年德国电力火车最高车速 162.5 km/h。

1903 年 10 月 23 日德国电力火车最高车速 206.8 km/h。

1903 年 10 月 27 日德国电力火车最高车速 210.2 km/h。

1904 年 5 月 9 日英国蒸汽火车车速 164.6 km/h。

1931 年 6 月 21 日德国内燃火车车速 230.2 km/h。

1936 年 2 月 17 日德国内燃火车车速 205 km/h。

1936 年 5 月 11 日德国蒸汽火车车速 200.4 km/h。

1938 年 7 月 3 日英国蒸汽火车车速 202.7 km/h。

1939 年 6 月 23 日德国内燃火车车速 215 km/h。

1939 年 7 月 20 日意大利电力火车车速 203 km/h（本国纪录）。

1954 年 2 月 21 日法国电力火车车速 243 km/h。

1955 年 3 月 29 日法国电力火车车速 331 km/h（当时的世界纪录）。

1963 年 3 月 30 日日本电力火车车速 256 km/h。

1966 年 7 月 23 日美国火车车速 295.8 km/h。

1971 年 10 月 19 日法国火车车速 252 km/h。

1972 年 2 月 24 日日本电力火车车速 286 km/h（本国纪录）。

1972 年 5 月 20 日西班牙内燃火车车速 222 km/h（本国纪录）。

1972 年 12 月 8 日法国内燃火车车速 318 km/h（TGV001）。

1973 年 6 月 11 日英国内燃火车车速 230 km/h。

1974 年 8 月 14 日美国火车车速 410 km/h（世界纪录）。

1975 年 8 月 10 日英国火车车速 245 km/h（本国纪录）。

1975 年 10 月 15 日法国电力火车车速 309 km/h。

1978 年 5 月 4 日西班牙内燃火车车速 230 km/h。

1979 年 12 月 7 日日本电力火车车速 319 km/h（新干线）。

1979 年 12 月 20 日英国电力火车车速 257 km/h（APT-P）。

1981 年 2 月 26 日法国电力火车车速 380 km/h（TGV-PSE）。

1981 年澳大利亚内燃火车车速 183 km/h（XPT）。

1985 年 11 月 26 日联邦德国电力火车车速 317 km/h（ICE）。

1986 年 11 月 17 日联邦德国电力火车车速 345 km/h（ICE）。

1986 年 11 月 20 日日本电力火车车速 271 km/h（新干线-200）。

1988 年 5 月 1 日联邦德国电力火车车速 406 km/h（ICE）。

1989 年 1 月 10 日法国电力火车车速 408.9 km/h（TGV-PSE）。

1989 年 9 月 8 日日本电力火车车速 276 km/h（新干线-200）。

1989 年 9 月 17 日英国电力火车车速 260 km/h（IC225）。

1989 年 12 月 5 日法国电力火车车速 482.4 km/h（TGV-A）。

1990 年 2 月 10 日日本电力火车车速 277.2 km/h（新干线-100）。

1990 年 5 月 18 日法国电力火车车速 515.3 km/h（TGV-A）。

1991 年 2 月 28 日日本电力火车车速 325.7 km/h（新干线-300）。

1991 年 3 月 26 日日本电力火车车速 336 km/h（新干线-400）。

1991 年 9 月 19 日日本电力火车车速 345 km/h（新干线-400）。

1992 年 1 月 10 日西班牙电力火车车速 330 km/h（AVE）。

1992 年 4 月意大利电力火车车速 316 km/h（ETR-500）。

1992 年 8 月 8 日日本电力火车车速 350.4 km/h（新干线-500）。

1992 年 11 月 1 日日本电力火车车速 358 km/h（新干线 953）。

1993 年 7 月瑞典电力火车车速 276 km/h（XPT）。

1993 年 12 月 21 日日本电力火车车速 425 km/h（新干线-953）。

2007 年 4 月 3 日法国 TGV 列车 V150 型试验车车速 574.8 km/h。

2022 年 6 月 13 日中国和谐号 380 列车在京沪线试验车速 486.1 km/h。

（2）磁悬浮运输系统实验列车速度最高纪录：

1975 年 2 月联邦德国超导 LIM 推进列车 EET01 列车车速 230 km/h。

1976 年 2 月 19 日联邦德国常导吸式列车车速 401.3 km/h。

1977 年 11 月联邦德国常导吸式 LIMTR04 列车车速 253.2 km/h。

1978 年 1 月日本常导吸式 LIMHSST-01 列车车速 220.6 km/h。

1978 年 2 月 14 日日本常导吸式 LIMHSST-01 列车车速 307.8 km/h。

1979 年 12 月 21 日日本超导诱导 LSMML500 列车车速 517 km/h。

1985 年 12 月 12 日联邦德国常导吸式 LSMTR06 列车车速 355.3 km/h。

1987 年 1 月 29 日日本超导诱导 LSMML001 列车车速 405.3 km/h。

1987 年 12 月 11 日联邦德国常导吸式 LSMTR06 列车车速 406 km/h。

1987 年 12 月 14 日日本超导诱导 LSMMLU02 列车车速 306 km/h。

1988 年 1 月 22 日联邦德国常导 LSMTR06 列车车速 412.6 km/h。

1989 年 2 月 17 日日本超导诱导 LSMMLU01 列车车速 362.1 km/h。

1989 年 11 月 9 日日本超导诱导 LSMMLU02 列车车速 394.3 km/h。

1989 年 12 月 18 日联邦德国常导 LSMTR07 列车车速 435 km/h。

1993 年 6 月 10 日德国常导吸式 LSMTR07 列车车速 450 km/h。

1994 年 2 月 24 日日本超导诱导 LSMMLU02 列车车速 431 km/h。

1995 年 1 月 26 日日本超导诱导 LSMMLU02 列车车速 411 km/h。

2003 年日本 JR 东海磁悬浮列车车速 581 km/h。

2002 年中国上海磁悬浮列车车速 430 km/h。

2015 年 4 月 16 日日本山梨线 JR 铁路试验线磁悬浮列车车速 603 km/h。

2022 年中国客运试验线磁悬浮列车车速 607 km/h。

1.4 高速客运铁路技术发展现状

高速铁路的技术按其工作原理可分为两大类：采用轮轨系统的高速铁路和采用磁悬浮系统的高速铁路。

1.4.1 轮轨系统的高速客运铁路

目前已经投入运营的高速铁路设计主要是采用轮轨系统，轮轨系统的高速铁路无论是总体设计，还是车体制造及线路施工维护技术都已成熟，这一系统已在世界各国运行了约 60 年。60 年的运行证明了轮轨系统的高速铁路是成功的，并告诉人们这一系统在高速运行的情况下是可靠、安全和高效的，被世界各国政府和铁路部门所接受。轮轨系统的高速铁路商业运营车速现已达到 200~350 km/h，到 2022 年全世界已建成的高速铁路总长约 5.7 万公里以上。其中，日本有2676 km，法国有 3206 km，英国有 1579 km，德国有 3261 km，西班牙有 3244 km，意大利有 1192 km，韩国有 1073 km，俄罗斯有 845 km，中国有 4.2 万公里。全世界在建或计划建的高速铁路约 6000 km 以上，分布在 13 个国家，主要有日本、美国、中国、俄罗斯和韩国等。

采用轮轨系统的高速铁路，大多数是以大功率的电力机车或内燃机车为动力。高速铁路的线路采用小坡度，一般为 0.8%~3.5%；线路曲线采用大半径，一般为 2500~8000 m。通常，人们把时速 200 km 的高速铁路定为第一代高速铁路，把时速 300 km 的高速铁路定为第二代高速铁路，把时速 350 km 的高速铁路定为第三代高速铁路。轮轨系统的高速铁路其实验车速已达到 515 km/h。到目前为止，世界各国已建成和规划中的长距离的高速铁路基本上都是采用轮轨系统设计的。

1.4.1.1 轮轨系统高速客运铁路的建设条件和主要设计参数

A 建设高速铁路的地域条件

考虑到高速铁路的经济性，通常高速铁路应建在人口超过 100 万的大中城市密集沿线，人口的密度大，客流量在 5000 万人次/年以上的地域。同时，这一地区应具备发达的经济，国民生产总值应占全国的 20% 以上为好，以便有足够的财力支持高速铁路巨大的建设费用和良好的投资回收能力。

建设地域地形应比较平缓，供电电网条件较好，这两点对高速铁路建设也是很重要的。地形平缓，可减少线路的桥梁和隧道数量，节约投资。供电条件好，有利于降低铁路运营成本。

B　车速的选择

车速的选择主要是以满足地域的运输需要为首要参考因素，同时，还要根据所建高速铁路的设计方案进行综合考虑。现在，世界上高速铁路的设计方案大体有如下几种：

(1) 全部建新线，单一客运方案，如日本。

(2) 部分新建，部分改造已有线路，单一客运方案，如意大利。

(3) 全部建新线，客货共用方案，如法国。

(4) 基本是利用原有线路，采用摆式车体，客货混运方案，如英国。

这 4 种方案中，第 (1) 方案和第 (3) 方案投资大，列车的速度可以达到 260~350 km/h，甚至更高。第 (2) 方案投资比第 (1)、第 (3) 方案要省，列车速度可以达到 250~300 km/h，但速度的潜力受已有线路的影响。第 (4) 方案投资最少，但受线路和摆式车体制造技术的限制，列车速度仅可达到 160~220 km/h。

C　线路最小曲线半径的选择

根据最小曲线半径公式 $R_{min} = 11.8 v_{max}^2 / (h_m + h_q)$ 可以确定线路的最小曲线半径。式中，v_{max} 为列车的最高速度；h_m 为线路的实置超高值；h_q 为线路允许欠超高值。高速铁路的最小曲线半径一般在 2500~8000 m。

D　超高度的选择

根据理论公式 $h = 11.8 v_平^2 / R$ 可计算出超高度。式中，$v_平$ 为列车通过曲线的平均速度，一般采用 $v_平 = 0.8 v_{max}$；R 为曲线半径。高速铁路的超高度一般在 125~200 mm。

E　最大坡度

坡度的确定是根据地形和投资等条件来决定的。一般来说当最大坡度大时，可减少工程量，但是列车的速度要降低。因此要进行综合考虑来确定最大坡度，通常选择为 0.8%~3.5%。

F　竖曲线半径

竖曲线半径按计算公式 $R = v^2 / (3.62A)$ 来确定。式中，v 为列车的速度；A 为竖向的离心加速度。竖曲线半径一般设计为 10000~25000 m。

G　轨道断面的选择

高速铁路速度快，安全性能要求高。对安全影响最大的是钢轨断面的刚度、几何尺寸精度、外观平直度、钢质的纯净度和焊接性能。综合这些要求，世界各国的高速铁路均选用 60 kg/m 钢轨，其长度多为 25 m、36 m、50 m 或 100 m，经工厂焊接成 250 m 左右的长轨后，再在线路上焊接成 1000 m 以上的更长轨，铺设在线路上，构成无缝线路。

钢轨的钢种多采用强度为 900 MPa 的碳素轨或低合金轨。碳素轨的焊接性能一般优于低合金轨的焊接性能。

高速铁路对钢轨的化学成分要求严格，不仅对碳、硅、锰、磷、硫含量有严格的限定，而且对钢中的残余元素如铬、镍、铜、锡、锑、钛、铌、钒等的含量均有明确的限定。同时，对钢中的气体含量也有严格规定。为确保钢轨的疲劳性能，对钢轨的钢质纯净度指标，如钢中的硫化物、氧化物、硅酸盐等夹杂物的含量和大小也均有严格限定。

为行车安全和列车的舒适度，用于高速铁路钢轨的断面尺寸、外观平直度和表面质量，要比普通轨精度提高 1~3 倍。

为确保高速铁路钢轨的质量，世界各国在生产高速轨时均采用"三精"生产工艺，即精炼、精轧和精整。

精炼一般是采用转炉或电炉冶炼、采用 LF 炉精炼，经 VD 或 RH 真空脱气后，采用大方坯连铸。

精轧一般是采用步进式加热炉加热、高压水除鳞，再经万能轧机轧制后，在带有反向预弯的冷床上冷却。

精整一般是采用平-立联合矫直机矫直后，再用涡流和超声波探伤装置对钢轨的内部和外部质量进行检查。最后，用锯钻联合机床，将轧件加工成具有一定长度的钢轨。同时还要用波浪米尺对钢轨的外观进行检测。

H 轨枕和道床

世界各国的高速铁路大多是采用钢筋混凝土轨枕，钢筋混凝土轨枕具有强度高、耐腐蚀、寿命长、稳定性好等优点。各国采用的轨枕主要有两种：一种是整体轨枕，另一种是双块轨枕。

高速铁路的道床应具备坚固稳定、弹性和渗水性较好等特点，一般是采用双层道床结构。

世界主要国家高速铁路线路结构情况见表 1-1-2。

表 1-1-2 世界主要国家高速铁路线路结构情况

项 目	日本	法国	德国	意大利
	东海道	TGV 东南线	汉诺威线	罗马—佛罗伦萨
轨距/mm	1435	1435	1435	1435
线间距/mm	4.2	4.2	4.7	4.0
最小曲线半径/mm	2500	4000	7000	3000
竖曲线半径/mm	10000	25000	25000	20000
最大坡度/%	20	35	12.5	8.5

项　目	日本	法国	德国	意大利
	东海道	TGV 东南线	汉诺威线	罗马—佛罗伦萨
最大超高/mm	200	180	150	125
钢轨单重/kg·m^{-1}	60	60	60	60

I　高速铁路的道岔

铁路容许通过速度的计算公式为：

$$v = 3.6Lh/C_{B0}$$

式中，v 为容许通过速度，km/h；L 为缓和曲线长度，m；h 为超高度，mm；C_{B0} 为超高度的时间变化比例，mm/s。

而容许的超高度为：

$$h = 11.8v^2/R$$

式中，v 为容许通过速度，km/h；R 为曲线半径，m。

在超高度的时间变化比例为 57 mm/s、缓和曲线半径按 19 m 考虑的情况下，设计出各种型号的道岔。

各种道岔的容许通过速度见表 1-1-3。

表 1-1-3　各种道岔的容许通过速度

道岔规格			9 号	10 号	12 号	14 号	16 号	18 号
道岔结构			固定式		可动心轨式			
容许通过速度 /km·h^{-1}	考虑超重		35~40	40~45	60~65	65~75	75~85	85~95
	考虑超高度 时间比例	单线	40	45	55	60	65	70
		连接线			50	55	65	70

可动心轨式道岔由 3 部分组成，即尖轨、可动心轨部分和道岔本体。考虑到道岔的工作条件主要是耐冲击和耐磨耗，其材质通常采用高锰钢。

1.4.1.2　轮轨系统高速客运铁路车辆

高速客运铁路所用车辆可分为客车和机车两类。其客车的车体结构基本和普通车速的客车一样，由车体、转向架、车轮和制动装置等部分组成。由于高速列车速度快，列车的安全性相对要求更高，这也对高速列车的性能提出了更高的要求。如在列车通过小半径曲线时为了提高旅客的舒适度，各国研制出了高速铁路用摆式车体。摆式车体是利用其倾摆装置，在列车通过曲线时，让列车向曲线内侧倾斜 2°~8°，以此来克服列车转弯时产生的离心力。采用摆式车体可以使列车在通过曲线时的车速提高 20% 左右，车速可以达到 160~200 km/h。

　　为了确保高速列车运行的稳定性和通过曲线时的良好转向，各国研制成功高速转向架。这种高速转向架采用了多种先进技术，可以克服列车运行中出现的蛇行和振动，从而提高了列车运行的稳定性和旅客乘坐的舒适性。用于高速列车的转向架其结构形式是多种多样的，如车体的悬挂，就有带摇动台和不带摇动台的、有摇枕的和无摇枕的数种。

　　列车的制动也是高速列车设计中的一个重要问题，列车在 200 km/h 以上的速度下行驶时，必须有良好的减速和停车制动装置，以满足列车行驶和处理紧急情况的要求。各国高速客车的制动方式主要有如下几种：踏面制动、盘型制动、磁轨制动、电磁涡流制动和防滑增黏装置。即使使用这些先进的制动装置，列车欲从运行速度达 300 km/h 的状态下完全停下来，在制动后还要滑行大约 3500 m。由此可以看出，高速列车的巨大惯性和列车制动的难度。

　　为了旅客长途旅行的舒适，高速列车的座椅设计为靠背式，靠背的角度是可调的，背后设有活动茶桌，以方便旅客用餐和放置东西。通常，国际上高速列车的客车分为一等车和二等车。一等车厢较宽敞，与普通旅客列车的包厢布局类似。高速列车的客车车厢内，还设有可供旅客购物的小卖部、可供旅客在列车上通信的电话间、可供旅客吃饭的餐厅和可供旅客收看节目的电视等设施。

　　高速铁路的旅客客车，车体外形美观，多为流线形。车体具有质量轻、重心低等特点。为了减轻车体质量，高速铁路的旅客列车车体采用铝合金或不锈钢材料制成，这样车体质量可以减轻 30%~40%。由于铝的强度比钢的强度低，为保持车体结构的强度，多采用挤压成型的铝合金型材。为提高车体的耐火性、耐候性并有利于美观，多采用不锈钢板作为车体内部天花板和地板。近年来玻璃钢也被应用作车体材料。为了控制车内噪声，必须提高列车的密封性，主要措施是：车窗采用双层真空玻璃，车体采用制振钢板作为车体的地板和侧墙板。为了保持车内空气新鲜，列车上设有高性能的通风换气装置和空调设备。为了防火，高速列车上的装饰材料全部采用具有防火功能的材料。同时，在每一节车厢内设有烟雾报警装置和列车紧急出口。高速铁路的机车采用了许多高新技术，主要包括电力牵引技术、流线形车体外观设计技术、列车的制动技术和列车的转向技术等。高速列车的牵引动力是保证列车高速运行的基本条件之一，它必须具备比普通列车更大的牵引功率。如日本高速系列的每列列车牵引的总功率达 11840 kW，法国 TGV 每列列车的总功率达 14000 kW。要达到这样大的功率，列车的牵引方式多采用分散或相对集中的动车组方式。由于电力牵引具有牵引功率大、轴重轻、无污染等优点，世界大多数国家的高速铁路都是采用电力牵引。对于不具备电气化的地区，高速列车也可采用内燃电传动牵引。列车牵引动力的配置有两大类：一类是牵引动力集中配置，这一类又可分为两种，即牵引动力集中配置在列车的一端和牵引动力集中配置于列车的两端；另一类是牵引动力分散配置，这一类也可分为全部分散配置和部分分散配置两种。

高速列车的机车外形要考虑减小列车在高速行车时的空气阻力，这有利于节能和提高车速。为此，列车的机车车头基本上是设计成流线形的，从而使空气阻力系数减小到 0.2 的水平或更低。

高速机车的制动系统采用摩擦制动和动力制动两种。摩擦制动又可分为踏面制动、盘型制动和电磁轨道制动 3 种。动力制动又分为电阻制动、再生制动、电磁涡流制动几种。一般高速列车的制动常采用几种制动的组合方式。如日本的100 系列机车就是采用电阻制动+盘型制动系统。

高速铁路对机车的行走部分——转向架的可靠性、安全性都提出了比客车更高的要求。为减小在列车运行中垂直方向的动力作用力，在设计上将牵引电动机、齿轮传动和盘型制动装置一起悬挂在车体和转向架之间。在机车上，转向架的牵引力是通过斜拉杆传递给车体的。转向架轴箱的纵向定位是采用拉杆来实现的，横向定位是采用圆弹簧来实现的，这样可以减少所用的定位部件，提高了转向架的可靠性。

为减小列车的噪声和保证运行的平稳，对高速铁路的车轮有严格的要求，这主要反映在如下几个方面：

(1) 车轮的材质要纯净，要有良好的耐磨耗、耐冲击性能；

(2) 车轮内在质量和表面质量要良好；

(3) 车轮的几何尺寸精度要高；

(4) 车轮的质量要均匀；

(5) 车轮的动力学性能要均衡。

1.4.2　磁悬浮系统的高速客运铁路

磁悬浮高速铁路系统是采用磁悬浮原理设计的。目前，这类高速铁路系统仍处于实验阶段。

1.4.2.1　磁悬浮运输系统的原理和特点

磁悬浮列车是利用电磁原理和超导原理研制的一种高速列车。在电磁场产生的吸力或斥力作用下，列车被托起悬浮在线路上，靠线路上和车辆上的线性电机所产生的推力前进。与轮轨系统的高速列车相比，磁悬浮列车的车速可以更快，运行更平稳，又不产生污染，是一种理想的交通工具。但其技术难度大，目前尚在实验研究中。另外，磁悬浮高速铁路的投资比轮轨高速铁路的投资要高出20%以上。

1.4.2.2　磁悬浮运输系统的种类和工作原理

磁悬浮列车所需的电磁力是利用常导或超导原理产生的。根据悬浮原理的不同，可将磁悬浮列车分为常导磁吸式磁悬浮列车 EMS（electro magnetic suspension）和超导磁斥式磁悬浮列车 EDS（electro dynamic suspension）。两种磁悬浮列车的工作原理简介如下。

（1）常导磁吸式磁悬浮列车的工作原理：列车的悬浮是利用安装在车体上的常导电磁铁与安装在线路导向轨上的磁铁间相互作用而实现的。设计上分别让这两个磁铁具有不同的磁极，一个作为 N 极，另一个作为 S 极，这样在车辆和线路导轨之间就产生了可以使列车浮起的吸引力。通过安装在车辆两侧面的导向线圈产生的磁力与线路导向轨的磁场所产生的相互排斥作用，来控制列车的运行方向。列车是采用直线电机的原理来牵引车辆前进，相当于电机转子的线圈安装在车辆的底部，而电机定子的线圈安装在线路的轨道上，这样，在定子线圈接通电源后产生磁场，转子线圈因切割磁场而感生电流，从而使带有转子的车辆与带有定子的线路之间产生相对直线运动，使列车前进。常导磁悬浮列车采用直线异步电机，这种结构简单、造价低，其功率也低，多用于短程低中速的铁路运输。

（2）超导磁斥式磁悬浮列车的工作原理：在车辆底部安装有超导体，超导体接通电流后，超导体产生磁场，其极性与线路上线圈中产生的感生电流的磁场极性相同，从而产生排斥力，正是靠这一排斥力将车体托起。超导磁斥式磁悬浮列车是靠在车辆上用于导向的超导磁体与线路上的线圈所产生的斥力来控制列车的运行方向的。超导磁斥式磁悬浮列车的前进原理与常导磁吸式磁悬浮列车的前进原理一样，都是靠直线电机推动的。所不同的是，超导磁斥式磁悬浮列车采用的是直线同步电机。直线同步电机的性能优于直线异步电机，其功率因数高、质量轻，但技术复杂、造价高，适用于高速铁路。

从有关国家的实验研究成果看：常导磁吸式磁悬浮列车（EMS）因不采用超导技术，仅采用直线异步电机，整个工程的造价低，技术可靠，比较适合用于中低速的铁路运输系统。而超导磁斥式磁悬浮列车（EDS）具有技术难度大、造价高、设备质量轻、功率大、速度快等特点，它更适合于长途高速铁路运输系统。

磁悬浮列车与传统的铁路不同，由于列车是悬浮在线路上，它消除了传统轮轨列车轮轨之间的摩擦力，这样一来，既节能又有利于列车高速平稳运行。同时，因其无振动、低噪声和污染小，而有利于环境保护。

世界上不少国家都开展了磁悬浮列车的研究，其中有日本、德国、加拿大、美国、法国、澳大利亚和中国等。准备采用超导磁悬浮列车的高速铁路路线有：

（1）从法国的巴黎到德国的法兰克福，长 515 km。

（2）加拿大的蒙特利尔到渥太华，长 193 km。

（3）美国的芝加哥到密尔沃基，长 120 km。

（4）德国的汉堡到汉诺威，长 153 km。

（5）日本的东京到甲府，长 50 km。

（6）中国 2003 年从德国引起了一条，是在上海的龙阳到浦东，全长 30 km，最高时速 430 km。2021 年自主研制试验列车，时速达 600 km。

1.4.2.3　磁悬浮运输系统的研究历史及现状

采用磁悬浮列车的构想，早在 1922 年就有人提出了。1934 年 8 月 14 日德国人 Hermann Kemper 发明的"无轮悬浮式铁路"（suspension railway with wheel less vehicles）取得了专利（专利号 DRP No. 643316）。一年后，他拿出了无轮悬浮式铁路的设计模型车，这台车承载能力可以达到 210 kg。但关于技术工艺的许多问题由于受到材料的限制而未能得到解决，研究工作一直被搁置下来。直到 20 世纪 60 年代，随着日本高速铁路——新干线的成功运营，人们又重新开始了对磁悬浮列车的研究。现在，世界上许多国家都在研究磁悬浮列车。

A　德国磁悬浮列车的研究情况

1969 年，当时联邦德国的运输部长指示研制一种新型的高速铁路系统，以解决旅客运量日益增长的需要。由 KM（Krauss Maffer）公司首先开始研究悬浮列车，当年设计出了常导磁吸式磁悬浮列车的 TR01 型模型车，这是全自动运行、采用磁悬浮原理制造的第一辆列车。

MBB（Messerschmitt Bokow Blohn）公司设计的可载人的 TR02 型实验车，采用的是 EMS 技术。车重 10.7 t，设有 8 个座位。1971 年 10 月 6 日，在一条长 930 m 的实验线路上实验，车速曾达到了 164 km/h。通过对高速铁路的研究发现，其车速可达 400 km/h，这将会给一个国家的国民经济带来巨大效益。

1975 年蒂森与 Henschel 公司联合开发修建了 HMB 实验铁路，这是第一条采用长定子的磁悬浮铁路。1976 年又修建了第二条 HMB 实验线路，这是第一条可载人的采用长定子的磁悬浮铁路。

1977 年 11 月，TR04 型实验车（重 18.5 t，设有 20 个座位）车速达到了 253.2 km/h。

1979 年 TR05 型实验车在汉堡的国际运输博览会上亮相，它可以以 75 km/h 的速度运行 908m，在 6 个月的展出期间先后有 5000 名参观者乘坐。为了进一步改进其性能，在爱母斯兰德地区（Emsland）建设了一条新的实验线路 TVE，用以了解磁悬浮列车的运行情况。

1980 年又推出了 TR06 型实验车，同时开始了在爱母斯兰德地区的实验线路的建设。1981 年成立了 MVP 磁悬浮实验与发展公司。1983 年 TR06 型车问世，开始在 TVE 实验线路上运行。这列车由两节车体组成，长 54.2 m，宽 3.7 m，高 4.2 m，最快速度为 412 km/h，总重 125t，有 60 个座位。

1988 年，一条长 31.5 km 的灯泡型实验线路在爱母斯兰德地区全部建成后，整个实验工作进入了第二阶段。1988 年设计出了时速达 450 km/h 的 TR07 型实验车，车长 54 m，宽 3.7 m，高 4.2 m，车重 113 t，设有座位 48 个。1993 年在正常运行情况下，TR07 型实验车创造了 450 km/h 的世界纪录。

1999 年又设计出 TR08 型实验车，它由 3 节车厢组成，车长 79 m，宽 3.7 m，高 4.2 m，总重 200 t，设有座席 190 个，最高速度为 406 km/h。TR08 型车在 TVE 线路上的成功运行，表明磁悬浮铁路已进入实际运营的实验阶段。

1992 年德国计划在柏林到汉堡之间建设一条长 283 km 的磁悬浮铁路，投资 80 亿~90 亿德国马克，设计车速为 400 km/h，列车全程运行时间为 53 min，一年可运送旅客 1450 万人次。每趟列车间隙 10 min，共设 19 趟列车，每列车载客 332 人，每列车设有 4 辆客车。这条磁悬浮铁路计划从 1995 年开始建设，计划 2002 年投入使用。但因投资过大，超过政府原 61 亿德国马克的预算，遭到政府的反对，这一计划因此而被搁浅。

以 TR08 型车和 TVE 线路为代表的德国磁悬浮铁路系统的特点是：

（1）加速快。列车在承载 200 t 的情况下，从 0 加速到 400 km/h，仅需要 165s。

（2）安全性能好。TR 列车已运输旅客 30 万人次，运行了 60 万公里，没有出现安全事故。

（3）列车运行平稳。由于列车与轨道无接触，列车运行平稳，旅客可以在车内自由行走。同时，由于列车无机械元件如车轮、车轴、减速机等，而是采用电子元件和电磁铁，这样一来可以大大减少车辆和轨道的磨损，从而也降低了线路设备维护成本。

（4）爬坡能力强。它可以在坡度达 10% 的路面上行驶。

（5）行车噪声较低。据测定，在车速为 300 km/h 的条件下，其产生的噪声为 80 dB。

下面介绍 TR 列车和 TVE 线路的运行原理。

磁悬浮列车的技术发展有 3 种方案：第一种是路轨直线电动机驱动的斥力电动悬浮系统；第二种是列车直线电动机驱动的吸力电磁悬浮系统；第三种是路轨长定子直线电动机驱动的吸力电磁悬浮系统。1977 年联邦德国科研部经过比较，选定第三种方案为其磁悬浮高速列车系统的研究方向。

在列车的下部和轨道上共设计有 3 类磁铁：在列车的侧面设有导向磁铁，在列车的底部设有可以使列车悬浮起来的悬浮磁铁，在轨道上设有可以驱动列车行驶的驱动磁铁。列车的悬浮磁铁与轨道上驱动磁铁之间的间隙可控制在 10 mm，同时采用间隙传感器，在列车与轨道间进行扫描，扫描频率为 10 万次/s。

列车的运行是靠同步长定子直线电动机实现的。具有三相绕组的长定子部件被安装在路轨上，当它产生一个电磁场时，就作用于列车上的悬浮磁铁，从而带动列车运行。当改变电磁场的方向时，就可以实现列车的制动。列车的悬浮是利用电磁悬浮原理，即利用在车体上的可控悬浮电磁铁和安装在路轨底面的铁磁反应轨之间的吸引力工作的。列车的运行采用计算机进行自动控制。导向磁铁用来控制列车侧向运行轨迹。悬浮和导向系统及车上的装置由悬浮磁铁中的直线发电机无接触供电。这是其工作的一大特色。

列车运行在一种专用轨道上，这个轨道是用钢板或混凝土制成的，每段轨道长 62 m，它有一个钢制的转换器，把列车从一条轨道送到另一条轨道上。

该实验线路包括 1 条直道，用于进行高速行驶实验；2 个不同半径的环形道，并装有 3 个钢质道岔，进行疲劳实验；1 个实验中心，负责列车运行控制和检测记录数据。磁悬浮列车在该实验线路上的车速达到 450 km/h，其各项技术指标如下：

（1）支承导向系统，包括电磁悬浮系统，其作用是无接触支承、导向、推进及制动。列车有 6 节车厢，长 150 m，重 350 t，最高车速 500 km/h。

（2）动力采用同步电机，最大推力为 330 kN，每列车额定功率为 30 MW，在 250 km/h、350 km/h、400 km/h 时耗电量分别为 2 MW、4 MW、6 MW，总效率为 85%。最大加速度为 0.9 m/s，从启动到 400 km/h 需 165 s。

（3）线路参数：最小半径为 4000 m（400 km/h 时），最大坡度为 10%，最大倾斜度为 16°，间隙为 9~10 mm，从车轮下到导向盘距离为 15 cm。轨道采用钢筋混凝土高架轨道和地面轨道。

（4）运营指标：复线 10 个区间，间隙 5 min，运营费用（包括维修）平均每年为 3000 万德国马克，每公里每个座位为 0.04 德国马克。

　B　日本磁悬浮客运列车的研究情况

日本是从 1966 年开始研究超导磁斥式磁悬浮列车的，其研究工作由日本国铁的铁道技术综合研究所承担。该研究所 1972 年 3 月设计出了 LSM-200 实验车，车体长 4 m，宽 1.5 m，高 0.8 m，重 2 t，车速为 50 km/h。同年 7 月又设计出 ML100 实验车，车长 7 m，宽 2.5 m，高 2.2 m，重 3.5 t，可乘坐 4 人，设计车速为 60 km/h，实验线长 480 m。在 7 月 26 日实验室内的实验获得成功后，从 1975 年开始进行高速实验的准备工作，并开始建设宫崎实验线。

1977 年宫崎实验线建成。最初实验线长为 1.3 km，后来延长到 6.9 km。从 1977 年 4 月开始，设在宫崎县日向市的磁悬浮铁路实验中心投入使用。同年，又制造出 ML500 实验车，该车长 13.5 m，宽 3.7 m，高 2.9 m，重 10 t，设计车速为 500 km/h。

1979 年 12 月 21 日，在长 6.9 km 的实验线路上创造了瞬间时速 517 km 的世界铁路最高速度纪录。在不载人的实验成功之后，日本开始进行载人的车体研究设计工作。

1980 年制造出了实验车 MLU001 号，该车长 10.1 m，宽 3 m，高 3.3 m，可乘坐 8 人。1986 年 12 月 19 日，由 3 辆实验车组成的列车，在无人乘坐的情况下，车速达到 352 km/h。1987 年 1 月 29 日，由 2 辆实验车组成的列车在有人乘坐的情况下，车速达到 400.8 km/h。

为了进一步达到实用化的目的，又设计了 MLU002 号实验车，该实验车的制作是 1987 年 3 月完成的，其长 22 m，宽 3 m，高 3.73 m，重 17 t，可乘坐 44 人。5 月该车在有人乘坐的情况下最高车速达到了 306 km/h，后来在 1991 年 10 月的实验中因火灾而烧毁。据日本铁路方面事后调查核实，认为 MLU002 号车火灾的直接原因是转向架上的玻璃罩与临时测量轮压力用的仪器发生碰撞，造成测压仪表损坏以及轮胎压力低和破损，再加上油管漏油，从而引起火灾。经过这次火灾后，对 MLU002 实验车进行了改进，改进后的实验车为 MLU002N。其车体的头部采用碳纤维强化树脂（carbon fiber reinforced plastic）制造，过去是用铝合金。同时车内的材料均采用防火或不易燃的材料，车内的照明和空调等尽量控制在最小程度。1994 年 2 月 24 日在无人乘坐的条件下，列车的车速达到了 431 km/h。1995 年 1 月 26 日在有人乘坐的条件下，列车车速达到 411 km/h。

1988 年 10 月，日本运输省在有关磁悬浮列车的研讨会上提出了今后的工作计划，即要在北海道、山梨、宫崎三个地区建设新的实验线路，线路长为 40~50 km，设计的列车速度为 550 km/h，运送能力为每小时 1 万人。

1990 年 6 月日本运输省批准了在山梨县建设磁悬浮列车实验线的技术开发计划。该技术开发计划的总体目标是：设计这条线路的营业最高速度为 500 km/h，施工按 550 km/h 要求，重点是检验线路在列车高速运行的条件下的安全性、稳定性和准时性，同时考察线路的运输能力是否能满足每小时运送 1 万人的设计要求，并探讨如何降低线路的建设、维护成本。

日本山梨实验线的基本概况如下：山梨实验线起点位于山梨县东八代郡境川村大字小山处，终点位于该县南部的都留郡秋山村，线路全长 42.8 km，该实验线的最小曲线半径为 8000 m，最小轨道中心间隔是 5.8 m。整个工程投资合计3460 亿日元，其中设备费用 1490 亿日元，实用化实验费用 410 亿日元，基础实验费用 420 亿日元，实用化设备费用 1140 亿日元。

C 中国上海浦东磁悬浮客运铁路的研究情况

上海浦东的磁悬浮铁路是采用德国的技术，由德国公司负责设计和施工的。这条实验线是从上海地铁 2 号线龙阳路站到浦东国际机场，全长 33 km，设计时速为 430 km，单向行驶时间为 8 min。

由长春客车厂、西南交通大学和株洲电力机车研究所联合开发研制的我国第一辆磁悬浮客车计划在成都青城山完成各项性能实验后投入商业运营。该车为常导磁吸式磁悬浮列车，采用电磁吸力将车轮浮起，车轮与轨道间距始终保持在8~10 mm 之间，采用直线电机驱动，运营时速为 60 km，车体长 11.2 m，宽2.6 m，内设 28 个座位，载重 2 t。

1.4.2.4　轮轨系统高速铁路与磁悬浮系统高速铁路的比较

轮轨系统的高速铁路运输，已正式运营 60 年（从 1964 年算起。）各国的运行情况证明，轮轨系统高速铁路的技术是成熟的，运行是安全的，效率是高的。轮轨系统高速铁路的最高车速已达到 515 km/h（1990 年 5 月 18 日由法国的 TGV 在大西洋线上创造）。现在，各国的轮轨系统高速铁路的商业营运车速已达到 200~350 km/h。现在和今后一段时间内，世界各国的高速铁路发展规划基本上都是采用轮轨系统。

磁悬浮系统的高速铁路运输，世界上是从 1972 年开始研究的，至今，常导磁悬浮的高速铁路在世界各国运营，但主要是用于低中速的短途铁路运输，其车速一般为 25~100 km/h。更高速的磁悬浮列车仍在线路上实验，其实验车速已达到 517 km/h（无人乘坐，1979 年 12 月 21 日由日本的 ML500 实验车创造）。在有人乘坐的情况下，实验车速已达到 400 km/h（1987 年 1 月 29 日由日本的 MLU001 实验车创造）。

在造价方面，据日本资料，轮轨系统的高速铁路造价为 47 亿~56 亿日元/km，磁悬浮系统的高速铁路造价估算为 60 亿~70 亿日元/km，主要是磁悬浮系统的车辆制造、超导技术和线性电机等设备投资大。

从能源消耗方面看，轮轨系统的高速铁路为 160~300 W·h/（人·km），磁悬浮系统的高速铁路为 320 W·h/（人·km）。

从环境保护方面看，在噪声、振动、污染等方面，磁悬浮列车比轮轨系统的高速铁路则是技高一筹。

在舒适性方面，由于磁悬浮列车采用无接触技术，可以保证列车行驶的平稳，但不少乘坐过磁悬浮实验列车的人都反映在乘坐时出现头晕等现象，不如轮轨高速铁路感觉舒服。

1.5　城市客运轨道交通系统

1.5.1　概述

城市轨道交通系统是指包括地下的、地面的和高架的轨道交通系统，它是一个以城市为中心的多层次的立体的城市交通系统。随着城市人口的增加和城市规模的不断扩大，城市交通压力越来越大，交通堵塞现象在大中城市日益严重。如何解决大中城市的交通问题，早已是一个世界性的难题。在这方面，世界各国已有不少成功经验，主要是建立高效的城市快速轨道交通系统，即地下铁、快速轨道、自动化铁路和高架轻轨等高科技铁路系统。辅助系统是采用公共汽车、小轿车和有轨电车等交通手段，形成一个环绕城市中心的多层次的（地下、地面和高架）立体城市交通网络。

由于城市轨道交通系统具有运量大、快速、安全、准时、节能、环保等优点，目前世界上已有40多个国家和地区的132个城市建成了5000 km以上地下铁路和3000 km以上的轻轨铁路，年运送旅客达260亿人次之多。据统计，在发达国家每年城市的高速轨道交通系统承担了城市旅客运输量的60%~85%，甚至更多。如东京的地下铁承担了客运量的87%，莫斯科的地下铁承担了客运量的68%，巴黎的地下铁承担了客运量的54%，从中可以看出，轨道交通系统在世界大城市的交通系统中发挥了多么重要的作用。

交通专家认为：当一个城市的人口超过100万时，就要发展地下铁路；当一个城市的人口超过50万时，就要发展城市轻轨运输系统。城市的交通系统是与城市的人口、城市的经济发展密切相关的，不重视发展城市轨道交通系统，单纯依靠汽车运输，在这方面各国曾有过不少经验教训。轨道交通系统是以高科技的电子信息、自动控制技术、信号技术、地下挖掘技术和新材料等学科为先导，它还可以带动铁路车辆、通信、自动化、房地产、钢铁等相关产业的技术进步和发展，对城市经济发展会带来巨大的社会效益。世界上解决城市交通问题比较好的有莫斯科、东京、巴黎、伦敦和纽约等城市。

1.5.2 轨道交通系统的种类和特点

现在，世界上城市陆路交通系统有如下数种，各种交通系统各有利弊，现介绍如下：

（1）小轿车。其优点是方便，可以提供门到门的交通服务。但其需占用较大的空间，特别是对环境污染严重，有效利用率低。

（2）公共汽车。公共汽车是城市地面交通的主要方式，但其占用空间大，对环境污染严重。而且其运行常常受地面情况的影响，尤其是在大城市公共汽车只能是公共交通的一种辅助方式。

（3）有轨电车LRT（light rail transit）。这是一种很古老的运输方式，因其具有无污染、运营成本低等优点，至今仍在一些城市中应用。

（4）轻轨车辆LRV（light rail vehicle）。这是近年来发展起来的一种高效快捷的城市内客运系统，目前，在发达国家应用前景很好。

（5）高架铁路。高架铁路可以不用拆迁大量地面建筑，具有运量大、安全可靠、准时等优点；其缺点是对线路的曲线半径要求严格，在曲线半径小于300 m时，其速度受到限制。它适合于人口稠密的城市繁华区、机场的旅客运输。

（6）地下铁。地下铁被称为是一种全天候的运输系统。由于它是在地下，不受地面的影响，具有安全、准时、运量大等优点。缺点是一次性投资大，建设工期长。

（7）单轨（monorail）交通系统。目前，世界上的单轨交通系统主要有两种方式，即跨座式和悬挂式，其优点是可以在小半径线路上行驶。通常，单轨交通系统铺设在城市中心、机场等繁华地段。

（8）自动导向交通系统 AGT（automated guideway transit）。这种系统是采用小尺寸橡胶车轮，行驶在专用的混凝土轨道上，它可以实现无人自动驾驶，实现高密度行车。由于其行车的噪声低，特别适合用于市中心的旅客运输。

城市轨道交通系统的种类和特性列于表 1-1-4。

表 1-1-4　城市轨道交通系统的种类和特性

指　标	有轨电车	单轨铁路	轻轨铁路	小运量地铁	大运量地铁
运输能力/人·h^{-1}	2000～5000	5000～20000	5000～30000	15000～30000	30000～60000
线路曲线半径/m	>11	>25	>25	>70	>150
线路要求	与汽车共道	专用车道	专用车道	专用车道	专用车道
线路位置	地面	高架	高架或地面	地下、地面或高架	地下、地面或高架
平均站距/m	400～900	700～1400	750～1500	700～1000	1000～1600
车辆宽度/m	2.3～2.65	2.1～3.0	2.4～2.65	2.3～2.9	2.75～3.2
列车长度/m	≤60	≤60	≤100	≤100	≤180
轴重/t	9	7	10	12	14
行车间隔/min	>5	3～6	>2.5	>2	>2
最高车速/km·h^{-1}	60～70	70～80	80	80	80
所用钢轨单重/kg·m^{-1}	45～50	混凝土轨	50	50～60	50～60

1.5.3　各种城市交通系统的能耗和运行成本

1.5.3.1　各种城市交通系统的能耗

在人类社会的发展过程中，能源的消耗是一个重大问题。根据现有的能源普查情况，地球的石油、天然气的资源是极其有限的，节能已成为世界各国的重要任务。而交通运输又是耗能的大户。采用何种运输系统，首先要考虑其能耗情况。

据日本 1989 年实测，各种交通方式的能耗如下：以铁路每人每公里能耗为 1 计算，则公共汽车的能耗为 2.2；小汽车的能耗为 8.5；飞机的能耗为 6.6；而地下铁的能耗为 0.82。由此可以看出，地下铁的能耗是最低的，其次是普通的铁路运输。

1.5.3.2　各种城市运输系统的运行费用

据国外有关部门测定：运输量在 4000～16000 人/h 时，采用自动导向铁路系统运行费用是最低廉的；运输量在 16000~32000 人/h 时，采用单轨铁路运输系统运行费用是最低廉的；运输量在 32000~64000 人/h 时，采用地下铁路系统运行费用是最低廉的。

1.5.3.3 各种城市轨道交通系统的最大运力

各种城市轨道交通系统的最大运力如下：

（1）地下铁路为 64000 人/h；

（2）LRT 运输系统为 13500 人/h；

（3）单轨系统为 25650 人/h；

（4）AGT 系统为 17550 人/h；

（5）小地铁为 35100 人/h；

（6）HSST（常导磁悬浮）系统为 14670 人/h；

（7）公共汽车为 2430 人/h。

从以上数据不难看出，目前各种城市轨道交通系统中，运量最大的仍然是地下铁路系统、单轨铁路、自动化铁路和常导磁悬浮列车等几种。

1.5.3.4 各种城市轨道交通系统的建设费用和运行费用

日本有关部门提供的各种城市轨道交通系统的建设费用和运行费用数据如表 1-1-5 所示。

表 1-1-5 各种城市轨道交通系统的建设费用和运行费用

运输系统名称	建设费用/亿日元·km^{-1}	运行费用/亿日元·年$^{-1}$
地下铁路	250~300	6.66
公共汽车	0	0.41
LRT		1.13
单轨铁路	35~75	2.21
AGT	35~100	2.33
HSST（常导磁悬浮）	与小地铁相当	
小地铁	200~210	6.66

1.5.3.5 各种城市轨道交通系统的安全性

根据日本连续 6 年的统计资料，各种城市轨道交通系统的安全性对比见表 1-1-6。

表 1-1-6 各种城市轨道交通系统的安全性对比

名 称	运量/亿人·km^{-1}	死亡人数/人	受伤人数/人	死亡率/%	负伤率/%
铁路	17600	88	176	0.005	0.011

名　称	运量/亿人·km⁻¹	死亡人数/人	受伤人数/人	死亡率/%	负伤率/%
公共汽车	4245	348	25352	0.082	5.972
个人轿车	23333	27300	1999325	1.17	85.668
出租车	950	1773	129568	1.866	136.387

从以上对比可以看出，在各种城市轨道交通系统中，铁路系统是最安全的。

1.5.3.6　各种交通系统对大气环境的污染情况

高速铁路、私人轿车和飞机每人每公里的排污量见表 1-1-7。

表 1-1-7　高速铁路、私人轿车和飞机每人每公里的排污量　　　　（mg）

项　目	高速铁路	私人轿车	飞机
CO	3.2	510	225
NO	1.3	131	449
氧硫化物	11.2	11.5	44
碳氢化物	0.3	41.8	17
CO_2	18	71	139

1.6　重载货运铁路

为提高铁路的经济效率和效益，降低干散货物运输成本，各国纷纷改扩建老式货运铁路，新建运能大的新型重载铁路。为保证重载列车的安全运行，减少维修成本，必须强化重载铁路轨道结构。实践证明，采用高强度重型钢轨、铺设无缝线路、加强道床基础和改进轨枕结构是强化重载线路最主要的也是最有效的措施。

（1）钢轨：国外重载线路普遍采用 60 kg/m 及以上的重型钢轨，并通过强化钢轨的材质来提高钢轨的强度、延长钢轨的使用寿命和减少维修工作量。美国一级铁路普遍铺设了 65 kg/m 以上的钢轨，最重达 78 kg/m。为适应重载运输的发展，美国铁路还采用降低钢轨中 C 含量，进行净化、去渣和去杂质的加工处理，同时提高 Mn、Si、Ni 合金含量以加强其抗疲劳、耐腐蚀能力，使钢轨硬度达 500~550 HB，较大幅度地提高了钢轨寿命。澳大利亚重载运输线也基本铺设了 68 kg/m钢轨。俄罗斯铁路重载线路大多铺设了 65 kg/m 和 75 kg/m 钢轨，并将重型钢轨进行全长热处理，屈服强度在 820 MPa 以上。巴西重载铁路使用67.5 kg/m钢轨。

美国针对重载线路经常出现的钢轨表面裂纹、轨内裂纹进行了大量的研究试验，其开发了新 HE 型钢轨（hyper eutectold），它具有耐磨、抗表面裂纹及轨内裂纹生成的特殊性能。通过现场试铺证明，该型钢轨在曲线地段比普通钢轨耐磨性提高38%。俄罗斯研究的巴氏钢轨也获得了较好的效果。

（2）道岔：美国、加拿大、南非、澳大利亚、巴西等国家在重载线路上普遍采用可动心轨道岔及新型菱形辙叉，以减少线路道岔区间的动力作用，提高可靠性。

根据美国2004年的试验表明，替换原有辙叉的新型菱形辙叉，可使重载列车对线路的动载荷系数从3.0降至1.3，美国采用新型菱形辙叉每年可节省维修费用1亿美元。目前，各种新型缓冲式轨下垫板也正在普韦布洛FAST环行线上进行试验。

世界重载铁路运输概况见表1-1-8。该表是根据世界重载铁路协会2020年数据汇总的。我国的重载铁路数据还应补充2019年9月28日建成的蒙华铁路，该线是从鄂尔多斯到吉安，全长1815 km，是世界最长的重载铁路。

表 1-1-8　世界各国重载铁路概况

国家	地点	轨距/mm	用途	线路长度/km	年运量/百万吨	列车重量/kt	列车车辆数	轴重/t
澳大利亚	皮尔巴拉 BHP、RIO	1435	铁矿石	426	71	48	320	37.5
	皮尔巴拉 FMG	1435	铁矿石	256	58	38	240	40
	皮尔巴拉 RIOTINTO	1435	铁矿石	1400	180	34	236	36
巴西	CVRD 加拉加斯—圣路易斯	1600	铁矿石	892	60	25.5	206	31.5
	CVRD—KFVM 维多利亚—米纳斯	1000	铁矿石	898	130	29.3	240	30.5
加拿大	CP	1435	煤	1100	25	13.2	110	33
印度	IR 加尔冈—阿尼	1435	混料	663	300	20	200	25
	IR 东方和西方走廊	1435	铁矿	1839	12		120	25
俄罗斯	库兹巴斯煤田—那霍卡段	1520	混料	5900	80	6.3~9.0	70~100	27

续表 1-1-8

国家	地点	轨距/mm	用途	线路长度/km	年运量/百万吨	列车重量/kt	列车车辆数	轴重/t
美国	UP	1435	煤	201	376	16.5	120	35.4
	CXST	1435	专用	188	47.4	11.7	90	32.4
瑞典	LCAB（巴尔维克—率咯偶）	1435	铁矿石	497	13	8.52	68	31
南非	TRANSNET 西胜—萨尔特	1067	铁矿石	860	46.2	41	342	30
	TRANSNET 普玛蓝加—里查兹湾	1067	煤	580	62	22	210	26
中国	大同—秦皇岛	1435	煤	653	200	20	120	27
	神池—黄骅港	1435	煤	590	300	20		30
	中南通道（山西瓦唐镇—山东日照）	1435	煤	1269.8	200	10		30
	蒙华（鄂尔多斯—吉安）	1435	煤	1815				30

1.7　21 世纪陆路运输的新形式——管道运输

21 世纪新型陆路客运、货运的新形式——管道运输发展前景广阔，各国都在投入研发，预期不久的将来速度 1000 km/h 的客运管道列车将进入市场。以运输干散货的货运管道运输系统也会替代汽车轮船运输。也将出现以客运为主的管道运输系统。

管道输送的历史悠久，从我国的出土文物发现，早在大禹时代人们就开始了管道输送工程。只不过当时的管道输送仅仅用于液体、农田水利灌溉系统和城市的给排水。随着科学技术的进步，古老的管道输送技术获得进一步发展。从 20 世纪 80 年代开始，现代管道输送技术获得广泛应用，特别是近 20 年发展起来的用于各种物流的管道输送技术日趋成熟。

1.7.1　管道运输的特点

现代的管道输送技术是综合了计算机技术、真空技术、遥控技术和金属材料等学科的成果发展起来的。现代管道技术的主要特点是：

（1）运输效率高。据有关资料统计，管道运输的效率是汽车运输的5~8倍。

（2）对环境无污染。由于管道运输是一个密封的运输系统，所运的各种材料不会在运输过程中发生泄漏，对周围环境不会产生影响，是一种环保型的运输方式。

（3）可以实现高度自动化管理，无需人来直接操纵，因而其安全可靠性大大优于其他运输方式。

（4）可以采用管道运输的材料和产品范围广泛、适应性强，如：材料有粮食、矿石、石油、煤炭、沙石、水泥、化肥等；成品有各种机电产品、生活用品、工业产品等；废物有城市垃圾、工业废物等。

1.7.2　现代管道运输系统的原理

现代管道运输有两种不同的工作系统：

一种是采用空气或液体为动力的管道运输系统，这种运输方式历史久远，早在中国古代就开始了，当时主要是采用这种方式运输液体或气体物质，如水、油、气体。现在世界各国大多数国家都是采用管道运输的方式运输石油、天然气，后来发展到用其运输水煤浆、矿浆等。我国的有些钢铁企业采用管道运输铁矿石，不少钢厂都架设了这样的管道，最长的管道达近千公里。这种运输的缺点是需要水作为载体，在缺水的地方就很难实施。但它相比铁路运输，还是大大降低了成本。

另一种是采用真空+磁悬浮原理的管道运输系统。由于是在真空中运行，降低了运行阻力，使运行的能量消耗大大减少，再加上采用磁悬浮技术，使列车运行更平稳、更迅速。目前，美国和我国都已制造出客运管道运输实验机组。我国早在10年前，就已成功制造出管道货运实验机组。该机组由豆荚式运输车、管道、转盘式装载装置和链式卸载装置组成。其动力是采用真空磁悬浮技术，经我们实验室实验，这种系统是成功的，它可以用来担当煤炭、矿石等固体散货的运输，可以实现从煤矿到用户点对点运输。这将大大降低运输成本，同时由于管道运输是采用在真空中密闭环境下进行，它对环境无污染，也减轻了运输过程中的能源消耗，加上其对复杂地形的适应性，就更突出了其在固体货物运输方面的巨大优势，是一种非常具有发展潜力的新型陆路运输的新思路。

目前世界上有3种类型磁悬浮技术，即日本的超导电动磁悬浮、德国的常导电磁悬浮和中国的永磁悬浮。永磁悬浮技术是中国拥有核心及相关技术发明专利的原创新技术。

中国永磁悬浮与国外磁悬浮相比有五大方面的优势：一是悬浮力强；二是经济性好；三是节能性强；四是安全性好；五是平衡性稳定。

世界第一条磁悬浮列车示范运营线——上海磁悬浮列车是从浦东龙阳路站到

浦东国际机场，30 多公里只需 6~7 min。上海磁悬浮列车是"常导磁斥型"（简称"常导型"），时速 430 km/h。

　　磁悬浮列车有许多优点：列车在铁轨上方悬浮运行，铁轨与车辆不接触，不但运行速度快，能超过 500 km/h，而且运行平稳、舒适，易于实现自动控制；无噪声，不排出有害的废气，有利于环境保护；可节省建设经费；运营、维护和耗能费用低。它是 21 世纪理想的超级特别快车，世界各国都十分重视发展磁悬浮列车。目前，我国和日本、德国、英国、美国等都在积极研究这种车。日本的超导磁悬浮列车已经过载人试验，即将进入实用阶段，运行时速可达 500 km 以上。西南交通大学在 2000 年研制的世界第一辆载人高温超导磁悬浮列车"世纪号"以及后来研制的载人常温常导磁悬浮列车"未来号"等受到党和国家领导人的高度关注和充分肯定。据介绍，早在 1994 年西南交大就研制成功中国第一辆可载人常导低速磁悬浮列车，但那是在完全理想的实验室条件下运行成功的。2003 年，西南交大在四川成都青山磁悬浮列车线完工，该磁悬浮试验轨道长420 m，主要针对观光游客，票价低于出租轿车费用。

　　我们研究的磁悬浮货运列车系统，是采用永磁悬浮原理，它的优点是节能、安全。整个设计构思是采用永磁悬浮技术，让列车在真空条件下运行，列车的车体采用豆荚式设计，方便货物的装卸。当时主要考虑是想解决我国每年大量煤炭运输问题，由于铁路运力不够，需要大量卡车长途运输，既造成环境的污染，又浪费大量燃油。而采用这种真空永磁悬浮技术，可以很好地解决上述问题。我们研究的永磁悬浮低速货物运输经实验室运行实验，证明其具有性能可靠、节能、低成本的优势。有关这条实验线的设备如图 1-1-3 所示。

图 1-1-3　我国磁悬浮轨道运输试验线

2 钢轨断面的历史演变

2.1 钢轨断面演变的历史

随着蒸汽机的出现，铁路运输能力大大提高，尤其是铁路运量和运速的提高，又反映出原来的铸铁轨存在容易脆断问题，威胁行车安全。这时的冶金技术伴随着工业革命而获得巨大发展，已能生产可锻铸铁。这种可锻铸铁比普通铸铁韧性好。从 1767 年以后一直到 1830 年，人们一直是使用铸铁轨。当时这种铸铁轨大多为 T 字形，车轮在轨头突缘的限制下可防止下道。为节约金属，当时人们把这种 T 形轨镶嵌在木质或石质底座上。

1831 年波·奥·奥埃伯设计出工字形轨，这种工字形轨单重 18 kg，其断面轮廓已接近我们现代钢轨。在这之后又有人设计出 U 形断面和其他形状轨，但这些断面轨均在行车实践中被逐步淘汰。到 1858 年，钢轨的形状基本固定下来，即工字形断面，那时的钢轨单重达 38 kg。

在工业革命推动下，冶金技术迅速发展，贝塞麦转炉的出现为人们提供了廉价钢，这时轧机也开始出现，逐步替代手工锻打工艺。用二辊轧机轧制各种断面形状的钢材比锻造方法生产钢材大大提高了生产效率和产品尺寸精度。1865 年美国首先出现用轧制方法生产的钢轨，当时轧制的钢轨单重为 22.6 kg。从那时起直到现在，经历了近 160 年，钢轨的断面随着铁路技术的进步，几经修改变化，但基本上保持了 1865 年所设计的工字形断面形状，只是由于机车动力的不断扩大，钢轨断面的尺寸也随之不断增加。从 1865 年最初单重 22.6 kg，到 1900 年已生产 45.2 kg 轨，再到 1930 年开始生产 59.2 kg 轨，这之后很长时间一直停留在这个水平上。

1947 年后随着电力机车和内燃机车的使用，加大了列车运量的同时，对钢轨的磨损也更加严重，为改进钢轨的磨损，人们提出了加大钢轨单重的措施，设计了 70.1 kg 重型钢轨。从那时至今，铁路技术发生了巨大变化，尤其是随着高速铁路、城市轻轨铁路和矿山重载铁路的出现，钢轨的断面尺寸又多次调整，钢轨的材质也有多次改进。

　　通过多年铁路运行的实践检验，各国普遍认为：在大轴重、大运量的重载铁路线上应使用 60~75 kg 钢轨，在车速小于 160 km/h 的普通客运线路上应使用 50~60 kg 钢轨，在车速超过 160 km/h 的线路上应使用 60~65 kg 钢轨。

　　伴随钢轨断面的不断更新和钢轨工作条件的不断苛刻，铁路部门对钢轨的性能也提出了更高的要求。对钢轨抗拉强度的要求从 800 MPa 提高到 900 MPa，再提高到 1100 MPa 甚至更高；对钢轨硬度的要求从 300 HB 提高到 350 HB，再提高到 388 HB。为了满足铁路对钢轨性能的要求，世界各国的冶金工作者 100 多年来通过不断攻关，不仅开发了碳素钢轨钢，还研制了强度更高的合金钢轨钢和热处理钢轨。随着断裂力学研究和电镜技术的广泛采用，人们对钢轨钢的成分、性能与组织之间的关系有了更深刻的认识和了解。在 20 世纪后期，世界各国的科学家和研究人员一致认为珠光体钢轨钢具有最好的金相组织，但其强度和硬度已达到或接近其理论值的范围，进一步大幅度提高的余地已很小。要满足铁路高速重载发展的需要，21 世纪需要研究开发新型钢轨钢，最有前途的当属贝氏体或马氏体钢轨钢，从实验室数据看，这两种新钢种都比珠光体钢轨钢具有更好的断裂韧性、耐磨性和抗疲劳性能。

2.2　钢轨断面形状演变历史考证

　　钢轨断面的历史演变如图 1-2-1 所示。

　　通过历史考证，最早出现钢轨的时间是：1767 年，是很短的铸铁板；1776~1793 年间出现了角型轨和道岔；1802 年出现了镶嵌在木质基座上的轨；1808 年出现了 T 形铁轨；1808~1811 年出现了可锻铁轨和道岔；1820 年出现了热轧铁轨，单重仅 11.7 kg；1830 年出现了四轮马车用热轧 14.9 kg 铁轨；1831 年罗伯特·史蒂文发明了 T 形轨；1831 年太平洋铁路使用了 18.6 kg 轨；1835 年出现了 18.5 kg U 形轨；1837 年出现了 26.2 kg 锁形轨；1844 年出现了牛头形轨和埃文斯 18.1 kg U 形轨；1845 年美国出现第一支 T 形轨；1858 年太平洋铁路使用了 38.5 kg 轨；1864 年太平洋铁路使用了 30.4 kg 轨；1865 年美国采用贝塞麦转炉钢轧制出 22.6 kg 轨；1876 年出现了 27.2 kg 轨；1900 年出现了 45.3 kg 轨；1916 年出现了 58.9 kg 轨；1930 年出现了 59.3 kg 轨；1933 年出现了 50.7 kg 轨；1946 出现了 63.4 kg 轨；1947 年出现了 52.1 kg 轨、59.8 kg 轨、60.3 kg 轨、70.2 kg 轨；1963 年出现 65 kg 轨；1970 年出现 75 kg 轨。

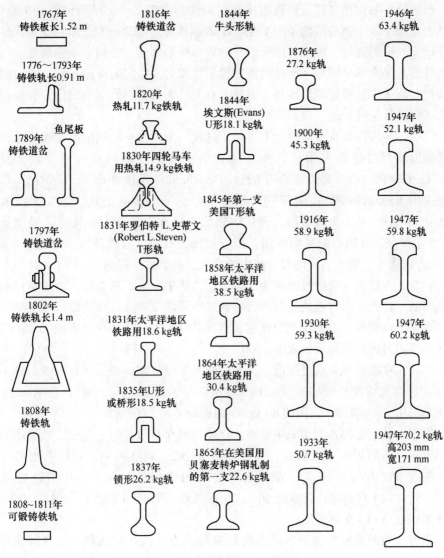

图 1-2-1 钢轨断面的历史演变

2.3 钢轨断面形状特点和发展趋势

随着铁路车速和轴重的不断提高，要求钢轨具有更大的刚度和更好的耐磨性。为了使钢轨具有足够的刚度，必须适当增加钢轨高度，以保证钢轨有大的水平惯性矩。同时还必须使钢轨具有足够的稳定性，在设计轨底时要适当增加轨底宽度。为使钢轨的刚度与稳定性匹配最佳，各国在设计钢轨断面时要优先考虑轨高与轨底宽的比例关系，即 H/B，一般这一比值控制在 $1.15 \sim 1.248$。

改进轨头的设计是提高钢轨刚度和耐磨性的措施之一。早期钢轨轨头断面，其踏面比较平缓，轨头两侧采用半径较小的圆弧。直到 20 世纪 50~60 年代，人们在研究轨头剥离时，发现无论原设计的轨头外形如何，经列车车轮磨耗，轨顶踏面外形几乎全都呈圆形，而且两侧圆弧半径较大。经实验模拟发现，轨头的剥离伤损与轨头内圆弧处轮轨接触应力过大有关。为减少钢轨剥离损伤，各国都对轨头圆弧设计进行修改，使其塑性变形最小。

第一，各国在轨头踏面设计上遵循了这样一个原则：轨顶踏面圆弧尽量符合车轮踏面的尺寸，即采用了轨头在接近磨耗后的踏面圆弧尺寸。如美国的 59.9 kg/m 钢轨，轨头圆弧就采用 $R254$-$R75$-$R9.52$；苏联的 65 kg/m 钢轨，轨头圆弧采用 $R500$-$R80$-$R15$；国际铁路联盟 UIC 的 60 kg/m 钢轨，轨头圆弧采用 $R300$-$R80$-$R13$。从上可以看出，现代钢轨轨头断面设计的主要特点是采用复曲线，3 个半径。在轨头侧面则采用上窄下宽的直线型，直线斜度一般为 1：20~1：40；在轨头下颚处多采用斜度较大的直线，其斜度一般为 1：3~1：4。

第二，在轨头与轨腰过渡区为了减少应力集中所造成的裂缝，增加鱼尾板与钢轨间的摩擦力；同时在轨头与轨腰过渡区也采取复曲线，在轨腰采用大半径设计。如 UIC60 钢轨，其轨头与轨腰过渡区采用 $R7$-$R35$-$R120$；日本的 60 kg/m 轨，其轨头与腰过渡区采用 $R19$-$R19$-$R500$。

第三，在轨腰与轨底过渡区，为实现断面平稳过渡，也采用复曲线设计，逐步过渡与轨底斜度平滑相连。如 UIC60 钢轨是采用 $R120$-$R35$-$R7$；日本 60 kg/m 钢轨是采用 $R500$-$R19$；我国的 60 kg/m 钢轨则采用 $R400$-$R20$。

第四，轨底底部各国均采用平底，以使其断面有很好的稳定性，轨底端面均采用直角，然后用小半径圆角，一般采用 $R4$-$R2$。轨底内侧多采用两组斜线设计，斜线斜度有的采用双斜度，也有的采用单斜度。如 UIC60 钢轨是采用 1：2.75+1：14 双斜度；日本的 60 kg/m 钢轨则采用 1：4 斜度；我国的 60 kg/m 钢轨采用 1：3+1：9 双斜度。

第五，为改善轮轨关系、减小轮轨接触应力、提高轮轨寿命，我国先后对 50 kg/m、60 kg/m 和 75 kg/m 钢轨的轨头尺寸进行了修订，设计出了 50N、60N 和 75N 钢轨，这几种新钢轨断面仅仅是对老断面的轨头踏面的尺寸进行了修改，其他尺寸仍按原断面。

第六，从我国钢轨断面的演变历史看，主要是学习了苏联的钢轨断面，如 50 kg/m 和 75 kg/m 的断面，后期又学习了 UIC 的断面，如 60 kg/m 钢轨，主要尺寸基本是采用 UIC 断面的尺寸，仅仅调整了轨高尺寸。从钢轨断面的系列看，我国现有的钢轨断面不够合理，需要进行研究和充实，尤其是用于重载铁路的钢轨断面，目前仅有两种，即 60 kg/m 和 75 kg/m，在两者之间需要考虑增加一个断面，这个断面可以考虑采用 68 kg/m 断面。这样钢轨的断面系列就比较合理了。这方面美国的 AREA 标准的钢轨断面系列化为 100—115—119—132—136—140；俄罗斯的标准钢轨断面系列化，品种不多，但较合理，为 50—60—65—75；欧洲铁路联盟 UIC 标准钢轨断面的系列为 54—60—71。

2.4 世界各国钢轨断面

钢轨是铁路的重要部件，其质量关系到运输的安全和铁路运营的经济效益。为提高铁路运输效率，近百年来，世界各国都在根据铁路轴重、速度发展的需要，研制各种断面钢轨。下面介绍各国铁路采用的主要钢轨断面情况。

（1）中国钢轨断面如图 1-2-2~图 1-2-4 所示。

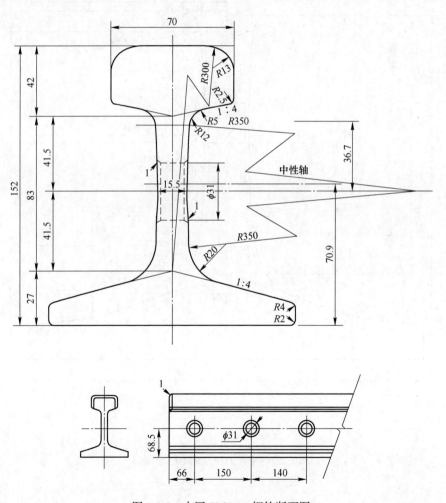

图 1-2-2　中国 50 kg/m 钢轨断面图

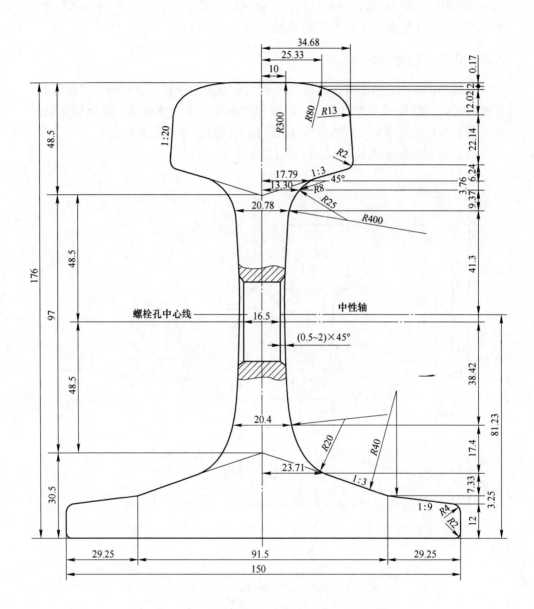

图 1-2-3　中国 60 kg/m 钢轨断面图

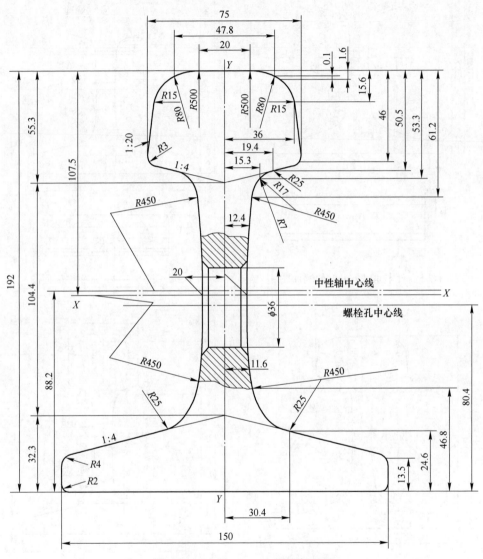

图 1-2-4　中国 75 kg/m 钢轨断面图

（2）日本（JIS）钢轨断面如图 1-2-5～图 1-2-8 所示。

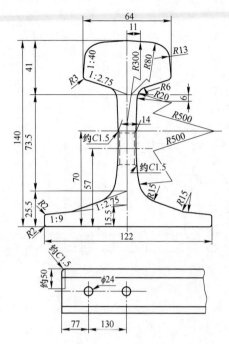

图 1-2-5　日本 40 kg/m 钢轨断面图

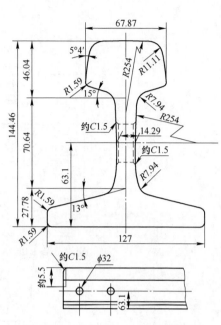

图 1-2-6　日本 50 kg/m 钢轨断面图

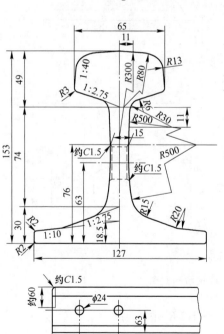

图 1-2-7　日本 50 kg/m 钢轨断面图

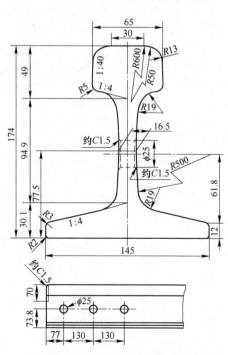

图 1-2-8　日本 60 kg/m 钢轨断面图

（3）英国（BS）标准钢轨断面如图 1-2-9 所示。

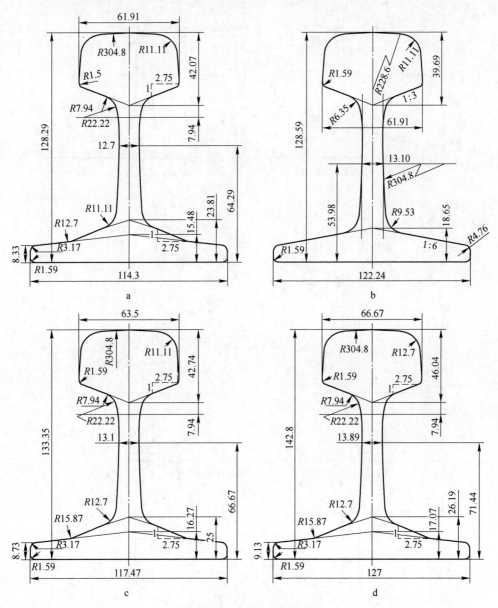

图 1-2-9　英国钢轨断面图

a—75A；b—75R；c—80A；d—90A

（4）美国（AREA）钢轨断面如图 1-2-10 所示。

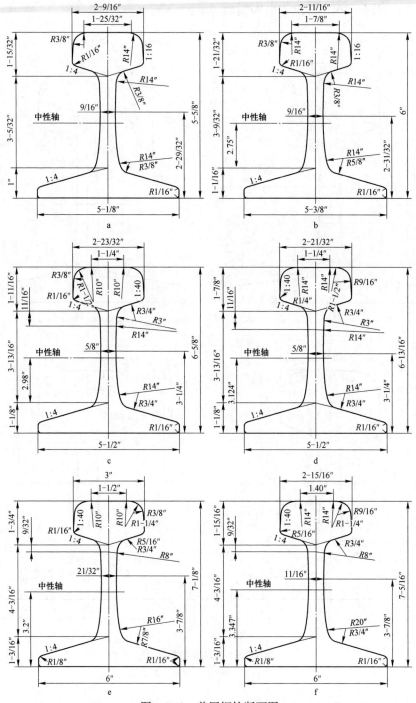

图 1-2-10　美国钢轨断面图

a—90RA-A；b—100RE；c—115RE；d—119RE；e—132RE；f—136RE

(1″=1 in=25.4 mm)

（5）俄罗斯钢轨断面如图 1-2-11~图 1-2-13 所示。

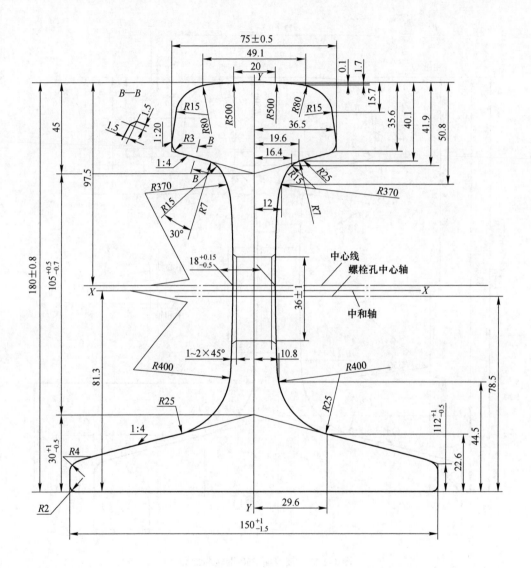

图 1-2-11 俄罗斯 P65 钢轨断面图

（尺寸由孔型保证）

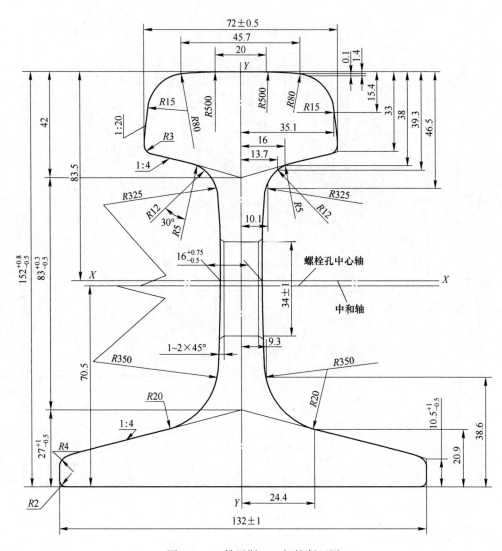

图 1-2-12　俄罗斯 P50 钢轨断面图

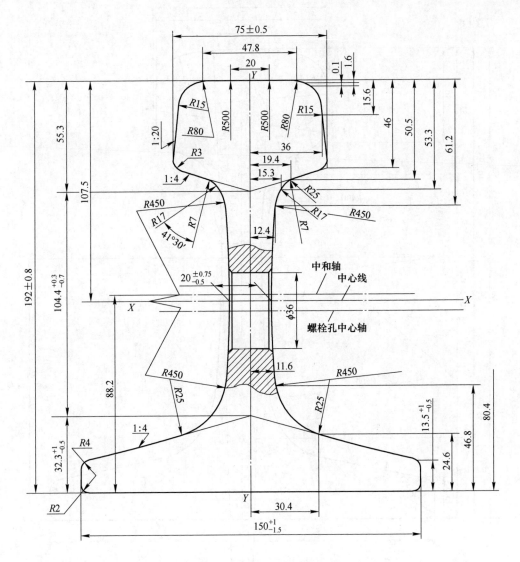

图 1-2-13　俄罗斯 P75 钢轨断面图

（6）国家铁路联盟标准（UIC）钢轨断面如图 1-2-14~图 1-2-16 所示。

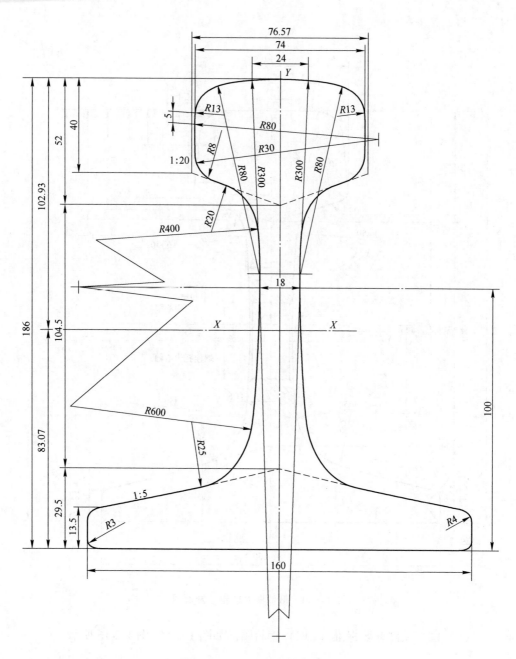

图 1-2-14　UIC71 钢轨断面图

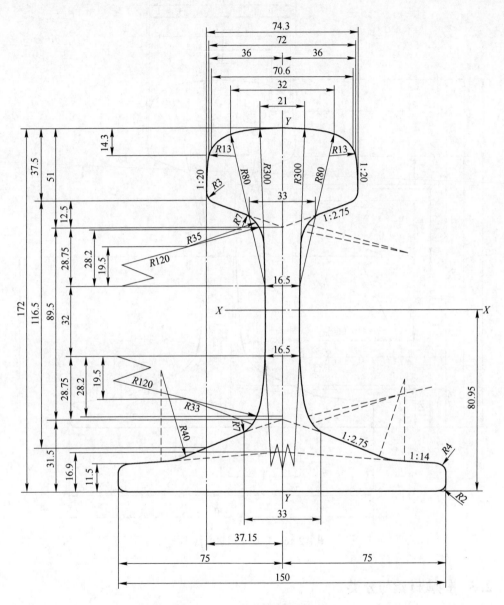

图 1-2-15 UIC60 钢轨断面图

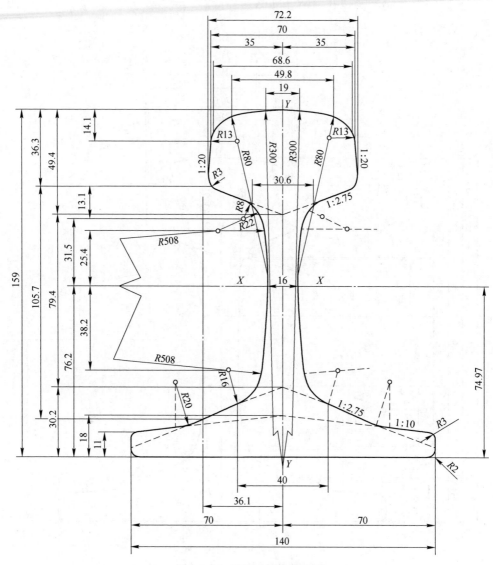

图 1-2-16　UIC54 钢轨断面图

2.5　钢轨材质与分类

　　根据钢轨钢质的不同，钢轨的材质可分为碳素轨、合金轨、热处理轨三类。碳素轨主要以碳、锰两元素为主提高强度改善韧性。苏联和美国多采用高碳低锰类碳素轨。而欧洲、日本则采用高碳中锰碳素轨。合金轨则是以碳素轨为基础，添加适当合金元素如铬、钼、钒等来提高钢轨的强度和韧性。北美和苏联的合金轨多为 Cr-Mo 轨或 Cr-V 轨。我国开发的合金轨则是 Re-Nb 轨或 V-Ti 轨。热处理轨主要是碳素轨通过加热和控制冷却来改善其金相组织结构，如细化晶粒，形成索氏体组织，从而获得高强度和高韧性。

按照钢轨的力学性能通常分为三类：第一类普通轨，一般指抗拉强度为800 MPa的钢轨；第二类高强轨，指抗拉强度大于900 MPa 的钢轨；第三类耐磨轨，指抗拉强度大于1100 MPa 的钢轨。笔者认为根据铁路发展的需要，还应增加两类：即第四类超高强度轨，它的抗拉强度大于1380 MPa，主要是为满足重载铁路30 t轴重运输需要；第五类特级轨，它的抗拉强度大于1500 MPa，是为今后轴重40 t超重载列车所需抗疲劳钢轨而设计。

钢轨自1767 年发明至今，已经历了250 余年，随着铁路技术的发展，钢轨的断面也经历从平板形到T 形，又到U 形的过程，直到1864 年才最后固定为工字形。有关钢轨断面的历史演变过程可参见第2 章的图1-2-1。

根据用途和单重的不同，现代钢轨可以分为以下几类：

（1）供矿山铁路用的轻轨。中国主要有9 kg/m、12 kg/m、15 kg/m、22 kg/m、30 kg/m 5 种，日本主要有6 kg/m、9 kg/m、10 kg/m、12 kg/m、15 kg/m、22 kg/m 6 种。

（2）供客货运输铁路用的重轨。中国铁路使用的重轨主要有38 kg/m、43 kg/m、50 kg/m、60 kg/m、75 kg/m 5 种，日本使用的重轨主要有30 kg/m、37 kg/m、40 kg/m、50 kg/m、60 kg/m 5 种。另外还有道岔轨。日本主要有51.7 kg/m、69.5 kg/m、99.8 kg/m 3 种，中国仅有50At 和60At 2 种。

（3）供工厂吊车用的吊车轨。中国主要有70 kg/m、80 kg/m、100 kg/m、120 kg/m 4 种规格。

（4）供城市电车用钢轨。主要有两种59R2 和60R2，其单重分别为58.20 kg/m和59.75 kg/m。

3　世界铁路简史

3.1　各国铁路建设史

世界上最早的铁路大约出现在 1767 年以前，当时的铁路实际上是以马为动力的马车，其车轮行走在木质轨道上。

1829 年英国人史蒂文森设计了以蒸汽机为动力的机车问世。英国的第一条铁路在 1830 年公开运营是从利物浦到曼彻斯特。1830 美国开始修成斯托克城到达林城的铁路。1835 年德国有了自己的铁路。1872 年日本建成自己的铁路。

我国第一条铁路建于 1864 年，是在北京宣武门外建的仅 0.5 km 长的窄轨铁路。1876 年在上海建成淞沪铁路，全长 16 km。1881 年开滦矿务局建成从唐山到胥各庄的铁路。1888 年在西苑（现中南海）修了一条铁路专线，这是李鸿章为慈禧太后专修的。由于慈禧太后不喜欢蒸汽机车的噪声，只好由太监用绳子拉着火车跑。

史蒂文森设计的蒸汽机车以及在此前后出现的以轧制方法生产的钢轨，使阻碍铁路发展的两大问题获得解决，为铁路的发展创造了条件。

英国、美国、德国、日本铁路的建成极大地促进了资本主义经济的发展和向海外的侵略扩张。美国后期铁路建设大大加快，据美国铁路史记载在 1830 年美国仅有 38.5 km 铁路，到了 1887 年美国铁路的总里程达到 24.1 万公里。这时英国的铁路总里程为 3.1 万公里，德国拥有 3.9 万公里。到 1887 年拥有铁路的西方国家共 10 个。从 1830 年至今 190 多年，现在世界铁路总里程为 140 万 ~ 150 万公里。

近代铁路的标志性工程有：

1964 年日本建成世界第一条高速客运铁路——东海道新干线，从东京到大阪，全长 515 km，设计时速 250 km。

1994 年通车的巴黎到伦敦的高速客运欧洲之星，列车设计时速 280 km。

1972 年建成的澳大利亚哈默斯利重载货运，从港口城市丹皮尔到汤姆山，全长 1150 km，列车总重 2.4 万吨，时速最高 140 km。

长期以来，铁路运输无论是货运还是客运均占整个社会运输量的一半以上。尤其是近几十年得到了迅猛发展的高速铁路和重载铁路，随着计算机技术、人工智能技术的进步获得了前所未有的推广。也再次向世人证明：铁路至今仍然是人类高效安全的陆路运输工具。

3.2　我国铁路历史

我国的第一条铁路建于 1864 年，是在北京宣武门外建的一条仅 0.5 km 的铁路，这条铁路是当时由英国商人杜恩德出资修建的。1876 年在上海又建成淞沪铁路，全长 16 km，这是亚洲最早的运营铁路。1881 年开滦矿务局建成从唐山到胥各庄的铁路。1896 年英国人开始修建天津到北京丰台的铁路，线路全长 127.2 km，后延长至永定门外马家堡。这条铁路是真正意义上的北京最早铁路。1901 年又进一步把铁路延伸到天坛、正阳门，1906 年正阳门站建成（即前门站），在这期间，向东与京奉铁路（京山线）相连接，向南与卢汉铁路（京汉线）接通。1903 年我国境内修建了滇越铁路，这条铁路是从我国的昆明到越南河口，全长 854 km，其中在我国境内 465 km，采用的 1 m 轨距，设计车速 35 km/h，在 1910 年建成通车，至今仍在使用。当时世界称这条铁路的修建是世界三大工程之一，即苏伊士运河、巴拿马运河和滇越铁路。之所以这样称呼是因为这条铁路的地质条件极度恶劣，在铁路南北高差 1807 m 的地区修建铁路，是极其困难的，为克服高差给铁路修建造成的困难，采用了大量隧道和桥梁，据统计该条铁路平均每 3 km 就有一个隧道，每 1 km 就有一座桥梁。该铁路最小曲线半径仅 80 m。最大坡度为 30‰。为修建这条铁路我国牺牲了近 10 万员工。

1905 年我国开始修建京张铁路，从丰台经柳村、居庸关、沙城、宣化到张家口，全长 200 km，1909 年建成。这是第一条由中国人詹天佑任总工自行设计建造的铁路。这条铁路的两大创新，奠定了我国在世界铁路的地位。一是詹天佑为了克服南口到八达岭的 600 m 的高差，大胆采用人字形折返线路设计；二是发明了车厢之间自动挂钩，解决了列车脱钩难题。

从 1864 年到 1949 年的 85 年，旧中国仅仅修了 2.1 万公里铁路。中华人民共和国成立后国家大力发展铁路事业，从 1949 年到 1970 年，我国共建成 18 条铁路干线，总长达 6.6 万公里。中华人民共和国成立后建设的具有标志性铁路工程有：1952 年新中国成立后建设的第一条干线铁路——成渝铁路，全长 502 km；1995 年建设的我国第一条双线电气化重载铁路，从大同到秦皇岛，全长 653 km。开行万吨列车，年运量已超 4 亿吨。

2008 年我国建成第一条高速客运铁路——京津高速铁路，列车时速 350 km。随后的十几年里，又先后建成京沪线、京广线、沈大线、石济线、郑徐线，到 2015 年建成了四纵四横高速铁路网。随后又开始建设八纵八横高速铁路网。到 2024 年已建成的高速铁路总里程达到 4.6 万公里，超过世界其他国家高铁营业里程的总和，居世界第一。

纵观世界铁路发展史，一条钢轨的发展轨迹清晰地展现在面前：钢轨的发展紧紧跟随着铁路的技术进步不断创新，满足了铁路的发展要求。自从蒸汽机车发明到现在，铁路运输获得巨大发展。车速从最初的 10~20 km/h，发展到现在的货车车速 120 km/h，客车 350 km/h。机车的牵引力由过去几百千瓦发展到现在 3677.5 kW。全世界共有铁路总里程约 150 万公里，遍布世界各地。不仅有普通客运铁路、货运铁路，而且还有地下铁路、重载铁路和高速客运铁路。

世界各国铁路运营总里程见表 1-3-1。

表 1-3-1　世界各国铁路运营总里程

国家	美国	中国	俄罗斯	印度	加拿大	德国	澳大利亚	巴西	阿根廷	法国	日本	英国
铁路总里程/万公里	25	16	8.56	12.5	4.3	3.81	3.3	3.0	3.4	2.82	2.71	1.65

3.3　近代铁路技术发展轨迹

3.3.1　20 世纪世界铁路的发展

从 20 世纪 50 年代开始，随着第二次世界大战的结束，各国加快经济恢复和重建，推动了铁路的发展，从 60 年代开始铁路发展迎来了一个崭新的时代，具有高新技术的铁路在世界范围获得越来越多的认同。以法国的 TGV、德国的 ICE、日本的子弹头列车为代表的新型客运列车和轴重 21 t 的万吨重载列车的出现，向世人展示了现代化铁路广阔的发展前景和比航空、高速公路运输更具潜力的发展优势。这些列车是电子技术（电力机车、磁悬浮列车）、地下挖掘技术与自动化技术等有机结合的产物。这些技术已广泛应用在铁路建设的各个方面，再加上近年取得突破发展的人工智能、大数据、物联网的结合，使铁路的车体设计制造、通信信号自动化、列车牵引、事故预防与控制等诸多方面取得了长足进步。

世界交通专家认为 21 世纪解决陆路交通的最有效工具仍然是铁路，尤其是高速铁路和重载铁路。它们在运输的高速度、高效率、安全性、舒适性和大运量等诸多方面，有着航空、航海和汽车运输无法比拟的优势。不少专家指出，随着信息高速公路和多媒体技术的普及应用，21 世纪世界铁路技术必将跃上一个新水平。世界铁路技术的发展正朝着自动化牵引、高速度、大轴重、大运量的方向迈进，作为铁路发展的基础材料——钢轨的研发也必将有新的突破，以此才能满足铁路高速发展的需要。

3.3.2　20 世纪世界钢轨技术进步取得突破进展

近 50 年来随着铁路技术的进步，作为铁路核心材料的钢轨生产技术也取得了日新月异的进步，这主要体现在：随着车速的提高，各国开始普遍采用重型断面钢轨。法国铁路部门认为，当车速超过 160 km/h 时就应采用 50 kg/m 或 60 kg/m 钢轨。德国铁路部门认为，当车速超过 200 km/h 时至少应铺设 54～65 kg/m 钢轨，当车速超过 250 kg/h 时，则应铺设 70 kg/m 钢轨。日本铁路部门实测发现，60 kg/m 钢轨的寿命比 50 kg/m 钢轨可以提高 2.1～6.5 倍。美国和加拿大从 20 世纪 70 年代就开始铺设 61.5 kg/m 钢轨。苏联铁路部门规定当车速大于 140 km/h 时，在行车密度大于 100 对的区间内，应采用 65 kg/m 钢轨。理论计算 65 kg/m 钢轨比 50 kg/m 钢轨质量仅增加 30%，但可在使用期间内使通过列车运量吨位增加 80%。我国铁路部门规定在年货运总量超过 5000 万吨/km 的地段，应铺设 60 kg/m 钢轨。

近几十年来，世界铁路铺设的钢轨单重变化大概如下：20 世纪 50 年代平均轨重 43～50 kg/m，60 年代平均轨重 49～52 kg/m，70 年代平均轨重 52～65 kg/m。目前世界各国采用的钢轨最大单重为：中国 60 kg/m 和 75 kg/m，苏联 65 kg/m 和 75 kg/m，日本 60 kg/m，法国 60 kg/m，英国 57 kg/m，美国 68 kg/m。

3.3.3 现代世界铁路技术发展趋势

（1）普遍采用无缝线路。为了提高车速和列车舒适性，各国从 20 世纪 60 年代起开始在干线铁路上普遍采用焊接长轨。这种长轨一般是先在焊轨厂将钢轨焊接成 250～500 m 长轨，然后送到轨排厂预装上轨枕，再用特制的轨排运输车，边走边进行轨排的铺装。60 年代世界铺设了约 4 万公里无缝线路，到 70 年代铺设的无缝线路超过 20 万公里，到 80 年代后各国的干线铁路基本上都是铺设无缝线路。从所铺的无缝线路占铁路总里程的比例看，德国最高达 65%，瑞士次之达 53%，意大利和丹麦也均在 20% 以上。我国的无缝线路在 90 年代就已达 30%，90 年代以后修建的铁路基本是无缝线路。

（2）世界高速铁路持续发展，我国发展最快。起于 20 世纪 60 年代的高速铁路，近几十年获得巨大快速发展。高速铁路按速度划分：车速在 200 km/h 以上的为第一代高速，车速在 250 km/h 以上的为第二代高速，车速在 300 km/h 以上的为第三代高速。世界上大多数国家的高速铁路主要用于客运，也有少数国家用于客货混运。60 年代高速铁路客运列车最高车速为 200 km/h；70 年代日本东海道新干线设计车速已达 260 km/h；法国在 80 年代初其高速铁路车速已达 300 km/h，其实验车速在 90 年代已达 515 km/h；我国设计的京沪高速铁路的正常运行速度已达 350 km/h，实验车速达 574 km/h，我国的高铁实验车速在京沪线枣庄蚌埠段 CRH380A 车型 2010 年 12 月 3 日突破 487 km/h，2014 年 1 月 16 日 CIT500 型机车又创造出实验车速 605 km/h 的世界最新纪录。

现在，全球高速铁路总里程已达 5.67 万公里，我国的高速铁路总里程为 4.2

万公里，占全球的 74%。我国商务高速铁路网已基本建成，全国已形成 1 h 生活圈、2 h 生活圈和 3 h 生活圈。出行快速、便捷、安全成为我国经济发展的推动力，高速铁路已成为我国经济发展的名片。

磁悬浮列车技术早在 20 世纪 80 年代就在世界出现，当时的磁悬浮列车主要是运行在城市内运送旅客，车速在 100 km/h 左右，其采用的是常导磁悬浮技术。随着超导磁悬浮技术的日益成熟，其车速可达 600 km/h 以上。

3.3.4　高速客运铁路对钢轨的质量要求

（1）钢轨断面：多数国家选择 50 kg/m 或 60 kg/m 平底轨，其长度为 25 m、36 m、50 m、100 m 或焊接长轨。

（2）关于钢种：一般采用碳素钢，其强度要求 900 MPa 以上。为防止出现早期疲劳和剥离损伤，要求钢轨采用硅脱氧镇静钢。钢中最大氧含量不大于 0.005%。为获得洁净钢，要求对钢轨钢进行钢包精炼和真空脱气。按 ASTME 标准中 45/84 条款规定，对氧化物最坏的视场是 B，对硅酸盐型夹杂的视场是 C；在德国 DIN50602 标准中要求，钢必须满足如下条款：对 95% 的钢轨 $-K \leqslant 10$，对其余 5% 的钢轨 $-K \leqslant 20$。

（3）对钢轨平直度的要求是：

1）轨端平直度，垂直上翘不大于 0.2 mm/1.5 m，垂直下弯不大于 0.1 mm/1.5 m，水平弯曲不大于 0.25 m/1.5 m。

2）全长平直度，垂直方向不大于 0.4 m/3 m，水平方向不大于 0.3 m/1.5 m，垂直上翘最大 5 mm，水平方向旁弯半径不小于 1000 m。

3）对于焊接轨，焊缝处轨高尺寸公差要控制在 0.1~0.2 mm。

4）为保证在高速下行车平稳，轮轨接触带宽不应超过 12~14 mm，而且在这个接触带上不应存在任何表面缺陷，为此必要时要对轨头进行打磨抛光。

5）对于轴重大于 20 t 的线路，则应采用耐磨级钢轨。

3.3.5　世界现有高铁国家

从 20 世纪 40 年代开始，至今已有 10 多个国家和地区建设了轮轨系统的高铁。高铁建设最早的国家是日本和法国。日本建设的世界第一条高铁——东海道新干线 1959 年 4 月开工，1964 年 7 月建成通车。设计车速 210~275 km/h。法国的第一条高速铁路 TGV 线 1966 年 12 月开工，1969 年 12 月建成，设计车速 270~300 km/h。随着这两个国家高铁的运行，显示出高速铁路高效、安全、经济的突出优势，带动世界高铁建设。德国、西班牙、意大利、英国、瑞典、澳大利亚、美国、韩国、俄罗斯和我国的台湾省等国家和地区，先后建设了高速铁路。特别应指出是欧洲的高速铁路发展迅速，欧共体的高速铁路设计车速达 250~

300 km/h。

　　长期以来，我国一直在跟踪世界高铁技术的发展，从20世纪80年代就陆续开始研究高铁技术，在1999年开工建设了秦沈快速客运线，设计车速160~200 km/h。在此基础上，通过引进日本、法国等国家高铁技术，2008年首先建成京津高铁，设计车速200~250 km/h。紧接着又建设了京沪高铁，设计车速300~350 kg/h。京沪高铁的建成，标志着我国高铁技术进入了世界的前列。通过近20年的发展，我国无论在高速铁路的里程上，还是高速铁路的技术上，均已超过了日本和法国。高速铁路已经成为中国的一张名片，走向世界。随着我国援建的印尼高速铁路的建成，向世界展示了我国强大的工业能力。有关世界现有高速铁路主要国家情况见表1-3-2。

表1-3-2　世界主要高铁国家情况

国家	高铁里程 （铁路总里程） /km	最高车速 /km·h^{-1}	到2030年 计划新建 /km	最早建设年代
中国	46000（160000）	350	15900	2008
日本	3422（27311）	280		1964
西班牙	5705	300		1992
法国	4537（27860）	270		1971
德国	6226（38600）	406		
意大利	2983	300		
韩国	2699	300		
美国	2524（228128）	240	1700	
英国	1579（32565）	300	540	
土耳其	2335	200	120	
印度	505（66000）	200		
俄罗斯	1528（85262）	200	2055	1984

3.3.6　21世纪世界铁路的重要工程——泛亚铁路

　　随着东南亚经济的发展，世界经济的重心已开始从大西洋向太平洋尤其是亚太地区转移。东盟国家在大湄公河区域合作会议第十次部长级会议上，提出了未来10年该地区各国经济合作的战略框架，建议修建泛亚铁路网。我国也在"十五"计划中明确提出了修建"西南进出铁路""开辟我国至东南亚国际铁路新通道的规划"。建设泛亚铁路是我国与东盟各国的共识，也是促进亚太地区经济发展的需要。

　　泛亚铁路网指由东盟国家新加坡至中国昆明的铁路网，包括新加坡、马来西亚、泰国、柬埔寨、老挝、越南、缅甸等国家和中国云南的铁路连接。东盟各国现有6条既有线，这6条是新加坡—曼谷、曼谷—金边、泰国东线、胡志明市—河内、毛淡棉—腊戍（缅甸线）、河内—老街—昆明的滇越铁路。这些铁路都是窄轨米轨铁路，仅有一条滇越铁路可与我国进行货物运输，运能运力有限，严重制约了东盟国家与我国的经济往来。

　　泛亚铁路规划由一条基本线、两条小环线和一条大环线组成。基本线是新加坡—曼谷；两条小环线，一条为东环线：曼谷—金边—胡志明市—河内—昆明—万象—曼谷，另一条为西环线：曼谷—毛淡棉—腊戍—大理—昆明—万象—曼谷；一条大环线是：曼谷—金边—东海岸—昆明—西陆线—曼谷。泛亚铁路总体网连接了我国和东盟各国的重要城市、港口和经济发达地区，包括7个东盟国家首都和我国的昆明、越南胡志明市、泰国的廊开和清迈、缅甸瓦城等重要城市。还有马来西亚的新山港、巴生港，泰国的春武港，柬埔寨的西哈努克港，越南的头顿港、舰港、海防港，缅甸的毛淡棉等十几个重要港口。通过南昆铁路还可以和我国广西的钦州、防城、广东的湛江、海口连接，形成不仅是横贯我国和东南亚各国的重要交通网，也将开辟一条新的亚欧国际大陆桥，即新加坡—吉隆坡—曼谷—万象—昆明—兰州—乌鲁木齐—阿拉山口—哈萨克斯坦—欧洲这样一条陆路大通道，使亚欧沿线的内陆国家受益，有利于世界经济的发展和融合。它的建设将会极大改变世界21世纪政治经济的格局，有着非常重大的战略意义。

4 我国钢轨生产简史

4.1 我国钢轨钢生产

我国的钢轨生产是从 1894 年开始的，由湖北汉阳铁厂生产了断面从 29.8 kg/m 到 42.16 kg/m 的各种钢轨。当时生产的钢轨 $w(C) = 0.4\% \sim 0.6\%$、$w(Mn) > 0.9\%$、$w(Si) > 0.1\%$、$w(P) > 0.025\%$，$w(S) > 0.06\%$。在 1964 年冶金工业部和铁道部对当时生产的钢轨调查后发现，这些钢轨虽然铺设了 40~50 年其轨上的商标依然清晰可见，特别耐腐蚀。经取样化验发现钢轨钢中含有较高的铜($w(Cu) = 0.4\%$)和微量的钒，同时含磷高，是其耐腐蚀的主要原因。有关中华人民共和国成立前我国生产使用的钢轨成分及性能情况见表 1-4-1。

表 1-4-1 中华人民共和国成立前我国生产使用的钢轨成分及性能情况

编号	地点	生产日期	成分/%								
			C	Si	Mn	P	S	Cu	Cr	Ni	V
1	大冶	1913 年	0.56	0.060	0.78	0.078	0.088	0.379	0.015	0.01	0.01
2	大冶	1914 年	0.49	0.036	0.42	0.029	0.066	0.482	0.020	0.01	0.01
3	大冶	1915 年	0.60	0.044	0.58	0.058	0.059	0.483	0.040	0.01	0.01
4	广州	1913 年	0.65	0.010	0.66	0.035	0.050	0.43	0.02	0.03	
5	郑州	1913 年	0.43	0.046	0.60	0.080	0.025	0.04	0.038		
6	郑州	1914 年	0.70	0.04	0.64	0.057	0.058	0.443			

编号	σ_b /MPa	$\sigma_{0.2}$ /MPa	δ_{10} /%	ψ /%	α_K（横向）/J·cm^{-2}	α_K（纵向）/J·cm^{-2}	氧化物夹杂级别/级	硫化物夹杂级别/级	显微组织	晶粒度级别/级
1	740	380	16.5	34.0	5		1.5	4		5~6
2	655	350	19.0	38.0	5	16	3	2.5		5~6
3	775	375	15.0	26.0	7	6	3	2.5		4~5
4	800	405	15.0	21.5	14					
5	620	340	22.5	42.0	8					
6	825	420	11.0	21.5	9	6	2			2~3

中华人民共和国成立后我国为了发展铁路事业，首先恢复了重庆钢铁公司的生产，重钢用古老的以蒸汽机为动力的 800 mm 轧机生产出 38 kg/m 钢轨。

同时，从苏联引进 50 年代先进的钢轨生产技术，先后建设了鞍钢、武钢、包钢、攀钢几个大型轨梁厂。鞍钢大型厂投产于 1953 年，设计生产能力 95 万吨/年，其中钢轨 40 万吨；武钢大型厂 1960 年投产，设计生产能力 60 万吨，其中钢轨 7 万吨；包钢轨梁厂投产于 1968 年，设计产能 110 万吨/年，其中钢轨 35 万吨；攀钢轨梁厂投产于 1974 年，设计产能 110 万吨/年，其中钢轨 50 万吨。

应该指出的是：在 1956 年时我国京山线年通过总重 2000 万吨/公里，当时铺设的 43 kg/m 钢轨不能满足铁路运输要求，开始试制 50 kg/m 钢轨，并逐步更换，到 1977 年已有 40% 的干线铺设了 50 kg/m 钢轨。1980 年前后我国铁路随着改革开放迅猛发展，不少干线年通过货运总量超过 5000 万吨/公里，最繁忙的线路达到 7000 万吨/公里。为解决因铁路货运量大幅增加造成钢轨伤损问题，包钢 1976 年开始试轧 60 kg/m 钢轨。

从 1951 年重庆钢铁公司试轧成功 38 kg/m 轨，1953 年鞍钢开始生产 43 kg/m 轨，1965 年武钢开始生产 43 kg/m 轨，1969 年为援建非洲坦桑尼亚-赞比亚铁路，武钢试轧成功耐腐蚀的 45 kg/m 轨，1970 年包钢开始生产 50 kg/m 轨，1975 年攀钢开始生产 50 kg/m 轨，1976 年包钢试轧成功 60 kg/m 轨，1985 年试轧成功 75 kg/m 轨，到攀钢 1979 年试轧成功 60 kg/m 轨，1985 年试轧成功 75 kg/m 轨。新中国铁路的发展，我国的钢轨钢的研究也逐步从跟随苏联，到模仿日本、美国、法国等西方国家，经历几十年，最终找到了一条适合我国国情的钢轨钢技术发展路径。有关我国与 50 kg/m 钢轨配套的钢轨钢种研究见表 1-4-2。

表 1-4-2　我国与 50 kg/m 钢轨配套的钢轨钢种

序号	钢种	代号	成分/%								抗拉强度/MPa	用于轨型	生产企业
			C	Si	Mn	P	S	Cu	V	Ti			
1	中锰	AP1	0.65~0.77	0.15~0.30	1.1~1.4	<0.04	<0.04					38 kg/m	重钢
2	中锰	AP1	0.65~0.77	0.15~0.3	1.1~1.4	<0.04	<0.04				>900	50 kg/m	鞍钢
3	高硒	USI	0.65~0.75	0.85~1.15	1.1~1.4	<0.04	<0.04				>920	50 kg/m	鞍钢
4	碳素	WP1	0.65~0.77	0.15~0.3	0.7~1.0	<0.05	<0.04	0.1~0.4			>800	43 kg/m	武钢

序号	钢种	代号	成分/%								抗拉强度 /MPa	用于轨型	生产企业
			C	Si	Mn	P	S	Cu	V	Ti			
5	高硒	WP2	0.65~0.77	0.7~1.1	0.8~1.2	<0.04	<0.04	0.1~0.4			>920	43/45 kg/m	武钢
6	稀土	BD1	0.7~0.8	0.13~0.28	0.7~1.0	<0.04	<0.04	Re_xO_y ≤0.13			>900	50 kg/m	包钢
7	钒钛	PD1	0.62~0.77	0.15~0.37	0.7~1.1	<0.04	<0.05		0.01~0.05	<0.02	>900	50 kg/m	攀钢
8	碳素	P71	0.64~0.77	0.13~0.28	0.60~0.90	<0.04	<0.05				>800	43 kg/m	鞍钢
9	碳素	P74	0.67~0.80	0.13~0.28	0.7~1.0	<0.04	<0.05				>800	43/50 kg/m	包钢

从 1967 年开始到 1972 年，重钢、鞍钢和包钢开始钢轨全长淬火实验研究。攀钢 1980 年建成我国第一条电加热钢轨全长淬火生产作业线，1998 年又建成余热全长淬火生产线。1970 年鞍钢对 AP1 中锰轨和钒钛轨进行全长淬火实验研究，采用的是高频感应加热，喷水冷却，利用余热自行回火，得到均匀的细索氏体，其抗拉强度达 117 MPa，屈服强度达 80 MPa，冲击韧性达 40 J/cm^2，淬火后钢轨的踏面硬度增加了 50~70HB，淬火区横断面沿着轨头呈帽型，淬火层深度方向基本呈均匀过渡，轨头长度方向中心纵断面硬度稳定，AP1 轨经全长淬火后疲劳极限达 350 MPa，比轧态轨提高 6 MPa，钢轨磨耗量减少了一半。包钢对 U74 钢种进行全长淬火实验研究，包钢采用煤气加热，喷水冷却，余热回火工艺。具体见表 1-4-3。

表 1-4-3 轧态与淬火钢轨性能比较

钢种	状态	抗拉强度 /MPa	屈服强度 /MPa	伸长率 /%	断面收缩率 /%	冲击韧性/$J \cdot cm^{-2}$		淬火层深度/mm	踏面硬度 （HB）
						20 ℃	-40 ℃		
AP1	全长淬火	1170	812	16	54.5	42	32	21	310~340
	轧态	970	548	12.5	24	18	7		260~270
钒钛	全长淬火	1177	900	17	61.8	44	33	16	320~380
	轧态	975	650	14.2	24.8	8	5		260~270
U74	全长淬火	1271	912	11.5	33.6	330	29	21	336
	轧态	937	545	13.7	21.5	187	7		260

经全长淬火后钢轨钢的淬火层形状和显微组织如图 1-4-1 所示。图 1-4-1a 为淬火轨轨头中央踏面；图 1-4-1b~d 为距踏面中心下 10 mm、25 mm 和 40 mm 处钢轨的显微组织，分别为屈氏体+索氏体、屈氏体+索氏体+珠光体、珠光体。

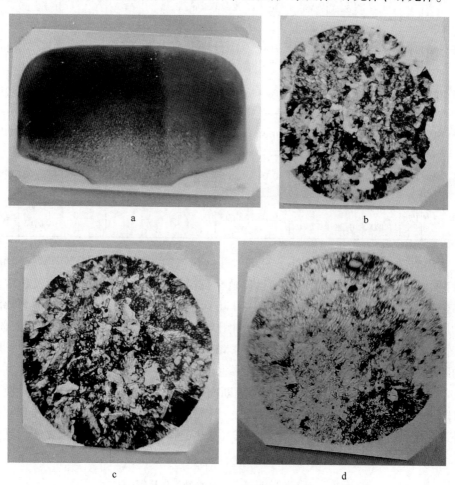

图 1-4-1　全长淬火后钢轨钢的淬火层形状和显微组织

4.2　改革开放促进钢轨生产技术的进步

我国在新中国成立后前 30 年左右的时间，由于钢铁企业的设备仍采用国际 20 世纪 50 年代落后工艺和设备，使钢轨的生产质量一直无法满足铁路技术发展的需要，每年被迫从国外进口大量钢轨，主要用于曲线、弯道等路况恶劣的线路，如石太线等重载货运线路。这种状况一直持续到 20 世纪 80 年代初。而这时国外发达国家的主要钢轨生产企业已经完成了钢轨生产线的现代化改造，这些企业的生产工艺和设备的现代化改造主要为 10 大方面：

（1）采用铁水预处理技术，对铁水在炼钢前进行三脱，即脱磷、脱硫、脱硅。

（2）采用炉外精炼和真空脱气技术，对钢的成分进行微调，准确控制出钢温度。对钢液进行真空脱气处理，使钢中氮、氧、氢的含量进一步降低，从而改善钢的性能。

（3）采用复合脱氧剂，代替常规铝脱氧，采用硅钙钡合金、硅铝合金等降低钢中夹杂物的数量和改善形态分布，对提高钢轨钢的纯净度效果显著。

（4）采用连铸坯代替模铸坯轧制钢轨，提高了钢轨的定尺率和成材率。

（5）淘汰了平炉冶炼工艺，采用顶底复吹转炉或高功率电炉生产钢轨钢。

（6）采用万能法轧制钢轨，提高了钢轨的几何尺寸精度和平直度。

（7）采用长尺冷却、长尺矫直工艺，使供货的钢轨长度从原来的 25 m 提高到 100 m。这样大大减少了在铁路线路上的接头，使接头造成的钢轨伤损减少，并大大提高了列车行驶的平稳性。

（8）采用平立联合矫直机矫直钢轨，采用硬质合金锯钻联合机床加工钢轨，使钢轨的外形平直度和长度精度得到改善。

（9）把计算机技术、激光测距技术、超声波探伤技术、涡流探伤技术结合起来，实现了钢轨在线的几何尺寸、表面及内部缺陷检测，替代了人工肉眼检测，大大提高了检测的精度，降低了漏检率。

（10）采用最新短流程冶金工艺，使钢轨生产企业的吨钢投资大大降低，实现从炼钢开始到钢轨出厂全流程自动化控制和无人化管理。

国外发达国家在完成冶金企业工艺和设备现代化改造的同时，加快了钢轨理论技术的研究和新钢种的开发。国外在钢轨科研上的主要成果有：

（1）对珠光体钢轨钢在组织成分和性能之间的机理研究取得突破进展，得到明确结论，即决定珠光体钢轨钢性能的是其珠光体形态参数，包括珠光体团尺寸、珠光体片层间距和渗碳片厚度。凡可以用来减小珠光体团尺寸、珠光体片层间距和渗碳片厚度的方法均可提高或改善珠光体类钢轨钢的性能。反之，一切使其增大珠光体团尺寸、珠光体片层间距和渗碳片厚度的方法均对钢轨钢性能有害。

（2）通过对钢轨疲劳伤损的研究，摸清了钢轨疲劳伤损的机理。主要是与钢轨钢的洁净度和钢轨钢的强度呈正相关。围绕这两方面提出了改善钢轨钢疲劳的基本思路，改善钢的洁净度，研发高强度新型钢轨钢。

（3）热处理技术处理钢轨钢改善性能获得广泛推广。QT 法（即淬火回火工艺）是一项古老的技术，钢轨通过 QT 法得到的是一种回火索氏体组织。SQ 法（欠速淬火工艺）是日本新日铁开发的新型热处理工艺，其得到的组织是细珠光体，其强度比 QT 法更高，韧性更好。对于强度为 890 MPa 的轧态轨，经 QT 法处理后，其强度可达 1170 MPa；而采用 SQ 法其强度可达 1280 MPa。日本、卢森堡等国利用轧后余热在线大量生产这种综合力学性能优良的欠速淬火钢轨

（4）采用稀土处理钢轨钢，改善钢轨钢性能。主要是利用稀土与钢中夹杂物形成化合物，稀土可改变夹杂物形态，解决钢中夹杂物的变性，同时还可细化晶粒。美国研究稀土加入方法并在其专利中提出：在钢罐中用硅和锰进行完全脱氧后，经过净化并保持一定温度的钢流，再添加稀土金属可以达到最好结果，稀土最佳加入量为 0.02%～0.07%，必须把稀土包裹在铁皮内，采用固定在一根棒上往钢水罐内注入效果最佳。因稀土夹杂物密度较大，应采取适当搅拌及延长镇静时间效果会更好。

令人鼓舞的是我国从 20 世纪 90 年代开始，用了近 20 年的时间基本完成了对上述 4 个主要钢轨生产企业的设备更新和技术改造，在钢轨钢的新钢轨钢种的研究开发上也赶上了世界发达国家水平。大量数据表明，我国生产的钢轨在力学性能、内部质量和微观组织等方面的综合水平已接近国外同类水平。通过国外有关机构检测，我国钢轨的可焊性和耐磨耗性也不比国外钢轨逊色。

5　世界钢轨与钢种

5.1　日本钢轨与钢种

日本八番制铁从 1901 年开始生产钢轨，其钢轨供应巴西、智利、泰国、缅甸、巴基斯坦、印度以及中国台湾等国家和地区。为了解各国钢轨的使用情况，在 1963 年对上述国家和地区的钢轨进行了一次调查，发现钢轨的伤损率达 13%，其中：50 kg/m 轨伤损率 24%，37 kg/m 轨伤损率 19%，30 kg/m 轨伤损率 6%。在这些伤损轨中属于钢质造成的伤损占 21%，主要是横裂纹、水平裂纹、纵裂纹等缺陷。在运行过程中出现的占 79%。主要是螺栓孔裂纹、剥离、车轮打滑碾皮、焊接不良、腐蚀等。为研究上述缺陷产生的原因，他们对螺栓孔裂纹和轨头剥离两大伤损进行研究发现：螺栓孔裂纹主要是在列车通过时钢轨的轨头受压应力作用，轨腰轨底受拉应力作用，加上螺栓孔配合不合理造成应力集中，在列车发生冲击时使应力增大而发生孔裂。

对剥离的研究发现，一般的剥离发生在轨头踏面 0.5~6 mm 深处，直接原因是接触应力过大超过钢轨的屈服强度或由于该处存在金属夹杂而降低了钢轨的疲劳寿命。

横裂纹主要是钢中氢含量过高所造成的脆断，也有的是因为硫的点状偏析所造成。

为了解决上述问题，他们认为还是要从提高钢轨的性能和采用更大断面的钢轨两方面入手：一方面研制高强度钢轨钢，通过提高强度提高钢轨抗磨耗性能；另一方面是采用更大断面钢轨。这两点认识得到世界钢铁行业和铁路行业专家的一致认可。

美国首先开始生产 132LB 和 136LB 断面的钢轨，英国开始生产使用 100 A（50 kg/m）、110 A（54 kg/m）钢轨。日本开始生产使用新 50 kgN 钢轨，日本生产的各类钢轨断面参数见表 1-5-1。

表 1-5-1　日本钢轨断面参数

钢轨断面	50 kgN	50 kg	40 kg	37 kg
I_x/cm^4	1960	1740	1378	952
I_y/cm^4	322	277	230	227

钢轨断面	50 kgN	50 kg	40 kg	37 kg
单重/kg·m^{-1}	50.4	50.4	40.9	37.2
I_x/断面积/cm^2	30.6	27.1	26.4	20.1

通过修改断面,使钢轨的纵向刚性显著改善。在修改断面时特别注意控制钢轨的高度和宽度比值,过大会使钢轨的稳定性变差。日本的钢轨高度宽度比控制在 1.176~1.245,美国控制在 1.19~1.20,欧洲控制在 1.15~1.16。铁路实践证明,当轨头增高时提高钢轨的刚度有利于改善钢轨的磨耗,这对直线和曲线内轨以头部踏面水平磨耗为主、曲线外轨以侧面磨耗为主的钢轨使用寿命有很大提高。与此同时,日本开始了用于钢轨的新钢种的研究。日本东京—大阪东海道新干线的建设开通,铁路部门对高速铁路用钢轨的性能提出了更高的要求,要满足最高车速 300 kg/h 行车安全舒适要求,钢轨要进一步提高强韧性、耐磨性、耐疲劳性和可焊性。根据铁路部门这样的要求,美国采用高碳轨,欧洲采用低碳中锰轨,UIC 提出了钢轨的强度至少应大于 900 MPa,日本则提出了三种成分的实验钢种见表 1-5-2。

表 1-5-2　日本实验钢种

实验钢种	成分/%			吨钢加铝量
	C	Mn	Si	/kg
A	0.6~0.75	1~1.3		0.1~0.2
B	0.6~75	1.3~1.6	0.25~0.35	0.2
C	0.7~0.8	1.4~1.8	0.2~0.25	0.2~0.3

从实验结果看出:

(1)钢轨钢的偏析、细晶与钢的脱氧强度密切相关,脱氧越强则钢中的偏析越少,反之增大。

(2)钢轨的抗拉强度随着碳含量的提高而提高,三个钢种均大于 900 MPa,C 钢种可达 100 kg 以上。钢轨硬度也是随着碳含量增高而增强,轨头硬度均大于 300HB。

(3)钢轨的实物疲劳强度测定值均高于普通碳素轨,其中钢种 B 和 C 分别为 410 MPa、390 MPa。

(4)三个实验钢种经同样条件的热处理后,测定其淬火层深度,分别为 7~8 mm、9.5~15.5 mm、14.0~19 mm,均远远高于普通轨 5~6 mm 的深度。

从对实验轨线路工作情况考察发现:实验钢种 C 存在游离的渗碳体,造成钢轨的韧性、疲劳寿命下降。经定量研究游离渗碳体与钢种碳当量呈现如下关系:

（1）当 $w(C+Mn)/15 \leqslant 0.95\%$ 时，可以保证游离的渗碳体在 2% 以下。

（2）当 $w(C+Mn)/4 \leqslant 1.27\%$ 时，可保证偏析处的伸长率在 10% 以上。

若要满足上述（1）和（2），则需要 $w(C) = 0.84\%$，$w(Mn) = 1.67\%$。实验钢的性能见表 1-5-3。

表 1-5-3　实验钢的性能

实验钢种	抗拉强度 /MPa	屈服强度 /MPa	疲劳强度（U 形） /MPa	疲劳强度（V 形） /MPa	U 形、V 形 疲劳强度之比
A	904		390	240	1.62
B	990	551	410	270	1.52
C	1043	531	470	190	2.48
普碳钢	875	433	330	200	1.65

日本还开展了通过欠速淬火（SQ）法生产高强度钢轨钢的研究。

他们采用的钢轨钢的化学成分为：C 0.73%，Si 0.19%，Mn 0.83%，P 0.012%，S 0.009%。将钢加热到相变温度 746 ℃，加热速度控制在 10 ℃/s，加热温度为 820 ℃、1100 ℃，保温时间为 5 s、20 s。对加热试件分别采用连续冷却处理，冷却速度为 2~60 ℃/s。同时对钢轨钢进行恒温转变处理，即在 450~600 ℃条件下，保温 5~300 s，然后急冷。实验采用 FORMASTOR 仪记录参数，对处理后的试样进行金相硬度分析。

经检测后发现，两种冷却制度均能获得高硬度的细晶粒珠光体组织，前者硬度为 HV410，后者硬度为 HV403。

同时发现，在恒温转变处理时，保温的温度越高，时间越长，硬化退火现象越发展，在 500 ℃以下恒温冷却能获得最佳组织。

日本还专门研究了高碳钢的组织与冲击性能的关系。他们将原始组织为索氏体和珠光体的钢，加热到 600~1300 ℃进行热处理。实验结果表明：热处理前具有索氏体组织的钢，热处理条件相同情况下，其冲击性能优于珠光体。热处理后如果同是索氏体或珠光体组织，则组织越细，冲击性能越好。在组织相同时，硬度越低，则冲击性能越好。将索氏体钢在临界点以下回火时，其渗碳体球化最完善，硬度低，冲击性能最好。

日本 JFE 公司早在 1978 年就开发出离线轨头硬化轨 NHH，1992 年又开发出在线的头部淬硬层更厚的 THH 轨，其布氏硬度达 370；2000 年开始了超级珠光体 SP 轨的研究，到 2015 年采用在线热处理方法，先后开发出 SP1、SP2、SP3、SP4 新钢种，适用于重载线路，尤其是其开发的 SP4 钢种头部组织是完全珠光体，珠光体片层间距极细，其抗拉强度为 1500 MPa，伸长率为 12%。

在 20 世纪 80~90 年代 JFE 公司开展了贝氏体钢的研究，采用中低碳加 Mn-Si-Cr-Mo 合金和微量 Nb、V 等。其化学成分见表 1-5-4。

表 1-5-4　日本 JFE 公司开发的贝氏体钢化学成分　　　　　　（%）

C	Si	Mn	Cr	Mo	Nb	V	B
0. 20~0. 55	0. 4~0. 45	0. 4~2. 1	<2	<2	<0. 15	<0. 1	添加

5. 2　苏联钢轨与钢种

为了提高钢轨抗磨损能力，苏联在 1970 年前采用 65 kg/m 钢轨，从 1971 年开始，同时还采取了如下技术改进措施：采用 70 mm 水口浇铸，采用硒锰代替锰铁进行炉内预脱氧，采用固体保温剂；尤其是钢罐中脱氧的铝用量从 16 kg 减少到 4 kg，钢中加铝量从 400 g/t 降至 300 g/t；提高停吹的延续时间，从 15 min 提高到 20 min，再倒入清洁的新的钢水罐中，这样使钢中的夹渣物从 3. 55 级减小到 2. 6 级；为进一步降低钢中氧化物夹杂，他们研制了复合脱氧剂 Si-Ca-V，采用该合金后使钢中的带状氧化物夹杂（Al_2O_3、SiO_2）的长度减小到最小，显著提高了组织的弥散程度（使珠光体片间距缩短 1/2），使钢轨的强度提高了 30~50 MPa，同时显著改善了钢轨的表面质量耐磨性能提高了 35%~40%。

同时他们还尝试了用 Si-Ca 和 Al-Mn 合金精炼钢轨钢，实验表明，采用这种合金对改善钢的其综合性能有良好作用，不亚于用 Si-Ca-V 合金脱氧方法。这主要是因为用 Si-Ca 代替 Si-Fe，在钢水镇静开始阶段生成 $CaSiO_2$，它可改善夹杂物的聚集，使钢水中熔化的脱氧产物充分碎化。在原来的脱氧剂中加入锰铁合金，保证了固溶体中残留 Al（0. 02%）的回收率，并对钢进行变性处理，从而提高了钢的力学性能和抗疲劳性能。

他们还研究了采用中间合金在钢水罐中脱氧的方法，所采用的合金成分为 Si-Mn-Ti。此法可以减少带状氧化物夹杂，尤其可使过共析钢中的过剩残留碳化物球化，使钢的强度提高。但不利的是钛的碳化物形态对钢的不利影响不亚于呈偏析状的氧化物夹杂，为此必须限制加钛量控制在 0. 01%~0. 03%，而这又难以获得稳定的脱氧效果。

他们的研究指出：

（1）提高钢轨钢质量的最有效的方法是炉外精炼和真空处理。经过真空处理的钢液中氧含量降低了 64%，消除了带状氧化物夹杂，钢中氧含量由 5. 9 cm³/100 g 降低至 2. 17 cm³/100 g；对吹氩钢，可使其氧含量降低 43%，氢含量由 4. 95 cm³/100 g 降低至 2. 97 cm/100 g³，减小带状氧化物长度。若同时向钢中吹惰性气体，可以使钢的成分和温度均匀，减少成分偏析。经过炉外精炼的钢，可以提高钢的疲劳强度，降低其塑性和韧性的各向异性。若在吹氩的同时吹碳化钙效果更好。

（2）提高钢轨质量的措施一是采用更大断面钢轨，他们开始生产 P65 轨，为获得更好的表面质量采用断面尺寸为 280 mm×320 mm 钢坯，提高坯/轨压缩比，从而改善了钢轨的低倍组织。

（3）提高钢轨质量的措施二是研究钢轨热处理新工艺。捷尔任斯基厂采用的热处理方法是，采用火焰煤气炉加热，轨头表面淬火采用水冷方案，该方案可使淬火层获得均匀淬火索氏体组织，淬火层深度达 15 mm 以上。下塔吉尔厂采用整体淬火、在 200~450 ℃回火方法，以 30Cr2NV、40Cr2NV 钢综合性能最好，淬火轨在 450 ℃回火后其抗拉强度达 1600 MPa，屈服强度达 1400 MPa，而且其塑性韧性俱佳。

（4）提高钢轨质量的措施三是研发超高强度钢轨钢（抗拉强度大于 1500 MPa）。他们设计的钢种是 75CrMn，钢轨在经热轧后首先将整个断面热处理强化至 1100~1150 MPa，然后采用高频第二次淬火。P65 轨热处理后性能：抗拉强度 1620 MPa，屈服强度 1310 MPa，伸长率 11%，断面收缩率 36%，20 ℃冲击韧性 32 J/cm^2，–60 ℃冲击韧性 27 J/cm^2，接触疲劳强度 3420 MPa，落锤破断功在 60°时超过 100 kJ。其性能的提升主要是因为晶粒细化（达 10~11 级），并经过二次强化，使轨头周围金属得到很高的位错密度。

（5）提高钢轨质量的措施四是采用在线检测。钢轨内部缺陷采用超声波在线探伤，表面缺陷采用涡流探伤，不仅提高了检查速度，而且减少了漏检。

采用上述措施后，钢轨的耐磨性提高了近 47%。从 1961 年的每百公里拆换轨比率 223 支，下降到 1975 年的 117 支。每公里线路通过 100 万吨货物总量，钢轨消耗从 245 kg 下降到 211 kg。过去，线路上钢轨的伤损如剥离、裂纹等缺陷占换轨总数的 50% 甚至达 70%，如今大大降低了，主要是提高了钢轨轨头强度所致。

（6）提高钢轨韧性的方法是采用热处理。特别是采取高温形变热处理来强化钢轨，这是提高钢轨抗裂纹能力的有效办法。在研究中，他们通过对 13 种 P65 钢轨在高温形变热处理后的对比，发现钢轨具有高的抗裂纹传播能力。按照这种制度在钢轨出万能精轧机后，采用水+空气对轨头冷却 70~90 s 效果最好。

5.3　美国钢轨与钢种

美国铁路的发展一直走在世界前列，特别是在北美独立战争后，随着太平洋铁路的修建，美国铁路建设进入了一个高速发展时期。到 20 世纪 80 年代，美国铁路总里程达 45 万公里，营业里程达 33 万公里。其路网密度为 361.5 公里/万平方公里，居世界第一。尤其是其货运铁路发展更是超前。其列车轴重超过 30 t。随着铁路货运的发展，美国对钢轨性能提出了更高要求。特别是对钢轨耐磨性的研究美国一直走在前面。他们认为改善钢轨耐磨性的主要措施是，采用高硅含量和中等锰含量钢有利于减少钢轨的剥离。但对锰含量不能增加过多，否则会出现马氏体，并对钢轨焊接不利。从 1921 年开始到 1974 年，美国等国研制的主要钢轨钢成分及强度见表 1-5-5。

表 1-5-5　美国等国研制的钢轨钢成分及强度

国别	钢轨	成分/%								抗拉强度/MPa	备注
		C	Mn	Si	P	S	Cu	Cr	Mo		
美国	40 kg/m 以下	0.55~0.68	0.6~0.9	0.01~0.13	≤0.04	≤0.04					
	45 kg/m	0.64~0.77	0.6~0.9	0.01~0.13	≤0.04	≤0.04					
	60 kg/m 以下	0.67~0.8	0.7~1.0	0.1~0.23	0.04	0.04				850~950	耐磨级
	60 kg/m 以上	0.69~0.82	0.7~1.0	0.1~0.23	≤0.04	≤0.04				850~950	耐磨级
英国		0.4~0.5	0.95~1.25	0.08~0.2	0.06	0.06				690	
		0.39	1.5	1.23~1.25						900	耐磨级
日本	50 kg/m	0.6~0.75	0.7~1.10	0.1~0.3	0.04	0.04				800	
	60 kg/m	0.6~0.77	0.6~0.95	0.5~0.8	0.035	0.04				900	耐磨级
	60 kg/m	0.08	0.62	0.11	0.015	0.014	0.1	4.91	0.35	95~100	特级
	60 kg/m	0.13	0.68	0.18	0.017	0.014	0.12	4.85	0.35	135	特级
	60 kg/m	0.19	1.08	0.21	0.014	0.009	0.13	3.13	Nb0.07	129	特级
UIC		0.4~0.6	0.8~1.2	0.35	0.04	0.04				80	
		0.55~0.8	0.8~1.2	0.5~0.9	0.03	0.03		0.7~1.1		110	特级
德国		0.6~0.8	0.8~1.3	0.3~0.9	0.03	0.03		0.7~1.2		110	特级

5.4　法国钢轨与钢种

法国是世界钢铁生产技术发达国家之一。在 20 世纪的 100 年里法国通过不断创新钢铁生产技术，使其在钢轨生产技术方面引领世界，特别值得一提的是该国研发的转炉炼钢和万能法钢轨轧制技术，到现在仍然影响世界钢铁业。在法国众多的钢铁企业中最著名技术最先进的当属联合金属公司（其前身是撒希洛公司）。为便于了解联合金属公司的先进钢轨生产技术，将系统介绍该公司工艺流程和设备。该公司的钢轨生产能力是 38 万吨/年，其中 25 万吨/年是在哈雅阁公司生产，剩余的是在卢森堡的公司生产。

联合金属公司在 1981 年 8 月投产了现代化的连铸机，其生产的连铸坯供给在哈雅阁的万能轧机生产线轧制钢轨。该生产线包括万能轧机、精整设备、连续自动化检查设备和新的热处理设备，还有联合金属公司自己研究开发的热处理装置、拉伸矫直设备等。由于该公司在技术创新和设备研发上投入了大量资金和人力，使其钢轨在生产产量和质量上，从 20 世纪 80 年代前就一直在世界竞争激烈的市场中占有优势。

5.4.1 概况

在 1981 年前，联合金属公司有 4 座氧气转炉，其中 2 座是 OLP 炉，另外 2 座是 Kalde 炉。每座炉子的炉容是 220 t。为提高生产效率降低生产成本，在 1981 年对其进行了改造，改造后建成一个全新的炼钢车间，该车间有：

（1）2 台经现代化改造后的 OLP 转炉，改造后炉子的生产能力达到 260 t 炉容。

（2）1 座钢包处理站。

（3）1 个 ASEA 钢包炉。

（4）1 个脱气装置。

（5）1 台六流 DEMAG 连铸机。

5.4.2 炼钢

采用 OLP 转炉，该炉具有氧气喷枪和合金喷枪，同时可以进行吹氩和吹氮。炼钢所用铁水来自高炉，通过铁路将装有铁水的鱼雷车送到转炉，由于是采用当地磷铁矿石，必须在转炉进行充分脱磷。其所用铁水成分为碳 4.0%、锰 0.4%、硅 0.4%、磷 1.76%、硫 0.040%。

由于未进行预脱硫，而是在转炉上进行脱硫，这就需要用石灰脱硫，这在早期操作时往往产生大量的炉渣。整个炼钢工序分为两阶段。在第二阶段产生的渣大约含有 21% 的铁，保留在转炉内，供下一炉的第一阶段使用。对于炉容 260 t 的转炉，通常需要兑入 210 t 铁水，并加入 80 t 废钢。为了防止发生突然爆炸性脱碳反应，铁水兑入炉中时要特别谨慎。

第一阶段：氧气喷射的速率为 900 m^3/min。由于炉内存有上一炉 45~50 t 的渣，所以不用另外再添加石灰。在对炉内吹氧 10 min 后取样，这时的化学成分为：碳 0.9%、磷 0.25%，温度 1590 ℃。然后将渣倒出 40~45 t，炉内还保留 5~10 t 渣。倒出的渣中含有 8% 的铁和 20% 的磷，将卖给化肥厂。然后向炉内加入 6 t 石灰，开始对炉内继续吹氧，随着吹氧的脱碳反应使氢气被 CO 气泡带出。

第二阶段：继续吹氧，吹氧强度控制在 600 m³/min，同时加入 6 t 石灰粉和 6 t 石灰块后，将吹氧强度提高至 1100 m³/min，以提高脱碳反应速度。经过 5 min 后，再次取样，炉内成分为碳 0.050%、磷 0.020%、硫 0.020%、锰 0.09%。为提高渣的黏度，加入 2 t 石灰块。在出钢前，将一个铸铁的球通过转炉的一个窥视孔投放到炉内，该铸铁球漂浮在钢液与钢渣界面，在钢水出完后，它将阻止渣通过出钢孔进入钢包而污染钢水。在出钢过程中，为将钢水中的氧降低到 0.050%，仅向钢水中加入 50 kg 铝。炉衬的寿命可用 1000 炉。铁的收得率是 95.5%。从一炉出钢到另一炉出钢的时间是 37~40 min。

还应指出：SACILOR 的 OLP 转炉装备了 LBE 系统。LBE 系统具有喷枪-气泡平衡，这是由 IRSID 和 ARBED 研发的。它可以使脱氧反应平衡。汽泡是通过设在转炉炉底的 10 个透气砖向炉内以 1~1.5 MPa、每分钟 2.5 m³ 输入氮气或氩气。LBE 系统可以以 150 kPa 反向向炉内提供流量为 6 L/min 的气泡。

当第一阶段喷吹时，为了生成更多正规沸腾，要对炉内通入氮气气泡，以改进铁的收得率和控制渣量。

在第二阶段操作时，仅仅在操作末期对炉内反向吹入氩气气泡 1 min，为的是控制钢中低氮含量。

5.4.3　钢包转运站

钢包转运站主要用来将盛有钢水的钢包从第一座转炉送到 ASEA 钢包炉，防止在第一个钢包中含有磷的钢渣倒入第二座钢包。同时还要进行如下操作：

（1）用铝进行脱氧，保证终点氧含量不大于 0.018%。

（2）用硅铁进行脱氧。

（3）通过增碳，使钢液中氢含量不超过 0.2%。

（4）用硅铁调整成分。

（5）通过添加 800~1000 kg 的石灰和 50 kg SPATH（萤石造合成渣），所有的添加都是通过设在第二阶段的钢包称重后气动装置送到第一个钢包中。

5.4.4　钢包炉

钢包炉是用于钢包冶金处理的装置，这也就是第二座钢包，其公称能力是 260 t，它的炉墙采用无磁钢制造，为的是对液态钢水进行电磁搅拌。该电磁搅拌装置功率为 1000 kV·A，最大电流可达 1200 A，频率 1.65 Hz。该钢包炉由一个

4.24 m 直径的环状炉身和一个半径 5 m 的炉顶组成。在炉顶有 7 个安装电极的孔及用于填料和取样设备。

ASET 的一台 26~33 MV·A 变压器,其供电电压为 20 kV,其工作负荷电压从 147 V 到 397 V。所用电极直径 408 mm,是用一种渗碳材料制造的。其上方设有 7 个带有称重装置的漏斗,分别满足 17 种不同产品的需求;一个人工控制的漏斗用于添加稀有材料。这样的布局有利于实施各种附加操作。

采用一系列的计算机和微处理机对整个 280 t 液态钢水炉子的吹炼、加热和处理工序的管理工作,共设置 3 级管理系统。

加热速率是 2.5~3 ℃/min。处理时间为 55 min。

借助于能源总量控制添加各种辅料。对 UIC 或 AREA 耐磨级钢轨和高强度钢轨所用的铬、钒等铁合金是直接加入。

在整个操作完成时,要对钢水进行分析测定其成分,尤其是在加入钒之前,为了防止被氧化,必须检测铝的成分。

在炼钢过程中所采用的保护渣成分如下:铁 1.0%,CaO 53.5%,SiO_2 13.5%,MgO 4.1%,Al_2O_3 24.6%,MnO 0.45%。

出钢温度控制可以做到 100% 的炉次控制在目标温度范围内(±3 ℃)。对于真空脱气的钢其温度控制目标是过热度不超过 30 ℃。对钢的化学成分的控制精度为:C 0.050%、Mn 0.15%、Si 0.10%、Cr 0.1%。

5.4.5 真空脱气

真空脱气装置由一组三个蒸汽泵和一个冷凝器组成。脱气操作分两步完成:

第一步:在 3 min 内将钢包内真空度抽到 250 kPa;然后再用 3 min,将钢包内真空度抽到 2.5 kPa。

第二步:进行吹氩处理,在 140 Pa 下,以 100 L/min 将氩气气泡吹入钢液中。当冶炼的是耐磨损的钢种时,需要吹 20 min;当冶炼的是高强度高质量的钢种时,需要吹 30 min。

经过脱气处理后,钢液中的氢气含量由原来的 $4×10^{-6}$,下降到 $1.5×10^{-6}$。

5.4.6 连铸

连铸机主要性能结构:连铸半径为 13 m,设有 6 流。可生产连铸坯的规格:255 mm×320 mm、320 mm×360 mm、360 mm×445 mm。

钢包重量 260 t。中间罐可存放钢水 32~38 t(液态钢水深 600~700 min)。中间罐长度 12 m。浇铸时间 1 h 40 min/罐。连铸机的冶金长度 20.4 m。液态钢水长度 17~18 m(铸速 0.8 m/min)。对出结晶器的钢坯进行喷雾冷却,喷雾冷却是在一段长 9 m 的距离内从 5 个方向对钢坯喷雾冷却。每流有 3 个引锭杆、1 个切割装置、1 个打印机、1 个取样装置。

　　大包回转台有两个刚性臂，在每一个臂上安装可升降行程 900 mm 的千斤顶，该千斤顶与液压站连接，主要是用来定位钢包，大包回转台移动由微处理器控制。装在大包回转台上的钢包上方有一个保温盖，防止热量损失。有时也可通过盖上的孔往钢包中添加合金等。2 台中间罐车运行在结晶器上方，使连续浇铸时更换中间罐方便。中间罐车的主要特性：承重 100 t、提升高度 500 mm、提升速度 0.95 m/min、行走速度 15 m/min、轨道间距 3.1 m、车轴距 9.5 m。

　　通过 NKK 一个回转装置，可以对液态钢水重量进行连续管理。6 个独立的液压泵站驱动可控制结晶器水平千斤顶。在轨道末端对中间包进行预热铸，可将中间包在浇铸前预热到 1200 ℃。中间罐是热状态，内衬砌有耐火砖，并喷涂上氧化镁涂料。中间罐的长度为 12 m，宽度为 0.8 m，液态钢水深度为 0.6~0.7 m。在出钢口设有塞棒和喷嘴，它们是用石墨铝制成的；结晶器是用银铜钢板制成，其带有 45°/12 mm 斜度，具体尺寸如下：长度 700 mm、锥度 14/1000、壁厚 55 mm。振动装置振幅为 12 mm，频率为 100 次/min（当铸速为 1 m/min）。扇形段指的是从结晶器出口到二冷段。各段尺寸及冷却方式见表 1-5-6。

表 1-5-6　各段尺寸及冷却方式

段号	长度/m	内衬	冷却方式
1A	0.9	4 面	4 面
1B	1.6	凹面	4 面
2	3.4		4 面
3	3.4		无
4	1.2	凸面	无

　　拉矫机：每流设有 3 台拉矫机。第一台安装在距扇形段 17 m 处。第二台设置在距扇形段 20.4 m 的矫直点处。这些矫直机采用直流马达驱动，它具有 60~290 kN 的矫直压力。

　　引锭杆：通过选择不同的头型，可以对不同断面钢坯进行牵引。引锭杆存放在钢结构架上，它由电机拉动。

　　钢坯管理：在距扇形段 35 m 处设有钢坯打印机，打印的速度为 250 mm/min，最大打印长度 4 m。

　　供给结晶器的冷却水流量是 3000 L/min。二冷段的冷却水组成：一个储水池、2 台泵、1 个过滤器、喷嘴。实际冷却速率为 0.4~0.6 L/kg，用于对 15~18 m 的金属液态钢坯冷却。

5.4.7　对钢包炉重要的改进思路

通过减少吹炼次数提高转炉的产能；提高铁的回收率；仅一次出渣，并对二阶段的渣再利用；提高炉衬寿命；通过在炼钢车间引入柔性管理系统，进一步协调转炉与连铸机的配合；减少非计划钢种。

6　钢轨缺陷与伤损

　　世界各国冶金和铁路部门都十分重视对钢轨缺陷和伤损的研究，不少研究部门为开发钢轨新品种、改善钢轨实际使用性能，都不惜重金收集购买有典型意义的缺陷或伤损钢轨，进行有关钢轨缺陷或伤损机理的分析研究，以便找出避免发生钢轨伤损的有效途径。

　　由于各国钢轨生产工艺和使用条件不同，钢轨缺陷及伤损在各国的名称也各不相同。为便于国际学术交流，在各国冶金工艺、钢轨标准和对钢轨缺陷及伤损习惯叫法的基础上，本书统一采用国际上所通用的 AREA、UIC 标准及世界钢轨技术委员会所命名的名称。

6.1　钢轨的宏观冶金缺陷

6.1.1　轧痕（Rolling Mark）

　　轧痕是钢轨在热轧过程中，由于轧辊上粘有氧化铁皮或孔型掉肉，而在钢轨表面形成的凹坑或凸起。轧痕一般呈规律性地分布在轧件同一部位上，其间隔长度大约等于轧辊粘氧化铁皮处或掉肉处辊子圆周长的 1.1 倍。轧痕可以出现在轧件的任何表面部位，具体轧痕形态如图 1-6-1 所示。

6.1.2　结疤（Scabs）

　　钢轨结疤是在冶炼浇铸过程中，飞溅的钢液急冷后，镶在钢锭、钢坯或钢材表面上的一种呈片状的表面缺陷。结疤大多数与母体相连，随着轧件的压缩和延伸，结疤在钢轨表面呈一端开放型黏附，金相检验结疤下面基体表面常有脱碳现象。具体结疤形态参如图 1-6-2 所示。

6.1.3　折叠（Lap）

　　折叠是因轧制不良所造成的一种钢材表面缺陷，其形貌酷似裂纹。折叠多是因孔型设计不当或轧机调整不当先造成耳子，再经轧制将耳子压平后形成的。有的折叠是由于钢坯表面存在裂纹或轧件被导卫板刮伤，在其深宽比小于 1：4 时，再经进一步轧制而形成折叠。具体折叠形态如图 1-6-3 所示。

6.1.4　耳子（Ribbon）

耳子多因孔型设计不当或孔型调整不当，使部分金属从孔型内过充满到孔型外轧辊辊缝处，形成一条通长性等宽的凸起，这个凸起破坏了轧件轮廓的正确性。耳子形态如图 1-6-4 所示。

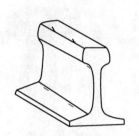

图 1-6-1　轧痕

图 1-6-2　结疤

图 1-6-3　折叠

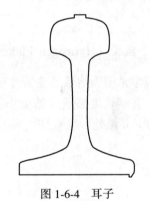

图 1-6-4　耳子

6.1.5　底裂（Split Base）

底裂是指出现在钢轨底部的纵向裂纹。通过底裂处的金相检验发现裂纹处两侧有脱碳，其组织为铁素体加少量珠光体。产生底裂的原因通常有两种：一是冶炼浇铸不正常，铸速过快、铸温过低造成钢坯表面裂纹，再经轧制后不能焊合而在轨底形成一条纵向裂纹；二是孔型在相当于轨底部位处过度磨损形成尖棱凸起，或导卫板在相应处磨损，使轧件表面完整性受到破坏而形成一种呈纵向的裂纹。带有裂纹的轧件经多次轧制一般也不能使裂纹焊合，这种裂纹经酸洗后比本体颜色略深。底裂形态如图 1-6-5 所示。

6.1.6　缩孔（Pipe）

　　缩孔是在冶炼浇铸过程中在钢锭或钢坯内部因冷却收缩而形成的空洞，其周围存在夹杂、偏析和夹层。通常缩孔应在轧制后被切除干净。实际生产中常常出现切除不净的现象，而使缩孔继续保留在钢轨上。经多次压轧，在轨腰上缩孔多呈现为平行于腰部的裂纹，这种裂纹常常会扩大发展成腰劈裂。缩孔具体形貌如图 1-6-6 所示。

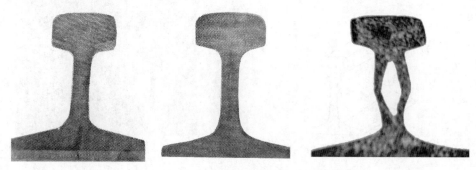

图 1-6-5　底裂　　　　　　　　　　　　　　　图 1-6-6　缩孔

6.1.7　氢裂（Hydrogen Flakes）

　　氢裂是因为冶炼及浇铸过程不正常，造成钢中氢含量过大，钢坯被轧制成钢轨后，在钢轨内部形成的微小散粒状裂纹。这种裂纹通常分布在轨头踏面以下 10~30 mm 深处。氢裂具体形态如图 1-6-7 所示。

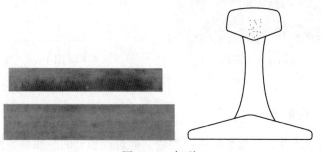

图 1-6-7　氢裂

6.1.8　轨头垂直裂纹（Vertical Split Head）

　　轨头垂直裂纹是指发生在钢轨头中间垂直于轨头踏面的内部裂纹。这种裂纹或条纹常常扩展到轨头踏面。其形貌如图 1-6-8 所示。

6.1.9 轨头水平裂纹（Horizontal Split Head）

轨头水平裂纹是一种存在于轨头内部的水平渐进的平面缺陷，通常发生在距钢轨踏面下 6.35 mm 深处，在它扩展到轨头侧面时，呈一种线性裂纹状态。其具体形态如图 1-6-9 所示。

 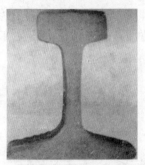

图 1-6-8　轨头垂直裂纹　　　　　　图 1-6-9　轨头水平裂纹

6.1.10 复合型裂纹（Compound Fissure）

复合型裂纹是指一种发生在轨头垂直面内的裂纹经向上或向下扩展后造成钢轨与其长度方向成直角的断裂，其断口呈光滑、光亮或暗斑状，但无裂纹核心。这种裂纹主要是由于内部裂纹及夹杂物引起钢轨出现水平及垂直断裂。这种缺陷可能在同一支钢轨上出现多次，在其断开之前没有任何可见缺陷出现，直到出现完全折断。具体形态如图 1-6-10 所示。

6.1.11 钢轨平直度缺陷（Straightness Defects of Rails）

钢轨经过矫直后，其平直度缺陷可分为如下几类：

（1）弯曲（uniform camber）。钢轨弯曲是指钢轨全长沿 x 轴方向的均匀弯曲（也称为旁弯）和沿 y 轴方向的均匀弯曲（也称为上弯）两种，弯曲形态如图 1-6-11 所示。

 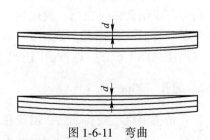

图 1-6-10　复合型裂纹　　　　　　　图 1-6-11　弯曲

（2）波浪弯及死弯（wave & kink）。钢轨波浪弯是指钢轨全长或局部出现的一种如水波一样的弯曲缺陷，当这种缺陷出现在钢轨全长时，称为"波浪弯"，当这种缺陷仅出现在钢轨某局部且其所形成的波峰与波长之比大于 1 时，称为"死弯"。波浪弯及死弯的形态如图 1-6-12 所示。

（3）端头翘弯（end upsweep & end sidesweep）。钢轨端头翘弯是指出现在钢轨端头局部的一种弯曲，它有两种形态：一种是出现在钢轨端头局部长度内向上或向下的弯曲；另一种是出现在钢轨端头局部长度内向左或向右的旁弯，具体如图 1-6-13 所示。

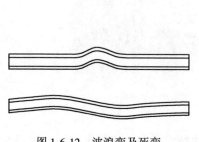

图 1-6-12　波浪弯及死弯

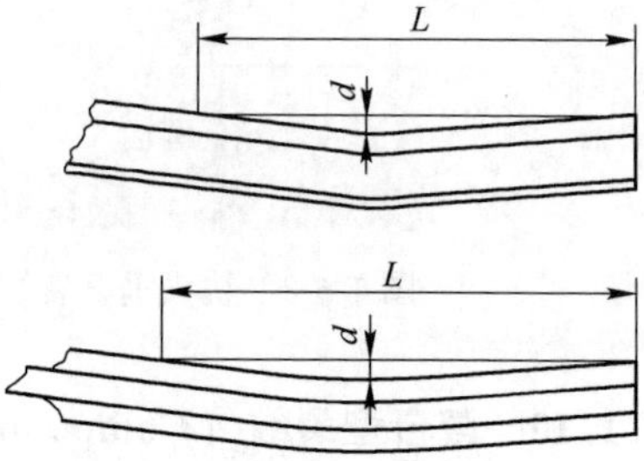

图 1-6-13　端头翘弯

（4）扭转（twist）。钢轨扭转是指钢轨全断面绕其腰部中性轴发生的扭转，其形态多如钻头的钻刃，具体如图 1-6-14所示。

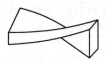

图 1-6-14　扭转

6.2　钢轨的低倍缺陷（Macrographic Defects）

钢轨低倍缺陷通常指钢轨试样经酸腐蚀后在其全断面内所暴露出的肉眼（或低倍放大镜）可见的冶金缺陷。钢轨低倍缺陷有如下类型。

6.2.1　氢裂（Hydrogen Flakes）

氢裂是指钢轨经酸腐蚀后，出现在其断面内（通常多出现在头部）的斑点。这种斑点其纵剖面多呈白色，故也称"白点"。白点是由于冶炼或浇铸过程中脱气不良，随着温度的降低，氢在钢中溶解度变小后析出所形成的一个个微小气孔，其形态见图 1-6-15。这种缺陷采用酸腐蚀或超声波探伤方法很容易发现。

6.2.2　缩孔（Pipe）

缩孔是指钢轨经酸腐蚀后，出现在腰部中央或散布在腰部区域的一种肉眼可见的裂纹，它是由于在钢轨轧制后切头长度不足而残留在钢轨上造成的；也有的是因冶炼不正常造成钢锭或钢坯在冷凝时，缩孔过大侵入本体造成的。其形态见图 1-6-16。

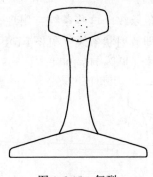

图 1-6-15　氢裂　　　　　　　　　　图 1-6-16　缩孔

6.2.3　皮下气泡（Subsurface Porosity）

皮下气泡是指钢轨经酸腐蚀后，在其断面距表面很近区域内存在类似于蚁窝样的针状空洞。

这种缺陷多出现在钢轨头部和底部距表面一定距离处。造成这种缺陷的原因有多种，如冶炼过程脱气不充分，炉料、铁合金或钢锭模烘烤不良等。皮下气泡如图 1-6-17 所示。

6.2.4　偏析（Scattered Segregation & Scattered Central Web Segregation）

偏析是指钢轨经酸腐蚀后，在其断面出现的颜色暗淡的偏析线，这种偏析线主要呈两种形态：一种是分散在钢轨中线附近的散状偏析；另一种是主要分布在腰部中心的中心偏析，如图 1-6-18 所示。

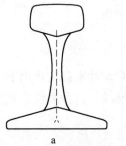

图 1-6-17　皮下气泡　　　　　　　　图 1-6-18　偏析
　　　　　　　　　　　　　　　　a—散状偏析；b—中心偏析

6.2.5　纹理（Radial Streaking Central Web Streaking & Scattered Central Web Streaking）

纹理是指钢轨经酸腐蚀后在其断面上出现的暗色条纹。这些条纹常出现在钢轨头部、腿部或腰部中央等处；主要呈三种形态，即放射状条纹（见图1-6-19a）、腰中央条纹（见图1-6-19b、c）、分散状中央腰部条纹（见图1-6-19d）。

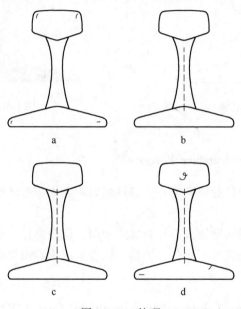

图 1-6-19　纹理

6.3　钢轨伤损

钢轨伤损是指在列车运行和环境等多种因素的作用下，铁路线路上钢轨所产生的宏观破损和焊接伤损。

6.3.1　孔裂（Bolt-hole Crack）

孔裂是指钢轨在列车冲击载荷作用下，在螺栓孔边角处，由于存在应力集中或其他缺陷而造成的裂纹。这种裂纹受载荷反复作用而扩展，甚至发生断裂。其形态如图1-6-20所示。

6.3.2　擦伤（Engine Burn Fractures）

擦伤是指发生在钢轨踏面的一种金属塑性变形和分离缺陷。当这种缺陷面积达到头部总面积的 10%~15% 时将会迅速发展成掉块破损。造成擦伤的原因主要是随机车牵引力的增大，在机车启动和制动过程中，伴随车轮打滑空转或滑动，轮轨接触区应力急速增大并产生高温，造成钢轨踏面局部过热和黏着，在列车驶过后又急速冷却而形成金属塑变和分离。其形貌如图 1-6-21 所示。

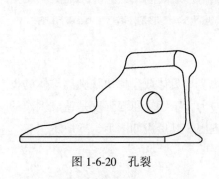

图 1-6-20 孔裂

图 1-6-21 擦伤

6.3.3 轨底破碎 (Broken Base or Halfmoon Break)

轨底破碎也称为半月形破碎。它主要发生在垫板处的轨底处，该处的轨底由于过度磨损或由于轨距螺栓造成轨底边缘硬伤形成应力集中后，逐渐发展成该种破碎；也有的是因轨底处存在裂纹夹杂或其他冶金缺陷所致。其形貌如图 1-6-22 所示。

6.3.4 轨头磨耗 (Wear & Tear of Head)

轨头磨耗通常表现为钢轨在轮轨摩擦力和接触应力的作用下，在钢轨头部发生的沿全长的磨损。轨头磨耗分为垂直磨耗和侧面磨耗，它使钢轨强度下降，伤损增加，它一般多出现在曲线外股钢轨的头部。其形貌如图 1-6-23 所示。

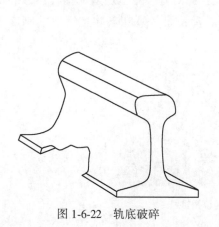

图 1-6-22 轨底破碎

图 1-6-23 轨头磨耗形貌

6.3.5 轨头压溃（Crushed Head）

轨头压溃是指发生在轨头踏面处，由被压溃的金属所形成的飞边。造成轨头压溃的原因是列车给予钢轨的压应力和离心力，使轨头金属产生塑性流变。发生轨头压溃处的金属常常存在有害夹杂物和元素偏析。其形貌如图 1-6-24 所示。

6.3.6 剥离（Shelly Rail）

剥离指发生在轨头踏面上一种呈薄片状金属剥离母体或呈掉块状剥离母体的损伤。剥离多发生在铁道曲线外轨上，钢轨接触应力大于钢轨屈服强度是造成剥离的外因；钢轨轨头踏面存在夹杂物是造成剥离的内因。其形貌如图 1-6-25 所示。

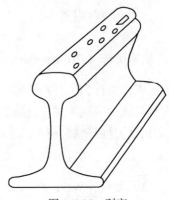

图 1-6-24 轨头压溃   图 1-6-25 剥离

6.3.7 钢轨锈蚀（Rust）

钢轨锈蚀多发生在潮湿或有腐蚀的地段，如沿海、隧道。造成钢轨锈蚀的诱因主要是大气腐蚀和电化学腐蚀。锈蚀的钢轨表面多呈麻点并且钢轨的刚度下降。其形貌如图 1-6-26 所示。

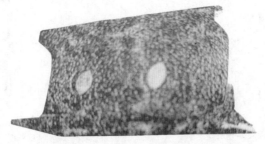

图 1-6-26 钢轨锈蚀

6.3.8　钢轨焊接伤损（The Rail Defects after Welding）

6.3.8.1　接触焊不良引起钢轨断裂（The Rail Break after the Contact Welding Process）

接触焊不良常常造成钢轨焊缝端面不能完全焊合，而形成局部熔融状表面和未熔融区，在行车中钢轨从焊缝中发生脆断。断裂形貌如图1-6-27所示。

6.3.8.2　铝热焊不良引起钢轨折断（The Rail Break by Aluminithe Micwelding）

铝热焊是一种铝热冶炼工艺，其生成物为铸态组织，常存在各种铸造缺陷，这些缺陷经列车反复作用常由局部微小裂纹发展成钢轨宏观断裂。引起钢轨宏观断裂的铸造缺陷为结晶裂缝、夹渣、晶粒粗大。折断形貌如图1-6-28所示。

图1-6-27　接触焊不良造成钢轨断裂
1—有熔融状表层，其颜色呈深黑色；
2—断口为脆性断裂，具有金属光泽

图1-6-28　铝热焊不良造成钢轨折断

6.3.8.3　气压焊不良引起钢轨断裂（The Rail Break by Pressure Thermic Welding）

气压焊不良常常造成钢轨光斑和断裂。光斑是指未能焊合的一种缺陷，其断口呈银灰色。由于气压焊不良造成钢轨残余应力较大，尤其是在腰部焊缝处存在残余拉应力，在行车过程中这种拉应力与列车通过产生的工作应力叠加，超过其强度时则发生钢轨沿腰部呈"S"形断裂，其形态如图1-6-29所示。

图1-6-29　气压焊不良造成钢轨断裂形态

7　钢轨生产工艺与质量

7.1　各国对钢轨钢冶炼工艺等影响质量的研究

经过世界各国几代冶金和铁路技术人员的辛勤研究，特别是对出现钢轨损伤的大量检验分析，借助现代科研工具扫描电镜、透射电镜、能谱仪等进行实验对比的科学验证，对影响钢轨质量的主要因素已经有了比较明确的认识。

钢轨钢的内在质量取决于冶炼连铸工艺和轧制工艺。钢的内在质量引起伤损主要是由钢中非金属夹杂造成的。其中最重要的影响因素是：

（1）脱碳过程，标志是总脱碳量和降碳速度。联邦德国专家指出钢轨钢在低氢冶炼时脱碳量必须不小于 1%，氧化期降碳不少于每小时 0.4%。苏联学者也指出在沸腾期要进行强化，精炼期加矿石量应为炉容的 2%~3%，能使钢中氢含量降低 20%~25%。美国学者研究指出氢的降低主要取决于沸腾强度，当降碳速度达到每小时 0.4% 以上时脱氢效果最好；并认为影响降碳速度的是所用石灰质量，各国对石灰的质量要求见表 1-7-1。

表 1-7-1　日本、美国、中国对石灰的质量要求

国家	含量/%				粒度/级
	CaO	SiO_2	MgO	S	
日本	>96	<0.5		<0.06	<1.5
美国	96	<1		<0.03	<2.0
中国	92	<2	<2	<0.05	<3.0

（2）锰制度。在炼钢过程中，锰的还原表示炼钢正常，钢液温度良好，有足够的熔渣碱度。在炼钢末期，钢液中锰含量越多，则炼钢情况越良好。美国学者指出：对纯净钢的控制应保持高残锰。锰对钢的脱硫有显著作用。为防止钢坯内部出现裂纹和保持钢坯良好的表面质量，必须使硫含量不超过 0.02%。含有硫化物的夹杂是使金属出现锈蚀和腐蚀的根源。

（3）熔渣制度。苏联学者指出，为提高脱硫效率必须采取高碱度冶炼。美国学者指出，钢中氢含量主要取决于炉气中氢通过熔渣进入钢液的扩散速度，当熔渣碱度 CaO/SiO_2 在 1.5~2.0 时，氢通过熔渣进入钢液达到最高穿透速度。

（4）脱氧制度。钢的纯净度主要取决于能否正确脱氧，因为脱氧的目的是

使钢液中含有最少的溶解氧，同时脱氧产物必须尽可能排除。只有使用比锰和硅更强的脱氧剂，才能获得纯净钢。同时必须防止钢液被二次氧化。经过正确脱氧，可以使钢中夹杂物含量降低到 0.005% ~ 0.010%。采用真空冶炼的钢中夹杂物含量可降低到 0.002%。在对钢轨钢的疲劳检查中发现，钢轨钢中的夹杂物对其疲劳性能的影响主要取决于夹杂物的尺寸、夹杂物的变形指数与夹杂物的线膨胀系数，这是因为脆性夹杂物能产生较大残余应力而降低钢的疲劳强度。各类夹杂物影响的大小顺序为：铝酸钙>氧化铝>尖晶石>硅酸盐。

（5）钢的纯净度。与传统模铸相比，采用连铸工艺后钢的成分偏差已降低了 75% ~ 87.5%。同时由于采用了电磁搅拌、真空脱气、钢水在中间包停留，并实施了在钢包与中间包之间、中间包与结晶器之间的侵入式水口，使钢水不被大气氧化等措施，钢的纯净度提高了。钢轨的疲劳寿命也随之提高了。

真空脱气比缓冷更有效，侵入式水口保护钢水减少被大气氧化，可获得纯净度更高的连铸坯，采用真空脱气可生产各种高纯净的钢种。

（6）钢轨的显微结构：

1）为使钢轨获得等轴晶代替柱状晶，最好的办法就是控制好连铸温度，不要超过钢的液相线温度 15 ℃。采用这种方法，可以使钢坯断面绝大部分是细的等轴晶粒，仅在中心部有少量的柱状晶粒。

2）偏析受浇铸温度控制，只要控制好浇铸温度，就可以得到小而分散的偏析。

为了优化冷却速度，对二冷段的冷却水流量和分布的设计，以最佳的冷却速度获得很好的钢坯硫印。为此，二冷段的冷却系统是自动化进行，它将根据所铸钢种要求进行控制。

连铸的偏析与模铸不同，模铸的偏析硫印分布是：其头部显现出很强的正偏析，而其脚部显现出很强大的负偏析。连铸坯展示出从开始到结束整个铸流清晰稳定的偏析分布，这就保证了钢轨的力学性能稳定不变，从而保证了轨道性能稳定可靠。

7.2　钢轨的表面质量与炼钢连铸的工艺控制水平

浇铸温度、浇铸速度和冷却强度对钢轨坯的表面质量至关重要。与模铸工艺相比，连铸工艺的钢表面质量得到显著改善，这与采用新技术、精确控制成分、计算机辅助管理以及认真的机械电气设备维护密切相关。

众所周知，良好的表面质量对提高钢轨的使用寿命非常关键，因为表面缺陷往往是裂纹萌生的源头。再加上提高了钢的洁净度和减小了横截面的轧制力，使其横截面的力学性能更接近轧制方向，使材料的均匀性和各向同性性能比模铸更好，这对延缓剥离状疲劳的发生和延长其寿命非常有利。

7.3　钢轨几何尺寸控制精度问题

钢轨几何尺寸精度主要是受加热温度波动、轧机的刚度、孔型设计和人工调整等因素决定，老式推钢式加热炉，钢坯的温度受到炉底管的影响，在与炉底管接触的部分，钢温比其他部分要低，在轧制过程中这部分轧件的宽展受到温度的影响，往往造成钢轨尺寸超差，比其他部分要小。老式轧机开口式机架和采用的老式树脂瓦轴承，使机架的刚度很低，每次轧件进入孔型后，机架的弹性变形使轧件尺寸发生很大变化，为了保证尺寸精度，必须经常对轧机进行调整。在整个生产过程中，轧机是处于不稳定状态，是造成钢轨尺寸超差的根本原因。采用高刚度闭口式机架、高精度轴承和精密的孔型设计，是提高钢轨几何尺寸精度的关键。随着万能法钢轨轧制技术的开发，钢轨生产进入了一个崭新的时代。

7.4　万能法钢轨轧制

万能法钢轨轧制是当今提高钢轨尺寸精度的最佳生产工艺。

7.4.1　概述

万能法钢轨轧制是由法国人斯塔莫克先生在 20 世纪 60 年代初期发明的。后来在 1973 年于哈耶士厂完成生产实践，实践证明万能法工艺比传统的孔型法工艺更科学，轧出的钢轨尺寸精度大大提高，性能也获得进一步改善。

我们过去采用的孔型法钢轨生产工艺是在 1932 年由德国蒂森公司研发的。其存在的主要问题是设计思路是采用不对称、不均匀变形以及受到轧机能力等限制，使钢轨的断面不对称问题和性能不均衡问题突出，影响钢轨的使用和寿命。

万能法的主要思路是通过水平和垂直的轧辊，直接对钢轨的头部和轨底进行锻轧，有效地将铸造组织粗大的柱状晶压制成细小的等轴晶，从而大大提高钢轨的疲劳寿命和耐磨损性能。钢坯在万能孔轧制时其延伸系数设计为 1.25 ~ 1.40。万能孔还要轧边孔配合，轧边孔的作用是对钢轨的头部和轨底的宽度、侧面形状和尺寸进一步规整。

7.4.2　哈耶士的万能钢轨生产线

设备组成如下：1 个钢坯库，可存钢坯 3 万吨；2 台步进式加热炉，产能 80 t/h；2 台开坯轧机，一台直径 950 mm，另一台直径 2250 mm；1 台双万能轧机：2 个水平轧辊直径 1230 mm，4 台垂直轧辊直径 80 mm，2 台轧边机，轧辊直径 55 mm，整个轧机由 1 台电机带动；1 台可逆式万能轧机，辊径 1170 mm，配套的轧边机 1 架，轧辊直径 920 mm；1 架万能精轧机，水平辊直径 1100 mm，立辊直径 800 mm。

该套轧机系列的孔型设计组成如下：

开坯轧机 1：共设 6 个孔，其中 3 个是平孔，3 个是异形孔；

开坯轧机 2：设 4 个异形孔，最后 1 个孔是为万能轧机供料设置的先导孔；

双万能轧机：第一个万能孔 U1 和轧边孔 E1，第二个万能孔 E2 和轧边孔 E2；

万能机架：由万能孔 U3 和轧边孔 E3 组成；

精轧万能轧机：从先导孔到精轧，钢轨的延伸系数大约是 2.5。

7.4.3 产能与轧制精度

哈耶士厂设计产量是 80 万吨/年，其中：钢轨产量 25 万吨/年，其余为钢梁。其所产的钢轨规格从 30 kg/m 到 68 kg/m，能满足 UIC 和 AREA 标准要求所需要的耐磨级和高韧性碳素轨和合金轨，还能生产合金和热处理轨。所生产的钢轨长度从 36 m 到 72 m。

万能法轧制工艺获得巨大成功，其专利技术先后被日本新日铁、南非 ISCOR、美国匹兹堡、巴西 ACOMINAS、澳大利亚 BROKEN 等企业购买。其成功主要是为铁路提供了更优质的钢轨，同时降低了钢铁企业的生产成本。

轧制精度的比较见表 1-7-2。

表 1-7-2　轧制精度比较　　　　　　　　　　　　　　　（mm）

项　目	普通孔型轧制尺寸精度	万能法轧制尺寸精度
轨高	0.39	0.24
底宽	0.42	0.27
头宽	0.29	0.16

7.4.4 万能法轧制每套轧辊最大轧出量和每吨钢材轧辊消耗情况

1 个轧辊能轧制的最大轧出量及吨材轧辊消耗量如下：

开坯轧机 1：12 万吨，吨材辊耗 0.66 kg/t；

开坯轧机 2：10 万吨；

万能轧机水平辊：5.5 万~10.5 万吨，吨材辊耗 0.043 kg/t；

万能精轧机水平辊：3.7 万吨，吨材辊耗 0.080 kg/t；

轧边机：12 万~21 万吨，吨材辊耗 0.016~0.027 kg/t；

立辊：10 万~13.5 万吨，吨材辊耗 0.032~0.022 kg/t；

综合轧辊消耗：0.939 kg/t，这比普通孔型法轧辊消耗 3 kg/t 是大大降低了生产成本。

对未来发展的设想：

（1）通过采用改进后的轧边机空行系统，可以实现一套轧辊轧制不同规格的钢轨，这样就节约了轧辊的投资和换辊时间，也提高了轧钢厂的生产作业率。

（2）可以设计钢轨专用的异形连铸坯，减少整个轧制道次。可以用连铸坯直接供万能轧机轧制，省去至少 1 架开坯轧机。还可减少轧辊的磨损，对降低轧辊消耗、降低成本有力。

7.4.5　精整工序

7.4.5.1　矫直

采用一架平立联合矫直机。其水平装有辊径 550 mm、辊距 150 mm 的 5 轴式矫直辊，垂直装有辊径 720 mm、辊距 1100 ~ 1600 mm 的可调立辊。这种传统矫直工艺存在的主要问题是矫后内应力增大，钢轨尺寸发生变化。

联合金属公司研发了一种新型矫直工艺，可以克服上述传统矫直工艺所带来的缺陷，即拉伸矫直工艺。

7.4.5.2　端头矫直、切断和钻孔

由于钢轨的热轧生产能力为 130 t/h，大于钢轨的精整能力为 50 t/h，必须设立一个中间仓库。钢轨的两端是辊矫矫不到的，必须采用压力矫进行补矫。在进行补矫的同时还要对钢轨的几何尺寸进行检查。经过补矫后钢轨的平直度要达到 UIC 标准要求 0.7 mm/1.5 m。对于法国时速 260 km 高速铁路（巴黎到里昂）则要求平直度不大于 0.3 mm/3 m。

7.4.6　连续自动化检查

采用涡流检查设备对钢轨的表面进行检查，可以发现任何有害的缺陷。采用超声波探伤仪对钢轨全断面内部缺陷进行检查，可以发现尺寸大于 1 mm 的内部缺陷包括氢裂。探伤速度可达 1 m/s。有关超声波探伤线的布置和探头的设计如图 1-7-1、图 1-7-2 所示。

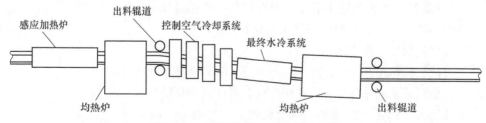

图 1-7-1　超声波探伤线的布置示意图

检查的内容包括轨头、轨底和轨腰的夹渣、微裂纹等有害缺陷。轨头要求仪器的灵敏度为可探出直径 1 mm 的平底孔。轨腰要求仪器的灵敏度为可探出直径

1.6 mm 的平底孔。轨底要求仪器的灵敏度为
能探出0.6 mm深、50 mm长的缺陷。超声波
探伤仪共设 17 个探头，其中：轨头设置 9
个，轨腰设置 4 个，轨底设置 4 个。所有探
头通过计算机进行检测识别伤波并自动标识。
该超声波探伤仪探伤频率为 5 Hz，它可以覆
盖 2000 Hz。探头的直径为12 mm，探伤速度
为 1 m/s。

采用波浪米尺检测钢轨平直度。为了能
检查出超过 0.3 m/1.6 m 的平直度问题，联
合金属公司联合铁路部门研制出可以连续检
测钢轨平直度的波浪米尺。该仪器由一个经
过校准的直尺、三个传感器、计算机处理系
统等构成。

尺寸的检查：他们研制了可以自动对钢
轨几何尺寸进行检测的装置。

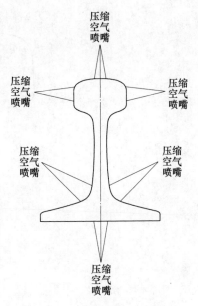

图 1-7-2 探头设计示意图

检查台：设有 36 m 长的检查台，钢轨放在上面，由人工对钢轨的四面进行
人工检查。

7.4.7 热处理工艺

为满足小半径曲线对钢轨的特殊需要，解决在这些线路上出现的钢轨磨耗、
压溃和疲劳等问题，研制了对钢轨进行热处理的新工艺。1987 年后，投产了一
条钢轨热处理生产线。这条热处理生产线包括：送钢辊道和一个可放置 5 根钢轨
的工作台；将钢轨输送到带有两个感应线圈的加热装置中；一个均热炉；两个冷
却机架，第一可将钢轨冷却到可以转变成细珠光体的温度，第二可将钢轨冷却到
室温，在冷却过程中对钢轨全段面进行喷雾冷却；出口辊道和吊车。

该生产线感应总功率为 800 kV·A，均热炉功率为 40 kV·A，加工速度为
12.5 m/s，可以生产 36 m 长的单重 75 kg/m 热处理轨。热处理轨的硬度可以满
足 AREA、南美、印度和中国的铁路标准要求。通常热处理轨的成分为：
C 0.70% ~ 0.80%，Mn 0.80% ~ 0.95%，Si 0.60% ~ 0.70%，Cr 0.45% ~ 0.50%，
P ≤ 0.025%，S ≤ 0.030%。

上述成分的钢轨热处理后性能为：屈服强度 920 MPa，抗拉强度 1280 MPa，
伸长率10%，断面收缩率28%。

经过热处理后钢轨全断面硬度（HV_{30}）分布如图 1-7-3 所示，全长硬度分布
如图 1-7-4 所示，全断面性能情况如图 1-7-5 所示。

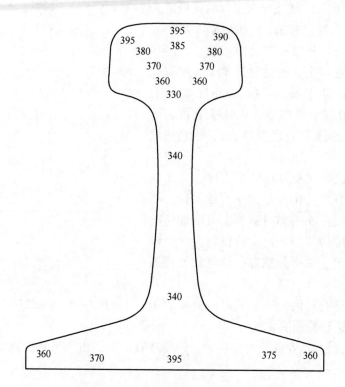

图 1-7-3　热处理后钢轨全断面硬度分布

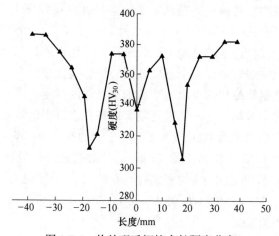

图 1-7-4　热处理后钢轨全长硬度分布

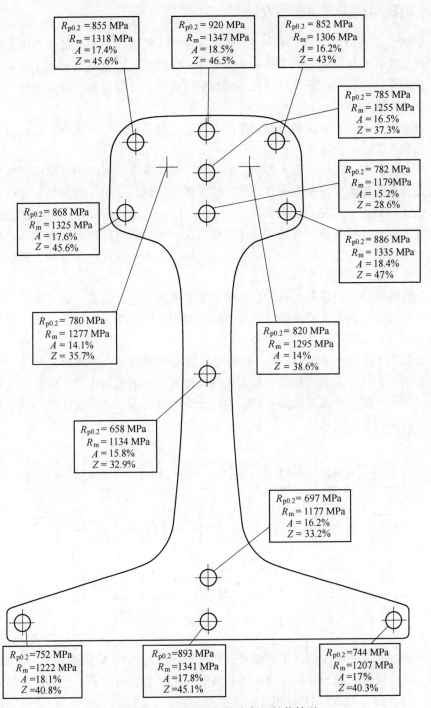

图 1-7-5 热处理后钢轨全断面性能情况

7.5　钢轨生产工艺演变与发展

钢轨生产经历 100 多年的演变。随着冶金技术的进步，钢轨的生产工艺也发生了巨大变化。从最古老的模铸—初轧开坯—轨梁横列式轧机轧制等工序靠工人的经验调整的方式，飞跃到计算机在线控制、自动化在线检测，使钢轨生产工艺发生了根本转变。

现在世界上主要采用两种钢轨生产工艺：一种是传统的长流程工艺，另一种是短流程工艺。

长流程工艺是以铁矿石为原料，经高炉、转炉冶炼，再经炉外精炼和真空脱气处理，有效控制成分和有害气体后，经连铸机铸成一定尺寸的钢坯。这些钢坯在步进式加热炉中加热到轧制温度后，被送到开坯机进行开坯形成钢轨的雏形，然后在万能初轧机上进行可逆多道次粗轧，最后在万能精轧机上轧出成品。成品钢轨在经过热打印和锯切成一定长度的定尺后，送入步进式冷床冷却，然后送到中间仓库存储等待进一步的冷加工。

钢轨的冷加工过程是：将钢轨送到平立矫直机上进行矫直，并对钢轨的表面状态、几何尺寸和内部质量进行检查，然后对钢轨进行铣头、钻孔。最后对加工好的钢轨进行出厂前的质量检查和标记。

长流程工艺如图 1-7-6 所示。长流程工艺主要问题是：环境污染严重、能耗高、投资大；尽管采取了精炼、真空脱气等技术，使钢轨钢的内在质量有了很大提高，但仍不能完全满足铁路对钢轨钢高纯净度的要求，使钢轨的疲劳寿命和磨耗问题没能得到彻底解决。

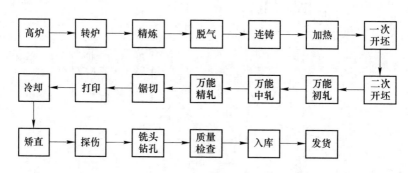

图 1-7-6　钢轨长流程工艺

短流程工艺是以废钢为主要原料，经过电炉粗炼、LF 炉精炼、VD 或 RH 脱气后，送连铸机铸成所需尺寸的钢坯，其后部轧制工艺和加工工艺与传统长流程相同。短流程工艺如图 1-7-7 所示。

比较两种工艺不难发现两种工艺具有许多相同工序，如精炼、脱气、连铸、

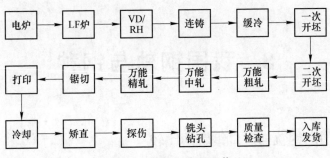

图 1-7-7　钢轨短流程工艺

万能轧制等。这些正是现代钢轨生产工艺的主要特征。它体现了钢轨生产"三精"的基本要求，即精炼、精轧、精整。现代铁路对钢轨的要求是不仅要有精确的断面尺寸，而且要有良好的内在质量。这些要求采用过去传统模铸+普通孔型法生产工艺很难实现。随着冶炼技术的进步，特别是连铸技术、检测技术和自动化控制技术的推广，为钢轨生产工艺的改进和发展创造了有利条件。

　　未来钢轨的生产工艺是：考虑到节能和环保的要求，取消能耗高、污染严重的长流程传统冶金工艺是未来发展的必然趋势。采用短流程冶金工艺取代长流程工艺的条件也日益成熟。同时对连铸工艺的研究也有新突破，近终形连铸坯有可能取代原始的方矩形坯，直接送万能轧机轧制，同时采用长尺冷却、长尺矫直、人工智能控制的在线自动化监测等项技术，流程更短，精度更高。现代短流程工艺与大数据+人工智能的结合，未来的钢轨生产工艺将是一种绿色环保、节能、智能化的新工艺。

8　我国钢轨与钢种

8.1　我国国产钢轨与进口钢轨的比较

在中华人民共和国成立后很长一段时间，我国铁路运输处于制约国民经济发展的瓶颈。特别是在内燃机车和电力机车投入使用后，随着机车牵引力的提高、车速和轴重的提高，钢轨的工作条件恶化，钢轨接触疲劳损伤、波浪磨耗日益严重，尤其是在小半径弯道和山区铁路这些伤损就更为严重。过去使用的普碳轨和中锰轨，使用寿命在主干线弯道上一般 1～2 年就被迫换掉。为改变这种状况，从 20 世纪 80 年代后期开始，我国开始从国外引进高强度钢轨，以此来缓解铁路钢轨的燃眉之急，据不完全统计，大约进口了百万吨钢轨，包括日本、加拿大、法国、德国、苏联等。1989 年我国对进口和国产碳素 50 kg/m 钢轨的化学成分和性能与实物质量进行了一次全面检验，结果如表 1-8-1～表 1-8-9 所示，其中 A、B、C 分别是我国三大主要钢轨生产厂。

表 1-8-1　化学成分　　　　　　　　　　　　　　　（%）

厂家或国别	C	Si	Mn	S	P	H/10	N	V	Ti	O
A	0.70	0.23	1.23	0.031	0.024	0.47	0.0041	<0.01	<0.01	
B	0.72	0.21	1.22	0.028	0.017	0.57	0.0056	<0.01	<0.004	0.003
C	0.72	0.26	0.84	0.018	0.018	0.40	0.0031	<0.006	<0.005	0.004
奥地利	0.74	0.57	1.32	0.019	0.021	0.28	0.0049	<0.01	<0.01	0.0008
法国	0.72	0.22	1.33	0.018	0.017	0.34	0.0054	<0.01	<0.01	0.0002
苏联	0.71	0.22	1.01	0.041	0.026	0.48	0.0033	<0.01	<0.01	0.002
新日铁	0.74	0.21	1.12	0.012	0.023	0.62	0.0041	<0.01	<0.01	0.002
日本钢管	0.73	0.25	1.17	0.009	0.013	0.36	0.0039	<0.01	<0.01	0.001

表 1-8-2　力学性能

厂家或国别	屈服强度/MPa	抗拉强度/MPa	伸长率/%	断面收缩率/%	落锤实验
A	921	573	12.5	19.5	合格
B	947	537	15.6	21.5	合格

厂家或国别	屈服强度/MPa	抗拉强度/MPa	伸长率/%	断面收缩率/%	落锤实验
C	941	506	19.8	19.9	合格
奥地利	993	598	12.5	20.1	合格
法国	943	577	12.8	22.7	合格
苏联	894	516	14.7	20.7	合格
新日铁	940	615	9.98	13.1	合格
日本钢管	947	549	12.3	15.5	合格

表 1-8-3　冲击韧性　　　　　　　　（J/cm²）

厂家或国别	−60 ℃	−40 ℃	−20 ℃	0	20 ℃	60 ℃	100 ℃	130 ℃	150 ℃
A	5.7	7.4	8.2	10.6	9.8	9.4	10.6	18	16.8
B	2.9	3.4	4.2	5.0	5.7	7.1	16	14.3	25.7
C	5.0	6.2	5.8	6.7	6.7	6.2	11	14	16.7
奥地利	5.3	6.1	7.0	9.0	7.0	7.8	9.0	11	10.6
法国	2.1	2.5	3.3	4.9	5.3	6.5	9.0	12.7	14.7
苏联	5.3	6.1	7.4	9.4	8.6	9.8	9.0	16	12.7
新日铁	2.5	3.3	2.9	5.3	6.5	5.3	9.0	15.3	16.3
日本钢管	2.9	3.3	2.9	5.3	6.1	5.7	8.6	19.3	19.0

表 1-8-4　断裂韧性　　　　　　　　（MPa/m^(3/2)）

厂家或国别	20 ℃	−20 ℃	−40 ℃
A	47.81	44.64	47.44
B	39.05	37.21	38.02
C	45.82	43.17	44.98
奥地利	42.39	44.0	44.56
法国	39.03	36.69	36.14
苏联	44.72	47.46	34.23
新日铁	41.51	43.07	35.87
日本钢管	40.01	36.19	37.50

表 1-8-5　疲劳裂纹扩展速率

厂家或国别	da/dn 回归公式	$\Delta K = 50 da/dn$
A	$6.5629 \times 10^{-12} \Delta K \times 3.7377$	10.6×10^{-6}

续表 1-8-5

厂家或国别	da/dn 回归公式	$\Delta K = 50 da/dn$
B	$1.5962\times10^{-14}\Delta K\times5.0239$	6.0×10^{-6}
C		
奥地利	$2.0165\times10^{-15}\Delta K\times5.4658$	4×10^{-6}
法国	$1.0402\times10^{-12}\Delta K\times4.1597$	10.6×10^{-6}
苏联	$9.3132\times10^{-12}\Delta K\times3.6013$	10.6×10^{-6}
新日铁	$4.8384\times10^{-18}\Delta K\times6.9568$	3×10^{-6}
日本钢管	$5.6351\times10^{-14}\Delta K\times4.7918$	7.2×10^{-6}

表 1-8-6　低倍检验

厂家或国别	酸浸结果
A	正常
B	腰部疏松
C	正常
奥地利	正常
法国	正常
苏联	头部表面纵向裂纹，深 1.5 mm
新日铁	正常
日本钢管	正常

表 1-8-7　链状氧化物夹杂

厂家或国别	长度/mm	平均长度/mm	最长/mm	条数/条
A	0.099~0.209	0.16	0.21	8
B	0.176~0.935	0.45	0.94	13
C	0.06~0.39	0.25	0.39	16
奥地利	0.088~0.22	0.15	0.22	6
法国	0.066~0.31	0.15	0.31	12
苏联	0.176~3.21	0.62	3.21	11
新日铁	0.11~0.41	0.22	0.41	12
日本钢管	0.11~0.418	0.23	0.42	11

表 1-8-8　晶粒度及珠光体片间距

厂家或国别	晶粒度/级	珠光体片间距/μm
A	7	0.17

厂家或国别	晶粒度/级	珠光体片间距/μm
B	7	0.15
C	8	0.17
奥地利	7~8	0.16
法国	6	0.17
苏联	7	0.16
新日铁	4~5	0.14
日本钢管	5	0.17

表 1-8-9 硬度（HB）

厂家或国名	轨头平均硬度	断面平均硬度
A	288	292
B	272	277
C	260	256
奥地利	287	289
法国	281	283
苏联	238	240
新日铁	275	272
日本钢管	259	259

尽管我国从世界各国进口了大量的钢轨，但都未能彻底解决长期困扰铁路的问题，特别是由于铁路运量增加，车速不断提高，轴重不断加大，从 21 t 到 23 t，后来发展到 25 t，使钢轨三大损伤日益严重，钢轨寿命明显缩短，碳素轨在小半径弯道上平均寿命只有 7 个月，铁道部门迫切需要高强度钢轨的呼声不断。

我国从 20 世纪 80 年代开始摸索研究适合我国铁路需要的新钢轨钢种。我们的研究一路走来，采取边学习外国经验，边研究适合我国资源条件的新钢种。为了配合我国铁路发展需要，开发了 60 kg/m 和 75 kg/m 断面钢轨的同时，研究供高速和重载铁路需要的新钢种。

提高钢轨强度国外主要是三种途径：

一是通过提高普碳钢的碳锰含量提高其抗拉强度，但会出现其韧性下降的问题。为改善其韧性往往需要对其进行热处理。

二是通过合金化提高其强度，合金化需要添加 Cr、Mo、V 等贵重元素，这往往会增加生产成本。

三是对碳素钢热处理，通过细化其晶粒度和减小珠光体片间距提高其抗拉强度。

8.2　充分利用我国特有资源研发钢轨钢

我国具有得天独厚的稀土、铌、钒、钛资源，这些元素对提高钢轨钢性能有独特优势。为了充分挖掘我国的资源优势，研究出符合我国资源特点的钢轨钢新钢种。首先从普通碳素钢 U74 的成分调整开始研制出 U71Mn；从学习 UIC900A、EN260 到研究合金化新钢种，再到充分利用我国富有的金属资源设计研究了各种新钢轨钢，如 BNbRE、BNb、BVRE 等，并开发研制出 U75V、U76NbRE。尽管这些新钢种性能有大幅提高，但对重载线路小半径曲线铁路仍无法满足要求，为此又开发出热处理钢轨，使钢轨钢的抗拉强度提高到 1200 MPa。我国研制的新钢轨钢成分见表 1-8-10。

表 1-8-10　新钢轨钢成分　　　　　　　　　　（%）

钢　种	C	Si	Mn	P	S	Nb	V	RE
U74	0.76	0.23	0.93	0.02	0.02	—	—	—
U74RE	0.76	0.23	0.93	0.02	0.02	—	—	0.02
74SiMnV	0.72	1.16	1.29	0.02	0.02		0.088	
BNbRE	0.76	0.74	1.18	0.02	0.018	0.022	—	0.029
BNb	0.76	0.73	1.08	0.018	0.02	0.027	—	
BVRE	0.77	0.72	1.10	0.022	0.019		0.091	0.027
BV	0.77	0.72	1.10	0.022	0.019		0.091	

表 1-8-10 所列均为实验研究钢种，其一是以 U74 为基础，研究稀土对改善钢中夹杂物形态的作用；其二是以 U74 为基础，研究提高 Si 和 Mn 含量对钢的抗拉强度的作用；其三是以 U74 为基础，研究加入 Nb、V、RE 等合金对钢性能的影响。有关新钢轨钢性能见表 1-8-11。

表 1-8-11　新钢轨钢性能

钢　种	抗拉强度 /MPa	屈服强度 /MPa	伸长率 /%	断面收缩率 /%	硬度（HB）
U74	885	485	10	15	256
U74RE	922	495	10	15	276
74SiMnV	1067		5.1		
BNbRE	1020	540	10	13	304
BNb	1055	565	12	16	301
BVRE	1090	632	9	12311	
BV	1035	580	10	14	309

从表 1-8-11 可以看出：BVRE 钢比 BV 钢抗拉强度高 5.3%，屈服强度高 9%；U74RE 钢比 U74 钢的抗拉强度高 4.2%，屈服强度高 2.1%；BNBRE 钢比 U74 钢抗拉强度高 15.3%，屈服强度高 11.3%；BVRE 钢比 U74 钢抗拉强度高 23.2%，屈服强度高 30.3%；这几种钢的伸长率和断面收缩率基本相同。这说明在碳素钢轨钢中加入稀土和微合金元素 Nb 或 V 可以提高钢的强度。

新钢轨钢疲劳性能与显微组织及纯净度关系见表 1-8-12。

表 1-8-12 新钢轨钢疲劳性能与显微组织及纯净度关系

钢 种	接触疲劳性能 转数/转	珠光体片间距 /mm	夹杂物长度 /mm·mm^{-2}
U74	2.6×10^6	0.20	55
U74RE	4.7×10^6	0.20	22
74SiMnV			
BNbRE	3.8×10^6	0.14	21
BNb	3.7×10^6	0.14	35
BVRE	5.2×10^6	0.14	22
BV	3.5×10^6	0.14	29

从表 1-8-12 比较得出：

（1）在接触应力 1450 MPa 条件下，钢轨钢的接触疲劳寿命，BVRE 比 BV 高 48%。U74RE 比 U74 高 81%，BNbRE 比 U74 高 46%，BVRE 比 U74 高 100%。

（2）钢中加入稀土对钢轨钢的珠光体片间距影响不大，但加入微合金 Nb 或 V 使珠光体片间距明显变小。

（3）钢中加入稀土的钢轨钢如 BNbRE、BVRE 与 U74 比较，单位面积上夹杂物的长度明显变短。

而且夹杂物的形态也发生变化，大部分变为稀土复合夹杂物。从中可以得出：在钢轨钢中添加 0.04% 的稀土，可以使钢中大部分夹杂物发生变态，使长条状硫化锰大部分变成短条纺锤形或椭圆形，并且其周围包围着稀土氧硫化物。图 1-8-1 和图 1-8-2 显示钢中的氧化铝夹杂被变质为稀土氧硫化物，其周边包有稀土氧硫化物，使氧化铝的尖角消失。图 1-8-3 显示加入稀土后钢中夹杂物，黑色为稀土和钙的铝镁尖晶石（$MgO \cdot Al_2O_3$），白色为含有钙的稀土氧硫化物。图 1-8-4 为 BVRE 钢轨钢中夹杂物，黑色为氧化铝，白色为含有稀土的氯酸盐（$mCaO \cdot nAl_2O_3$），浅色为稀土氧硫化物。综上所述，钢轨钢中加入稀土，可以使对钢轨钢疲劳性能非常有害的氧化物夹杂，如 Al_2O_3、铝镁尖晶石、铝镁钙等夹杂物变为含有稀土并周围包围有稀土氧硫化物的复合夹杂物，这些复合夹杂物的线膨胀系数与钢本体接近，从而大大降低了钢轨钢在受力变形过程中的应力集中，提高了钢轨钢的疲劳寿命。

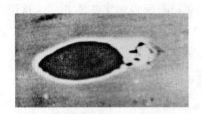

图 1-8-1　U74RE 钢轨钢中夹杂物（×3000）

图 1-8-2　U74RE 钢轨钢中夹杂物（×4000）

图 1-8-3　BNbRE 钢轨钢中夹杂物（×3000）

图 1-8-4　BVRE 钢轨钢中夹杂物（×2000）

8.3　改革开放后我国研究开发的钢轨新钢种的设计成分与目标性能

我国研制钢轨钢的成分与性能见表 1-8-13 和表 1-8-14。

表 1-8-13　我国研制钢轨钢的成分与性能（一）

钢种	化学成分/%								抗拉强度 /MPa	伸长率 /%
	C	Si	Mn	P	S	Nb	V	RE（加入量）		
U74	0.67~0.80	0.13~0.23	0.70~1.00	<0.04	<0.04	—	—	—	785	9
U74RE	0.67~0.80	0.13~0.23	0.70~1.00	<0.04	<0.04	—	—	0.02~0.05	980	—
BV	0.70~0.82	0.60~0.90	0.90~1.20	<0.04	<0.04	—	0.06~0.12	—	980	—
BVRE	0.70~0.82	0.60~0.90	0.90~1.20	<0.04	<0.04	—	0.06~0.12	0.02~0.05	980	—

续表 1-8-13

钢种	化学成分/%								抗拉强度/MPa	伸长率/%
	C	Si	Mn	P	S	Nb	V	RE（加入量）		
BNb	0.70~0.82	0.60~0.90	0.90~1.20	<0.04	<0.04	0.01~0.05	—		980	—
BNbRE	0.70~0.82	0.60~0.90	0.90~1.20	<0.04	<0.04	0.01~0.05	—	0.02~0.05	980	—
74SiMnV	0.68~0.80	0.90~1.40	1.10~1.50	<0.04	<0.04	—	0.06~0.12		1080	7
U71Mn	0.65~0.77	0.15~0.35	1.10~1.50	<0.04	<0.04	—	—		880	8

我国在上述基础研究的基础上，充分吸收国外的经验，通过大量的实验室试验、工业试验和铁道线路试铺使用的检验制定了我国铁路钢轨钢的铁道行业标准，通过长期铁路运行的检验，证明我国研制的钢轨钢是能满足铁路客运需要的，为我国的高速客运铁路的建设做出了贡献。

表 1-8-14 我国研制钢轨钢的成分与性能（二）

钢种	化学成分/%								抗拉强度/MPa	伸长率/%	硬度（HB）
	C	Si	Mn	P	S	V	Nb	RE（加入量）			
U71Mn	065~0.77	0.15~0.35	1.10~1.40	<0.03	<0.03	<0.030	<0.01	—	>880	>9	302~388
U75V	0.71~0.80	0.50~0.80	0.70~1.05	<0.03	<0.03	0.04~0.12	<0.01		>980	>9	—
U76NbRE	0.72~0.80	0.60~0.90	1.00~1.30	<0.03	<0.03	0.02~0.05	0.02	0.02	>980	>9	
PD3	0.70~0.78	0.65~0.90	0.75~1.05	<0.03	<0.03	0.04~0.08	—		>980	>9	280~320
BNbRE	0.70~0.80	0.60~0.90	0.90~1.20	<0.03	<0.03	—	0.02~0.05	0.02~0.05	>980	>9	

9　世界重载铁路与钢轨

9.1　重载铁路运输历史

9.1.1　历史上重载铁路和重载运输的雏形

现在，人们对"重载"（hedy haul）的概念往往仅指那些装运铁矿石、煤炭等矿物的又长又重的货物列车，其实重载列车早已远远不拘于此。早在 1835 年那时的重载列车是指采用蒸汽作动力的货运列车。后来出于经济性考虑，在美国、加拿大边缘地区开始采用重载运输方式。1941 年为牵引重载列车曾生产过最大牵引力的蒸汽机车"巨孩"号，机车重达 345 t，有 24 个轮子，其牵引 90~100 节车厢，列车全长 2442 m，运行在夏延到怀俄明线。该机车一直运行到蒸汽机车末期，现在被保留下来。其实，在北美轴重在 30~35 t 的车辆并不少见，甚至可以找到 37 t 轴重车辆。据有关资料记载，当时曾开发出 35.7 t 轴重、125 t 装载量的车厢。这就是历史上重载铁路和重载运输的雏形。

9.1.2　重载铁路运输

重载铁路运输定义：用于运载大宗散货的总重大、轴重大的列车、货车行驶或行车密度和运量特大的铁路，运输量 5000 t 以上，总重 1 万~2 万吨，轴重 25 t 以上，年运量 2 亿吨以上。重载铁路是一种效率很高的运输方式。

现代重载运输开始于 20 世纪 50 年代，美国、加拿大、俄罗斯、巴西、南非、澳大利亚处于领先位置。美国运煤列车长 6500 m，重 44000 t，500 车辆，6 台机车；南非矿石列车长 7200 m，重 71600 t，660 车辆；俄罗斯重载列车长 6500 m，重 43000 t，400 车辆，4 台机车；澳大利亚 2001 年 6 月创新的世界纪录，列车长 7353 m，总重 99734 t，682 车辆，8 台机车。我国第一条重载铁路大秦铁路，2002 年实现 1 亿吨年运量设计能力，2004 年实现 1.5 亿吨年运量，2005 年实现 2 亿吨年运量，2006 年实现 2.5 亿吨年运量，2007 年实现 3 亿吨年运量，3 亿吨创国际年运量最高纪录。

9.1.3　国际重载铁路组织

1982 年 9 月在美国召开的第二届国际重载铁路大会上通过决议，决定成立国际重载运输委员会；1984 年成立了国际重载运输委员会，当时的成员有中国、美国、澳大利亚、加拿大和南非5个国家；1986年在加拿大召开的第三届国际重载铁路大会上，将国际重载运输委员会更名为国际重载协会。国际重载协会（IHHA）是非营利性质的非政府性科技组织，1986年在美国密苏里州注册成立。国际重载协会的成员为国家铁路、地方铁路及私有铁路和铁路组织，现有澳大利亚、巴西、加拿大、中国、印度、南非、俄罗斯、瑞典/挪威和美国9个会员国，国际铁路联盟（UIC）为该组织准会员。

国际重载协会每四年举行一次大会，每两年举行一次专家技术会议，每年举行一次理事会年会。至今已在澳大利亚、美国、加拿大、中国、南非、巴西等国举办了八届国际重载铁路大会。中国曾派团参加了国际重载协会的历次会议，承办了1993年第五届国际重载大会、2000年国际重载理事会和2009年第九届国际重载大会（见表1-9-1）。

表1-9-1 历届国际重载大会情况

届次	时间	地点	主 题
第一届	1978年	澳大利亚	
第二届	1982年	美国	重载铁路
第三届	1986年	加拿大	通过技术和运营效率的提升改进营利性
第四届	1989年	澳大利亚	铁路在行动
第五届	1993年	中国	重载运输领域的效率和安全
第六届	1997年	南非	21世纪的战略
第七届	2001年	澳大利亚	重载铁路运输技术所面临的障碍
第八届	2005年	巴西	重载铁路：安全、环境和生产力
第九届	2009年	中国	重载运输的创新、实践与发展

9.1.4 重载铁路标准

世界各国的铁路由于运营条件、技术装备水平不同，采用的重载列车形式和组织方式也各有特点。国际重载协会先后于1986年、1994年和2005年三次修订了重载铁路标准。1986年10月在加拿大温哥华召开的第三届国际重载大会上讨论确定，要求重载铁路应至少满足下列三个条件中的两项：

（1）列车重量至少达到5000 t；

（2）轴重21 t及以上；

（3）年运量2000万吨及以上。

1994年修订标准要求重载铁路至少满足以下三个条件中的两项：

（1）列车重量至少达到5000 t；

（2）轴重25 t及以上；

　　(3) 在长度至少为 150 km 的线路上年运量不低于 2000 万吨。

　　在 2005 年国际重载协会理事会上，对新申请加入国际重载协会的重载铁路，要求至少满足以下三条标准中的两条：

　　(1) 列车重量不小于 8000 t；

　　(2) 轴重达 27 t 以上；

　　(3) 在长度不小于 150 km 线路上年运量不低于 4000 万吨。

　　目前，我国的大秦线和中南通道满足国际重载协会 2005 年的重载铁路新标准，朔黄、京广、京沪、京哈等干线满足 1994 年的重载铁路标准。

9.2　世界重载铁路技术发展历程

　　重载铁路运输因其运能大、效率高、运输成本低而受到世界各国铁路部门的广泛重视，特别是在一些幅员辽阔、资源丰富、煤炭和矿石等大宗货物运量占有较大比例的国家，如美国、加拿大、巴西、澳大利亚、南非等，发展尤为迅速。目前，重载铁路运输在世界范围内迅速发展，重载运输已被国际公认为铁路货运发展的方向，成为世界铁路发展的重要趋势。

　　现代世界铁路重载运输是从 20 世纪 50 年代开始出现并发展起来的。第二次世界大战后的经济复苏以及工业化进程的加快，对原材料和矿产资源等大宗商品的需求量增加，导致这些货物的运输量增长，给铁路运输提出了新的要求，而大宗、直达的货源和货流又为货物运输实现重载化提供了必要的条件。铁路部门从扩大运能、提高运输效率和降低运输成本出发，也希望提高列车的重量。同时，铁路技术装备水平的不断提高，又为发展重载运输提供了技术保障。

　　从 20 世纪 50 年代起，一些国家铁路就有计划、有步骤地进行牵引动力的现代化改造，先后停止使用蒸汽机车，新型大功率内燃和电力机车逐步成为主要牵引动力。由于内燃、电力机车比蒸汽机车性能优越、操纵便捷，采用多机牵引能获得更大的牵引总功率，这为大幅度提高列车的重量提供了必需的牵引动力，由此以开行长大列车为主要特征的重载运输开始出现。但这一时期的重载技术尚不配套，长大列车货车间的纵向冲动、车钩强度、机车的合理配置、同步操纵及制动等技术问题都没有得到很好的解决。

　　20 世纪 60 年代中后期，重载运输开始取得实质性进展，并逐步形成强大的生产力。美国、加拿大及澳大利亚等国铁路相继在运输大宗散装货物的主要方向上开创了固定车底单元列车循环运输方式，而且发展很快。美国 1960 年只有 1 条固定的重载单元列车运煤线路，年运量不过 120 万吨；而到 1969 年，重载煤炭运输专线增加到 293 条，运量占铁路煤炭运量的近 30%。苏联在 20 世纪 60 年代末为解决线路大修对运输的干扰，在通过能力紧张的限制区段组织开行了将两列普通货车连挂合并的组合列车，这种行车组织方式后来成为提高繁忙运输干线区段能力的重要措施。

　　南非铁路在 20 世纪 60 年代末开始引进北美重载单元列车技术，并从 70 年代开始在其窄轨运煤和矿石的线路上，逐步把列车重量提高到 5400 t 和 7400 t，并不定期开行总重 11000 t 的重载列车。巴西铁路是从 20 世纪 70 年代中期开始，通过借鉴、引进北美和南非的技术，开行重载单元列车。另外，德国、波兰、瑞典、印度等国，也根据各自国家的具体情况和实际需要，开行了重量和长度都超过普通列车标准的重载列车。

　　20 世纪 80 年代以后，由于新材料、新工艺、电力电子、计算机控制和信息技术等现代高新技术在铁路上的广泛应用，铁路重载运输技术及装备水平又有了很大提高。特别是在大功率交流传动机车，大型化、轻量化车辆，同步操纵和制动技术等方面有了新的突破，极大地促进了重载运输的发展。

　　中国、澳大利亚、巴西、加拿大、印度、俄罗斯、南非、瑞典、挪威、美国都是 IHHA 成员。这些国家都具备了成为会员必须要满足的以下标准中的两个或以上：定期运行或者是正在计划开行 5000 t 以上的单元或组合列车；运量或计划运量在不短于 150 km 的运输区段每年不少于 2000 万吨；定期运行或者正在计划运行轴重 25 t 及以上的运载设备。所有 IHHA 成员国都向重载运营方提供了最优质的又各不相同的高效率服务，无论是通常装运在双层集装箱货车上的矿石、煤炭等货物还是普通货物。重载运输技术在越来越多的国家推广应用。不仅在幅员辽阔的大陆性国家（如美国、加拿大、澳大利亚、南非等国）重载铁路上大量开行重载列车，而目前在欧洲传统以客运为主的客货混运干线铁路上也开始开行重载列车。

　　世界各国重载铁路借助于采用高新技术，促使重载列车牵引重量不断增加。2001 年 6 月 21 日澳大利亚西部的 BHP 铁矿集团公司在纽曼山—海德兰重载铁路上创造了重载列车牵引总重 99734 t 的世界纪录。2004 年巴西 CVRD 铁矿集团经营的卡拉齐重载铁路上，开行重载列车的平均牵引重量已达 39000 t。南非 Orex 铁矿重载线是窄轨铁路（1067 mm 轨距），开行重载列车的平均牵引重量为 25920 t。美国最大的一级铁路公司联合太平洋铁路（UP）经营的铁路里程为 54000 km，其所有列车的平均牵引重量已达 14900 t，一般重载列车的牵引重量普遍达到 2 万~3 万吨，其复线年货运量在 2 亿吨以上。德国铁路从 2003 年开始在客货混运的既有线路（如汉堡—萨尔兹特）上开行轴重 25 t、牵引重量 6000 t 的重载列车，最高运行速度 80 km/h（重车），同时开行 200~250 km/h 速度的旅客列车。2005 年 9 月开始，法国南部铁路正式开行 25 t 轴重的运送石材的重载列车。芬兰铁路正在研究开行 30 t 轴重的重载列车。欧盟经过研究认为，欧洲铁路客运非常发达，每年运送 90 亿人次、6000 亿人·km。但欧洲铁路货运同样也很繁忙，货运量占全世界铁路货运总量的 30%，而且每年还以 4.4%~7.5% 的速度增加。欧洲铁路的货运量中有 30% 重载运输潜力。2001 年以欧洲铁路为主体的国际铁路联盟（UIC）以团体名义加入国际重载运输协会（IHHA），成为团体理事成员。由此可见欧洲铁路发展重载运输的战略已定局。重载铁路为全世界提供了最安全、最有效的环境友好型货运方式。

9.3　重载列车运行模式及牵引重量的变化

现在世界铁路重载列车主要有三种运行模式：

（1）重载单元列车。列车固定编组，货物品种单一，运量大而集中，在装卸地之间循环往返运行。以北美（美国和加拿大）为代表，包括巴西、澳大利亚和南非等国，在重载运输专线上均开行重载单元列车。我国在大秦线使用 C63、C70、C76、C80 等车辆开行这种重载列车。

（2）重载组合列车。两列或两列以上列车连挂合并，使列车的运行时间间隔压缩为零。这种列车以俄罗斯为代表。我国大秦线开行的 4×5000 t 和 2×10000 t 列车即为这种重载列车。

（3）重载混编列车。单机或多机重联牵引，由不同形式和载重的货车混合编组而成。列车在运输途中可以根据实际需要进行改编，因此具有更大的通用性。我国京沪、京广、京哈等长大干线开行的 5000 t 货物列车即属于这种重载模式。

近 50 年来，重载运输技术的不断进步，推动了重载列车试验牵引重量的世界纪录不断被刷新：

（1）1967 年 10 月，美国诺福克西方铁路公司（N&W，现已归入诺福克南方铁路公司）在韦尔什—朴茨茅斯间 250 km 区段内，开行了 500 辆煤车编组的重载列车，由分布在列车头部和中部的 6 台内燃机车进行牵引。列车全长 6500 m，总重达 44066 t。

（2）1989 年 8 月，南非铁路在锡申—萨尔达尼亚矿石运输专线上，试验开行了 660 辆货车编组的重载列车，由 16 台机车牵引（5 台电力机车+470 辆货车+4 台电力机车+190 辆货车+7 台内燃机车+1 辆罐车+1 辆制动车）。列车总长 7200 m，总重达 71600 t。

（3）1996 年 5 月 28 日，澳大利亚在纽曼山—海德兰铁路线上，开行了 540 辆货车编组的重载列车，由 10 台 Dash 8 型内燃机车牵引（3 台机车+135 辆货车+2 台机车+135 辆货车+2 台机车+135 辆货车+2 台机车+135 辆货车+1 台机车）。列车总长 5892 m，总重达 72191 t，净载重 57309 t。这次试验列车平均车速为 57.8 km/h，最高达 75 km/h。

（4）2001 年 6 月 21 日，澳大利亚在纽曼山—海德兰铁路线上，开行了 682 辆货车编组的重载列车，由 8 台 AC6000 型机车牵引。列车总长 7353 m，总重达

99734 t，净载重 82000 t，创造了最长、最重列车新的世界纪录。8 台机车分散布置，每 2 台 1 组，分成 3 组，另外 2 台机车单独布置。1 名司机通过 LOCOTOL 机车无线同步操纵系统操纵全部机车。该列车平均车速为 55 km/h。

目前，国外重载列车实际运营中的牵引重量一般为 1 万~3 万吨，美国重载列车编组通常为 108 辆货车，牵引重量为 13600 t；加拿大典型单元重载列车编组为 124 辆货车，牵引重量为 16000 t；南非重载列车的牵引重量一般为 20000 t；澳大利亚纽曼山重载铁路列车的编制通常为 320 辆货车，牵引重量在 37500 t；巴西维多利亚—米纳斯铁路标准编组列车为 320 辆编组，列车牵引重量 31000 t。国外年运量超过 1 亿吨的重载铁路主要有：巴西维多利亚·米纳斯铁路（898 km），年运量为 1.3 亿吨；卡拉雅斯铁路（892 km），运量为 1.08 亿吨；澳大利亚纽曼山—海德兰铁路（426 km），年运量为 1.09 亿吨。

（5）我国的大秦铁路不断创造运量世界最新纪录，2010 年 12 月 28 日创造年货运量 4 亿吨世界纪录。

（6）2019 年 9 月 28 日，我国又一条重载铁路——蒙华铁路建成通车，从内蒙古的鄂尔多斯到江西吉安，全长 1815 km，创世界重载铁路之最。

9.4 世界主要国家重载铁路运输系统

9.4.1 美国重载铁路运输系统

美国是世界上最早发展重载运输的国家之一。

美国铁路从 20 世纪 50 年代起开始现代化改造，大力发展新型大功率机车。20 世纪 60 年代正式开展重载运输业务，主要通过重载单元列车运输煤炭。1969 年重载煤炭运输专线运量达 1.44 亿吨，占铁路煤炭运量的近 30%。1967 年 10 月，美国诺福克西方铁路公司创造了总重 44066 t 重载列车世界纪录。

从 20 世纪 70 年代末到 90 年代末，通过提高轴重、增加装载能力等举措推动重载运输飞速发展带动了美国铁路货运的复兴。到 1999 年，铁路货运市场份额为 40.3%，远远高于公路 29.4%、水运 13.1%、航空 4%、石油管道 16.8% 的水平。

进入 21 世纪后，美国铁路加强交流内燃机车和轮轨界面等技术领域的研究，美国重载运输已经确立了其在货运市场中的牢固地位。目前，美国 70% 的铁路线路为重载铁路，标准轴重 33 t。重载列车编组通常为 108 辆货车，由 3~6 台机车牵引，列车总重为 13600 t。重载列车采用大容量、低自重的货车，最大允许轴重范围在 29.8~35.7 t。一般采用大功率内燃机车多机牵引，并配合采用机车同步操纵技术。重载运输线路采用重型钢轨，最大可达近 70 kg/m。为进一步开拓重载运输市场，美国还在海铁联合运输中开行了高效率的双层集装箱重载货物列车，使重载运输前景被更加看好。

9.4.2　澳大利亚重载铁路运输系统

澳大利亚的矿产资源非常丰富，煤炭和铁矿石以及铝土、黄金的储量都位居世界前列。澳大利亚必和必拓（BHP Billiton）、力拓（RioTinto）与巴西的淡水河谷（CVRD）公司是世界三大矿业巨头。它们掌控了全世界铁矿石海运量的70%。此外，澳大利亚还是世界上主要的煤炭、粮食（小麦）输出国之一。这样的资源特点推动了澳大利亚铁路重载运输的发展。

澳大利亚最早的重载线路是由窄轨铁路改造而成的。20 世纪 60 年代初，昆士兰州对 1067 mm 窄轨铁路进行了技术改造，实现以运煤为主的窄轨铁路的重载运输。到 20 世纪 60 年代中期，澳大利亚改建和新建的重载运输铁路已经达到约4000 km。其中 1067 mm 轨距的铁路占很大比例。20 世纪 70 年代以后又新建了几条重载铁路。澳大利亚具有代表性的几条重载铁路如下：

（1）昆士兰的电气化运煤铁路线。该线从港口到科帕贝拉 145 km 长的双线铁路，科帕贝拉至不同方向的 8 个矿区均为单线铁路。轨距为 1067 mm，钢轨重量 60 kg/m，轴重 22.5 t。最远的煤矿到港口的距离为 293 km。运煤列车从矿区到港口往返循环运行。有的列车编挂 148 辆旋转车钩式货车，总重10500 t，由5 台机车牵引；另一些列车编挂 120 辆底开门货车，总重 9500 t，由 4 台机车牵引。这些列车都采用动力分散布置方式，即列车前部 2 台机车，中部 2~3 台机车。仅头部机车的司机一人操纵，通过 Locotrol 同步遥控装置控制其他所有的机车。

（2）必和必拓公司纽曼山铁路。澳大利亚的必和必拓公司是世界上最大的采矿公司之一，在钢铁工业的原材料方面，它是位于世界领先的供应商。金属铜的产量位居世界第三；煤炭产量排世界第二；战略金属镍的产量也位居世界第3；核能原料铀的产量是世界五强之一。此外，石油和天然气的产量也在世界上具有相当地位。

必和必拓公司的铁路系统路网总长约 800 km。必和必拓在皮尔巴拉地区拥有 5 座大的矿山，通过两条主要的铁路干线以及一些短的支线连到印度洋沿岸的海德兰港（Porot Hedland），都为单线铁路。这两条线路是：全长 426 km 连接纽曼山矿山（Mt. Newman）与海德兰港的纽曼山铁路以及通向附近其他几个矿区的支线；另一条是全长 210 km 从亚利耶（Yarrie）矿区到海德兰港的亚利耶铁路。这两条线路每天开行 12 对重载列车。前者是澳大利亚目前最长的私有铁路之一，它通过几条支线通到不同的矿点，开行世界上最长和最重的重载列车。

BHP 纽曼山重载铁路的年运量为 1.09 亿吨，典型的列车由 6 台 4413 kW 的机车牵引，大多数列车编挂 208 辆矿石货车。每辆货车装载约 125 t 铁矿石，轴重 37.5 t，列车总重 32000 t，载重 26000 t。线路上安装了调度集中控制系统（CTC），由海德兰港进行统一调度指挥。重车的最高速度是 75 km/h。

近年来，澳大利亚重载列车不断刷新世界纪录。1996 年 5 月 28 日，必和必拓公司在纽曼山铁路上试验开行总重达 72191 t 的重载列车，2001 年 6 月 21 日又创造了总重达 99734 t 的重载列车试验记录。

（3）皮尔巴拉铁矿公司（Pilbara Iron）哈默斯利铁矿铁路。皮尔巴拉地区的另一家铁矿石铁路运输经营者是力拓（RioTinto）矿业集团下属的皮尔巴拉铁矿公司（Pilbara Iron），该公司以前称为皮尔巴拉铁路公司（Pilbara Rail）。它是在力拓公司并购了哈默斯利铁矿公司（Hammersley Iron）及罗伯河铁矿公司（Robe River Iron）以后，把这两家公司的采矿、铁路及港口等业务整合起来后组建而成的。

皮尔巴拉铁矿公司经营 1200 km 的铁路网，是澳大利亚最大的私人拥有和运营的铁路之一，服务于 10 个矿山和 2 个港口，全部列车都由位于 Dampier 的调度中心进行控制。皮尔巴拉铁矿公司的重载列车比必和必拓公司的列车稍小，哈默斯利铁路上的重载列车通常在 230 辆以上，每辆车载重 100 t 以上，列车总重 2.95 万吨、长 2400 m。皮尔巴拉铁矿公司铁路年运输能力在 1.3 亿吨以上，目前每年运量 1.1 亿吨。

（4）Fortescue 金属集团重载铁路。由于世界范围内对铁矿石的需求强劲，在皮尔巴拉地区又成立了一家新的铁矿石开采和铁路运输经营者——Fortescue 金属集团。该公司与中国的钢铁企业合作共同开发皮尔巴拉地区的铁矿并建设该矿区与海德兰港之间长 260 km 的铁路。2007 年底，该铁路已建成，将开行 2500 m 长、牵引重量为 30000 t 的重载列车。所运输的铁矿石主要运往中国。

9.4.3　巴西重载铁路运输系统

巴西的矿产、水力、森林等自然资源在世界上均占重要地位。铁矿总储量达 800 多亿吨，居世界前列。巴西的淡水河谷矿业公司（CVRD）是世界最大的矿业巨头之一。它属下的维多利亚·米纳斯铁路和卡拉亚斯铁路也是世界铁路界著名的重载运输铁路，主要用于把铁矿石运往港口。

（1）维多利亚·米纳斯铁路。巴西维多利亚·米纳斯铁路位于巴西的东南部，轨距 1000 mm，长度 898 km，相当于巴西全部铁路网的 3.1%，其中 594 km 为双线。该线于 1904 年 5 月 18 日开通，20 世纪 40 年代被 CVRD（淡水河谷公司）收购，是巴西最现代化和运量最大的一条铁路，2009 年运量达到 1.77 亿吨。其货运量中 80% 是铁矿石，20% 是其他货物。

（2）卡拉亚斯铁路（EFC）。卡拉亚斯铁路也属于淡水河谷矿业集团所拥有，位于巴西的北部，是一条把铁矿石从矿山运输到大西洋沿岸的蓬塔马代拉港

（Ponta da Madeira）的重载运输铁路，建造于 1982~1985 年，线路长度 892 km，轨距 1600 mm。与维多利亚·米纳斯铁路的不同之处是，前者是米轨铁路，而卡拉亚斯铁路却是一条单线宽轨铁路（轨距 1600 mm），而维多利亚·米纳斯铁路的大部分区段是双线铁路。卡拉亚斯铁路最大轴重 31.5 t，重车方向最大坡度 3‰，线路中 73% 是直线，27% 是曲线，线路的最高允许速度空车为 80 km/h、重车为 75 km/h。整条铁路由一个经过现代化改造的中央调度台（CCP）进行控制。

9.4.4　南非重载铁路运输系统

20 世纪 60 年代末，南非铁路就已经开始发展重载运输。相对其他国家，南非铁路的重载运输发展有其独特的优越性。

发展初期，南非引进了北美重载单元列车技术，从 20 世纪 70 年代开始修建重载铁路，其后又对线路进行过数次升级和改造。南非有两条重载铁路：一条是从锡申（Sishen）到萨尔达尼亚（Saldanha）的矿石运输专线（Orex），里程 861 km；另一条是从北部的煤炭基地姆普马兰加（Mpumalanga）到理查兹湾（Richardsbay）的运煤专线（COALlink），里程 580 km。

Orex 矿石运输专线建成后，每年通过该线出口的铁矿石运量为 1750 万吨。后经过不断的升级和改造，Orex 线发展成为重载运输线路，车辆轴重达到了 30 t，开行编组为 200 辆甚至达 342 辆的重载列车。与此同时，线路运能持续增长，2007 年该线完成的矿石运量为 3000 万吨，2008 年为 3500 万吨，2010 年提高到 4100 万吨。

COALlink 运煤专线于 1976 年建成之日起，即成为南非煤炭出口的大通道。线路最初的设计能力是每年 2100 万吨，由内燃机车牵引轴重为 18.8 t 的货车，编组为 76 辆。此后按重载运输要求多次进行升级和改造，到 1989 年已开行了编组 200 辆的列车，轴重达到 26 t。2007 年，COALlink 线路完成的煤炭运量为 6700 万吨。

9.4.5　俄罗斯重载铁路运输系统

俄罗斯联邦幅员辽阔、资源丰富，煤炭、矿石等大宗货物运量占有较大比重。早在 20 世纪 50 年代中期，苏联就开始研究铁路重载运输技术，铺设重型钢轨，配备大载重车辆等，以提高货物列车的平均重量。

1979 年，全俄铁道科学研究院和勘测设计研究院研究提出了将列车重量提高到 6000 t 的具体建议，并在西伯利亚和哈萨克斯坦与乌拉尔、欧洲部分相连的线路上完成了重载列车牵引试验。这种 6000 t 的载重列车首先在莫斯科铁路局开行。

1983 年以后，重载组合列车技术有了新突破，三联（三列车联挂）及多联方式的重载组合列车重量可超过万吨。1986 年开行了总重达 43407 t 的组合列车，创造了苏联铁路重载列车的最高纪录。

2004 年，俄罗斯铁路研究了扩大重载列车和超长列车开行线路的方案，确定了适合发展重载运输的 13 条干线，总长 28000 km。近年来，俄罗斯铁路还对新的列车制动系统（СУТП）和无线控制设备（ИСАВП-РТ）分别进行了 9000 t 列车的安全运行试验和 12000 t 列车的控制试验，并将货车重载轴重提高到 25~27 t。

9.4.6 加拿大重载铁路运输系统

加拿大铁路重载运输方式与美国相似，是北美铁路重载运输的基本统一模式。20 世纪 60 年代，加拿大重载运输已取得了实质性进展。加拿大积极组织开行和发展了双层集装箱重载列车，如 1993 年加拿大开通了温哥华—多伦多、蒙特利尔—多伦多等方向多条双层集装箱重载列车线路。与普通列车相比，双层集装箱列车的运输成本约降低 30%。集装箱重载运输的发展，为横贯美洲大陆的铁路/海运联合运输开辟了新路，且效益可观。2006 年，加拿大的列车编组长度一般是 80~130 辆，其载重量均在 10000~15000 t。

9.4.7 瑞典重载铁路运输系统

瑞典的基律纳（Kiruna）—林克斯格朗孙（Riksgransen）矿石线全长 540 km，是瑞典北部的矿山专用铁路，2007 年，开行的重载列车总重为 7000 t，编组数量提高到了 60 辆。

1999 年，瑞典开始修建一条新的重载铁路线——Bothniabanan 线，2008 年完工。该条铁路经由尼兰（Nyland）到恩舍尔兹维克（Ornskoldsvik），最终抵达瑞典东北部的于默奥（Umea），全长 190 km。Bothniabanan 线是一条客货混行线，轴重 25 t。通车后，客车时速可达 250 km/h，重载货车时速可达 110 km/h。

9.4.8 德国重载铁路运输系统

20 世纪末德国铁路开始策划大轴重网络。德铁路网公司首先从 2003 年开始，在部分有技术储备的既有线路上开行 22.5 t 轴重及以上的单元列车；第二步根据 UIC 的 E 级标准（25 t 轴重）以及市场和投资要求，建设 25 t 轴重重载运输网。

德国铁路重载运输货物主要为铁矿石。2003 年 11 月，德国铁路在汉堡港至萨尔茨吉特之间的铁矿石运输专线上试验开行了 6000 t 重载列车。这次重载试验成功后，该线路开始正式开行 6000 t 重载列车。单元列车采用 6 轴液压操作侧开门的 Faals 151 型货车，编组 40 辆，轴重 25 t，列车质量 6000 t，运行速度

80 km/h,采用 6 轴 151E 型电力机车双机牵引（2×6300 kW），每天运行 4 对列车。

9.5　中国的重载铁路

在相当长的一段时间里，我国铁路运力不足，技术装备总体水平不高，运能与运量持续增长不相适应的矛盾十分突出，严重制约了国民经济的发展。从 20 世纪 80 年代起，我国铁路在货物运输方面把发展重载运输作为主攻方向，经过 20 多年的努力，我国铁路重载技术水平得到很大提高，已跻身世界先进行列。回顾我国铁路重载运输的发展，大致经历了 5 个阶段，并相应开行了 3 种模式的重载列车。

（1）1984～1986 年：改造既有线，开行重载组合列车。

1984 年 11 月 7 日，首先选择了晋煤外运的北通道——丰沙大线作为试点，以尽快扩大雁北地区煤炭运输能力。1984 年 11 月，在大同—秦皇岛间进行了双机牵引 7400 t 重载组合列车的试验，针对煤炭货源、货流的特点，采取了"五固定"的运输组织方式，进行循环拉运。通过一系列的运营试验，1985 年 3 月 20 日起正式开行。

为了扩大重载组合列车的开行范围，1985 年决定在沈山线试验开行非固定式的重载组合列车（不受车底、车型、钩型及制动机型的限制）。试验成功后，8 月起在山海关至沈阳间下行方向正式开行 7000 t 的重载组合列车。郑州局相继在平顶山至武汉（江岸西站）间，隔日开行 1 列双机牵引 6500 t 的重载组合列车。上海、济南局也相继在徐州北至南京东站间每日开行 1 对双机牵引 7000～8000 t 的重载组合列车。

（2）1985～1992 年：新建大秦铁路，开行重载单元式列车。

20 世纪 80 年代中期至 90 年代初，我国自行设计和修建了第一条大（同）—秦（皇岛）双线电气化重载运煤专线。大秦铁路分三期修建，1995 年开工，1997 年完成，9 个车站到发线长度达到 1700 m。

大秦铁路自山西省大同市至河北省秦皇岛市，纵贯山西、河北、北京、天津，全长 653 km，是中国西煤东运的主要通道之一。大秦铁路是中国新建的第一条双线电气化重载运煤专线，1997 年底全线通车，2002 年运量达到 1 亿吨设计能力。自 2004 年起，对大秦铁路实施持续扩能技术改造，大量开行 1 万吨和 2 万吨重载组合列车，2008 年运量突破 3.4 亿吨，成为世界上年运量最大的铁路线。2010 年 12 月 26 日，大秦铁路提前完成年运量 4 亿吨的目标，为原设计能力的 4 倍。

大秦铁路连接了线路西段的 100 多个装车点和线路东端的 10 个卸载站（包括秦皇岛港）。大秦铁路于 1992 年开通运营，采用新型 C-80 铝合金货车以及

C-80B不锈钢货车将单车装载能力从 60 t 提升到 80 t；1990 年 6 月 5 日在大秦线上试验开行了第一列由两台 SS 3 型电力机车牵引 120 辆煤车、全长 1630 m、重量达 10404 t 的重载列车。1992 年 12 月 21 日大秦线全线开通后，基本上采取开行重载单元列车模式，列车重量为 6000~10000 t。

（3）1992~2002 年：改造繁忙干线，开行 5000 t 级重载混编列车。

为缓解运输紧张状况，开行 5000 t 级重载混编列车。1992 年 8 月，先后在京沪线徐州北—南京东、京广线石家庄—郑州北间试验，成功开行了总重 5134 t（2 台 ND 5 型机车牵引）和 5119 t（2 台北京型机车牵引）的重载混编列车。从 1993 年 4 月 1 日起，在京沪、京广线一些区段开行 5000 t 重载列车正式纳入列车运行图。京哈线也安排了开行 5000 t 重载列车固定运行线。至此，我国铁路三大主要繁忙干线都开行了 5000 t 级重载混编列车。

（4）2003~2014 年：大秦线开行 2 万吨，提速繁忙干线开行 5500~5800 t。

2003 年年末，经过 2 年多努力，2 万吨重载组合列车的开行，大幅度提高了大秦线的运输能力，使大秦线仅用了 4 年时间实现了运量从 2002 年的 1 亿吨到 2007 年的 3 亿吨的飞跃，创造了重载铁路年运量的世界纪录。

中国另一条重载铁路为朔黄铁路，其西联神朔铁路形成了中国第二条煤运大通道。朔黄铁路为复线铁路，采用列车自动控制技术，全长 590 km，西起山西西部的神池，东至黄骅港。2008 年，总运量超过 1.4 亿吨；目前朔黄铁路正在规划提升运力，2016 年运量达 3.6 亿吨。朔黄铁路 41%的线路位于地形复杂的山区，桥隧连绵，弯道堵坡众多，最小弯道半径为 400 m。其中，隧道 77 座，总长 66 km，最长隧道 12.8 km；桥梁 400 余座，总长 94 km。下行负重线路采用轨重 75 kg/m 的无缝轨道，返回时的上行空载线路采用轨重 60 kg/m 的轨道。目前，朔黄铁路一般运行单列 6000 t 的运煤专列，2009 年实验运行载重达 1 万吨的动力分散的组合列车。实验列车使用中国国产化的机车动力同步操控技术，同时轴重从 23 t 提升至 30 t 或 30 t 以上。

（5）2015~2024 年：我国中南通道 30 t 轴重列车专用线的建成，标志着我国重载铁路进入世界重载铁路的先进行列。山西中南部铁路通道正线长度为 1269.836 km，横贯晋豫鲁三省。该线西起山西省兴县瓦塘镇，东至山东省日照市日岙港，途经 13 个城市，全线共设车站 50 个，其中新建车站 44 个（客运站 20 个），改造车站 6 个。山西中南部铁路通道建设工程是"十二五"国家重点建设工程，我国第一条按照 30 t 重载铁路标准建设的铁路，是连接我国东西部的重要煤炭资源运输通道。线路等级为国铁 I 级双线电气化重载铁路，设计运输能力 2 亿吨/年，通车后打通了晋、陕煤炭外运大通道，比绕道渤海湾缩短 1500 km，可节约大量运输时间，提高了运输效能。

10 重载铁路钢轨伤损

10.1 世界各国重载铁路钢轨伤损

10.1.1 澳大利亚重载铁路钢轨伤损情况

西澳大利亚的纽曼和哈默斯里的铁矿专用线，由于运输条件恶劣，每天承受着轴重 30~40 t 的超重载列车的冲击和磨耗，其使用的 68 kg/m 碳素钢轨承受不了这样的运输条件，出现过如下的伤损：

（1）严重塑性变形和轨头磨损。这主要发生在轨距角处。曲线内轨和直线段钢轨出现的变形和磨损较轻。随着轨头磨损和曲线外轨变形速率的增大，还导致轨距角裂纹、掉块。这些裂纹发生在轨距角及其附近的表面，裂纹向轨头内部发展至钢轨踏面下 2 mm，最后导致钢轨的剥落。

（2）亚表面变形。钢轨的变形不仅发生在轮轨接触面，还发生在轨距角附近，特别是曲线的外轨和内轨，其加工硬化深度可达到踏面下 8 mm。这种亚表面变形如果发生在钢中夹杂物处，会导致横向或纵向裂纹的萌生。这些裂纹还会进一步发展成四种形态的宏观伤损：

1）钢轨踏面裂纹及掉块。它主要发生在钢轨踏面下 0.3~0.8 mm 存在硅酸盐类夹杂处，一般这些裂纹与踏面平行发展，最后形成钢轨薄片剥离。

2）横向伤损。它主要是在轨距角下 5~7 mm 处的硅酸盐类夹杂所引起的横向、纵向裂纹。在横向裂纹发展到一定临界尺寸时会导致钢轨发生突然断裂。

3）剥离。其实这是一种类似贝壳状裂纹，它是由硫化物和硅酸盐夹杂物所引起的，通常发生在轨距角下 5~7 mm 深处，裂纹与钢轨踏面呈 30°~40°角，一般沿着钢轨纵向发展，在剥落之前，裂纹能在轨头内扩展到 1 mm 以上。

4）波纹磨耗。钢轨的波纹磨耗主要发生在曲线外轨踏面，如不加以控制，也会发展到 1 mm 深。这些波纹的产生与多种因素有关，包括轮轨共振、路基不平、材质不均等。

10.1.2 美国、加拿大重载铁路钢轨伤损情况

北美地区是世界重载铁路的发源地，其列车轴重已普遍采用 35 t，并已开行 40 t 轴重列车，列车载重在 15000~20000 t。其重载线路上钢轨的伤损更具有代表性。主要有如下类型：

（1）轨头擦伤。随着机车牵引力的增大，在机车启动或制动过程中，发生车轮打滑空转或车轮滑动，使轮轨接触应力急速增大，因摩擦产生的高温造成钢轨踏面局部过热和黏着，在列车驶过后又急速冷却，造成轨头踏面金属塑变和分离，当这种损坏面积达到头部10%~15%以后，将会发展成掉块。

（2）轨头磨耗。轨头磨耗可分为轨头垂直磨耗和侧面磨耗，其多发生在曲线外股钢轨头部。钢轨磨耗发生的速率与轮轨接触应力和摩擦力成正比，与钢轨强度和硬度成反比。

（3）轨头压溃。在曲线外轨，需要承受列车转弯时很大的压应力和离心力，当两种力的叠加超过钢轨的屈服强度时，轮轨接触处的金属产生塑性流变，表现为轨头踏面被压溃出现飞边。

（4）轨头剥离。剥离主要发生在小半径曲线的外轨轨头距轨距角部位，开始首先出现程度不同的鱼鳞状裂纹，然后逐渐扩展成薄片状剥离。鱼鳞状裂纹方向和行车方向有关。剥离掉块深度一般为2 mm左右。当轮轨接触应力超过钢轨屈服强度时，接触表面金属将产生塑性变形；当磨耗速率小于疲劳裂纹扩展速率时，将发展成剥离掉块。特别是当轮轨接触面表层或次表层金属存在非金属夹杂时，会加速剥离裂纹的形成和发展。

10.1.3 我国重载铁路钢轨伤损情况

10.1.3.1 朔黄铁路钢轨伤损情况

从钢轨的使用情况看，其伤损类型主要有钢轨剥离掉块、上股钢轨侧磨、母材轨头核伤、焊接接头低塌。

（1）钢轨的剥离掉块：两条线路的钢轨在上线使用不到半年时间，在$R<$800 m曲线地段下股钢轨踏面曾出现连续鱼鳞状剥落掉块现象。初期都表现为鱼鳞状细微裂纹，后出现散点掉块，且发展迅速，随后形成连续剥落掉块，深度达到1~2 mm，宽度达到钢轨头部的三分之一。上股轨距角部位出现散点剥离掉块。其发生的地段基本上在半径$R<$800 m的圆曲线和接近圆缓点处的缓和曲线上。直线和大半经曲线地段钢轨使用状态基本正常。

（2）上股钢轨侧磨：随着运营时间的延长和通过总重的增加，在$R<$800 m的曲线上出现了程度不同的侧磨。朔黄线比较典型的曲线有K60和K182（$R=$500 m），到2007年3月15日测量时侧磨已达到14 mm（通过总重约2.2亿吨），通过总重约为3亿吨时因侧磨到限而下道。大秦线比较典型的曲线有K308和K309（$R=$800 m）。到2008年1月6日测量时侧磨已达到15 mm（通过总重约4.3亿吨），通过总重约为4.5亿吨时因侧磨到限而下道。

（3）母材核伤：截至2006年底，朔黄线还没有发现母材核伤轨；而大秦线发生因母材核伤引起的断轨19处，探伤检查发现处理的有38处。

（4）焊接接头低塌：朔黄线焊缝质量相对稳定，从 2005 年 5 月铺设开始到 2006 年 2 月底，新铺设的无缝线路通过总重最高为 105 Mt·km/km，最低为 58.87 Mt·km/km，不同程度出现焊缝低塌，探伤发现重伤焊缝（闪光焊和气压焊）6 处，平均每公里 0.02 处。大秦线相对比较严重，从 2005 年 4 月铺设到 2005 年 12 月新铺设无缝线路通过总重最高为 136 Mt·km/km，最低为 85.87 Mt·km/km，发现重伤焊缝（闪光焊和气压焊）274 处，平均每公里 1.79 处。

10.1.3.2　大秦线钢轨主要伤损状态及类型

大秦线西起山西省大同市韩家岭，东至河北秦皇岛港，横跨山西、北京、天津、河北两省两市，全长 653 km，2003 年大秦线首次开行万吨列车，2005 增开 2 万吨列车，运量实现了 200 Mt 的目标；2007 年运量突破 300 Mt，开行 C80 货物列车轴重达到 25 t。大秦线近年来伤损主要有曲线上股侧磨、鱼鳞剥离、曲线下股压宽、轨面擦伤、焊缝伤损以及钢轨核伤。从范围上看，上述伤损主要集中发生在小曲线半径、隧道地段。

大秦线钢轨曾发生伤损类型主要有以下几种：

（1）曲线上股侧磨。大秦线自运量逐年递增以来，曲线上股侧磨一直是钢轨伤损的主要类型之一。不论是最初铺设的普通热轧钢轨，还是 2006 年、2007 年铺设淬火轨均无法解决钢轨侧磨的问题。目前曲线半径小于 800 m 的钢轨上线 2~4 个月后就出现 5~8 mm 的侧磨，6~8 个月就达到 17~19 mm。大秦重车线 K306（曲线半径 $R=500$ m）、K308（曲线半径 $R=600$ m）曲线钢轨 2007 年已经更换两次。大秦重车线 K320+5 号轨（2007 年 11 月 16 日上线，曲线半径为 600 m）,2007 年 12 月 13 日侧磨 4 mm，2008 年 1 月 22 日侧磨已达 13 mm。

（2）曲线下股压宽。从 2004 年开始，小半径曲线轨面压宽逐年加剧。

（3）轨面鱼鳞缺陷。自 2003 年以来，大秦重车线轨面鱼鳞缺陷数量增多、速度加快，目前重车线轨面全部出现 5~30 mm 的鱼鳞缺陷。同时严重影响着超声波探伤作业，给探伤及防断工作造成了很大的困难。

（4）轨面剥离掉块。自 1 万吨列车和 2 万吨列车开行以来，曲下股轨面剥离掉块严重，尤其是小半径曲线地段。轨面的剥离掉块在列车的碾压下形成应力源，钢轨在车轮的反复冲击下极易造成断轨。

（5）轨面擦伤。从 2004 年至今钢轨擦伤深度达 2 mm 以上的计 362 处，其中以大秦重车线 K275+14 号轨、K275+15 号轨 8 处擦伤最为严重，擦伤最大深度达 11 mm。

（6）钢轨核伤（疲劳伤损）。钢轨核伤是目前最主要的伤损之一，2007 年钢轨核伤占重伤总数的 7.015%。

（7）焊缝伤损。进入 2007 年以来，大秦线共发生钢轨脆断 4 根，均为焊缝脆断，且拉开断面 3 次成圆弧形，这在 2007 年前是没有出现过的。

（8）大秦重车 K293+14 号 U75V 轨 2007 年 11 月 9 日更换上道，于 2007 年 12 月 28 日脆断。

10.2 经济发展促进重载铁路运输

我国铁路货车呈现出了快速发展的良好势头，货车轴重由中华人民共和国成立初期的 11 t 普遍发展到 21 t，新型货车目前正在向 23 t、25 t 轴重发展。载重由 30 t 发展到 50 t、60 t，进而发展到 70 t，大秦线运煤专用的 C80 型敞车载重已经达到了 80 t。货车运营速度也从 20 世纪 70 年代的 70~80 km/h 提高到 100~120 km/h。

大秦线重载轨道开通运营时，重车线铺设标准为：25 m 长新轨，60 kg/m 钢轨，弹条Ⅱ型扣件，混凝土Ⅱ和Ⅲ型轨枕；轻车线铺设标准为：25 m 长新轨，60 kg/m 钢轨，弹条Ⅰ型扣件，混凝土Ⅰ和Ⅱ型轨枕。为了提高轨道结构的强度，适应提高轴重和运量的需要，重车线现已经全线铺设跨区间无缝线路标准轨——75 kg/m PD3 型钢轨。

我国另一条重载铁路朔黄线重载轨道开通运营时，铺设 60 kg/m、25 m 标准轨，Ⅰ、Ⅱ型弹条扣件，配置混凝土Ⅱ型轨枕 1840 根/km。为了适应年运量大幅度增长和重载运输的需要，朔黄铁路在神池南—西柏坡间铺设了 75 kg/m PD3 型钢轨跨区间无缝线路，全区段采用 SC381 型 1/12 可动心轨道岔，交叉渡线采用 75 kg/m 钢轨。

为保证重载列车的安全运行，减少维修成本，必须强化重载铁路轨道结构。实践证明，采用高强度重型钢轨、铺设无缝线路、加强道床基础和改进轨枕结构是强化重载线路最主要的也是最有效的措施。

（1）钢轨：国外重载线路普遍采用 60 kg/m 及以上的重型钢轨，并通过强化钢轨的材质来提高钢轨的强度、延长钢轨的使用寿命和减少维修工作量。美国一级铁路普遍铺设了 65 kg/m 以上的钢轨，最重达 78 kg/m。为适应重载运输的发展，美国铁路还采用降低钢轨中碳含量，进行净化、去渣和去杂质的加工处理，同时提高 Mn、Si、Ni 合金含量等方法来加强其抗疲劳、耐腐蚀能力，使钢轨硬度达 500~550 HB，较大幅度地提高了钢轨寿命。澳大利亚重载运输线也基本铺设了 68 kg/m 钢轨。俄罗斯铁路重载线路大多铺设了 65 kg/m 和 75 kg/m 钢轨，并将重型钢轨进行全长热处理，屈服强度在 820 MPa 以上。巴西重载铁路使用 67.5 kg/m 钢轨。美国针对重载线路经常出现的钢轨表面裂纹、轨内裂纹进行了大量的研究试验，其开发了新 HE 型钢轨（hyper eutectold），它具有耐磨、抗表面裂纹及轨内裂纹生成的特殊性能。通过现场试铺证明，该型钢轨在曲线地段比普通钢轨耐磨性提高 38%。俄罗斯研究的巴氏钢轨也获得了较好的效果。

（2）道岔：美国、加拿大、南非、澳大利亚、巴西等国家在重载线路上普遍采用可动心轨道岔及新型菱形辙叉，以减少线路道岔区间的动力作用，提高可靠性。根据美国 2004 年的试验表明，替换原有辙叉的新型菱形辙叉，可使重载列车对线路的动载荷系数从 3.0 降至 1.3，美国采用新型菱形辙叉每年可节省维修费用 1 亿美元。目前，各种新型缓冲式轨下垫板也正在普韦布洛 FAST 环行线上进行试验。

（3）用轨顶润滑技术降低轮轨接触应力和横向力：美国铁路采用道旁润滑装置和机车润滑装置润滑轨顶。通过试验，道旁润滑装置每 1000 辆车喷油 0.35 L，可使轮轨横向力下降 32%~38%；当机车润滑装置没有润滑时，轮轨横向力为 90 kN，采用 1 个喷嘴润滑，轮轨横向力降至 60 kN，采用 5 个喷嘴润滑，轮轨横向力降至 40 kN。美国铁路运营实践表明，钢轨采用涂油润滑技术后，机车能量消耗减少 7.5%，最大可达 30%，并且使重载列车的货车和机车轮对磨削或更换数量分别减少 30% 和 50%，线路（特别是曲线区段）钢轨的使用年限延长 50%。

加拿大 QCM 铁路公司有 418.4 km 线路是曲线，其开行的铁矿石重载列车经常在曲线区段发生脱轨事故，采用轨顶润滑的技术后，没有发生脱轨事故。加拿大 CP 铁路公司采用轨顶润滑装置 5 年，曲线区段钢轨磨耗下降 43%~58%，轮轨横向力降低 40%~45%，并节省燃油 1%~3%。

随着我国重载铁路的运营和推广，特别是随着列车轴重和车速的提高，我国原有的珠光体钢轨已不能满足重载运输的需要，钢轨伤损的增加将加重铁路部门的线路维护和列车的安全。研究适应重载铁路运行所需的高强度、高韧性新型钢轨钢的任务明确提到议事日程。

10.3　世界重载铁路钢轨钢存在的主要问题

目前重载铁路的伤损主要表现为如下几个共性问题：

（1）曲线上股侧磨严重。对发生严重侧磨的曲线，重新进行超高的计算和设置，设置 10%~15% 的欠超高；采取涂固体润滑油脂方法控制钢轨的磨耗速度；通过预防性小区段、小部位打磨钢轨，减小轮轨作用力和提高钢轨疲劳抗力，从而提高钢轨使用寿命。

（2）钢轨的剥离掉块。钢轨轨面的剥离及掉块属于钢轨滚动接触疲劳伤损，主要采取以下措施来减少钢轨的剥离掉块：钢轨预防性打磨应该是解决此问题的最有效方法，但由于维修天窗紧张，很难定期进行钢轨预防性打磨工作；目前主要采取铺设热塑体弹性胶垫、补充道床道砟等手段提高轨道弹性；改善轨道平顺性，以减少车轮冲击对轨道的作用；改善轮轨接触，减少接触性疲劳伤损的发生和发展。

（3）钢轨疲劳核伤。钢轨核伤产生原因是钢轨内部在制造或使用中的缺陷，在机车负载作用下产生应力集中，疲劳源不断扩大而成。针对钢轨制造中的缺陷，通过铺设纯净性指标更高的钢轨来试验，目前总体情况较其他钢轨有很大改善。

　　根据大秦线为代表的重载线路运量大、轴重大的运输要求，根据对我国重载铁路出现的钢轨伤损情况分析，研发适合我国重载铁路运输的高强度、高韧性、抗磨耗、抗疲劳的钢轨钢新钢种，是一项紧迫任务。

11　解决重载铁路伤损的对策

11.1　重载铁路需要高强度、高韧性重型钢轨

重载铁路由于运量巨大、轴重大，对钢轨的承受能力和路基的稳定性都有特别的要求，这样才能保证行车的安全和稳定。为此，重载铁路必须采用重型轨道结构和高强度、高韧性的钢轨。据铁路部门的测定重载铁路对轨道的影响主要表现在以下几个方面：

（1）重载列车在运行时，将对钢轨和路基产生垂直压力和振动，使钢轨产生弹性变形和塑性变形，这些变形透过轨枕传递给路基，使道床下沉。若采用重型钢轨和重型轨枕，则可以减少轨道的垂直弹性变形 8% 左右，使道床的塑性下沉减少 30% 以上。

（2）钢轨在重载线路上承受着车轮比客运线路更大的碾压、滚动和滑移，钢轨产生磨耗、损伤，尤其在曲线上发生这种损伤更为严重，加速了钢轨的失效。据有关资料，UIC60 钢轨在侧磨量达到 12 mm 后，每增加 2 mm，钢轨的伤损率增加一倍，这是因为在钢轨轨头磨损相当面积后，钢轨的强度下降，疲劳伤损增加，导致钢轨伤损率增加。

（3）钢轨的磨损主要有三种：黏着磨损、磨粒磨损、疲劳磨损和腐蚀磨损。

1）黏着磨损：其磨损量与钢轨承受的载荷成正比，与钢轨的屈服强度成反比。欲减少钢轨的黏着磨损量，就必须提高钢轨的屈服强度。

$$V = KP/(3\sigma)$$

式中，V 为钢轨黏着磨损量；K 为黏着表面凸峰接触时产生磨削的概率；P 为载荷；σ 为钢轨的屈服强度。

而且，随着列车轴重的增加，轮轨接触应力增加，也是使钢轨磨损的重要因素。据计算，21 t 轴重的货车，轮轨接触应力为 849 MPa；当轴重为 23 t 时，其轮轨接触应力为 875 MPa；当轴重为 25 t 时，其轮轨接触应力可达 900 MPa。一般认为，当轮轨接触应力超过 870 MPa 时，会大大加快钢轨的磨损，所以提高钢轨的抗拉强度和屈服强度，都可减轻钢轨的黏着磨耗。

2）磨粒磨耗：这主要发生在钢轨与车轮之间存在外来颗粒或轮轨之间有磨耗金属屑时，随着轮轨之间的滑动产生的磨粒磨耗。磨粒磨耗主要与轮轨之间的剪切力有关，而剪切力又与轴重和导向力成正比，轮轨间的导向力与轴重成正

比，随着轴重的提高，磨粒磨耗也加重。可见轴重对钢轨磨粒磨耗的影响非常严重，为此，必须采用高强度、高韧性钢轨，才能保证钢轨的使用寿命。

3）表面疲劳损伤：轮轨之间的滚动摩擦，使两者的接触表面产生疲劳磨损。据测定这种疲劳磨损与轮轨间接触应力有关，而接触应力又与轴重的 1/3 次方成正比，据有关测算，当轴重为 21 t 时钢轨的寿命为 100%，当轴重增加到 23 t、25 t 时，钢轨的寿命仅有原来的 76.1%、59.3%。

（4）曲线钢轨的侧面磨耗。曲线钢轨的侧面磨耗主要与车轮轮缘与钢轨轨头间的摩擦阻力、轮轨间的摩擦距离、曲线线路的相关参数（曲线半径、曲线外轨的超高、轨距、轨底坡）、货车的轴重和转向架等因素密切相关。为改善曲线钢轨的侧面磨耗，世界各国铁路主要是通过提高钢轨的硬度抵抗车轮的磨耗，研究出合金轨或热处理轨的技术提高钢轨强度和硬度。

（5）钢轨的剥离。随着轴重的增加，轮轨的接触剪应力增大，使钢轨头踏面下的金属发生微小裂纹，随着裂纹的逐步扩展，经车轮的碾压后，轨面金属成片状剥落，对行车安全构成威胁。提高钢轨轨头硬度，可改善钢轨的剥离。

（6）钢轨的疲劳。由于钢轨要反复承受来自车轮的碾压，对车轮施加的交变应力作用使钢轨金属内部发生反复弯曲变形，这种变形在金属内的冶金缺陷相遇时，会使钢轨在应力远远小于其屈服强度时发生突然断裂。国内外的学者提出了不少评价钢轨疲劳的公式，但精度都不很高，目前还很难准确预测钢轨发生疲劳断裂的时间。但是，人们研究发现金属的抗拉强度越高，其抗疲劳强度也越高。根据这一思路，目前，提高钢轨抗疲劳的主要措施是提高钢轨的抗拉强度。

根据世界各国铁路技术部门的统计，危及铁路运输安全和使用寿命的主要问题是钢轨的伤损，如磨耗（垂直磨耗、侧面磨耗和波浪形磨耗）、剥离、核伤等。为了解决这些问题，各国做了大量的科学研究，其基本结论是：要采用重型钢轨，要解决钢轨的伤损问题，钢轨的材质必须具备高纯净度、高强度、高韧性、高精度和良好可焊性。为此，世界各国冶金企业已经采取了如下技术改造措施：

（1）各国普遍采用炉外精炼—真空脱气—大方坯连铸工艺，以便改进其材质的纯净度，提高钢轨的疲劳寿命。

（2）大多数国家采用万能法轧制钢轨，并对钢轨进行热处理，以提高钢轨的尺寸精度、强度、韧性。

（3）积极研发新型钢轨钢。

11.2　21 世纪陆路运输的发展趋势

20 世纪后期，世界各国运输经济学家就提出 21 世纪陆路运输的主要工具是：

（1）高速铁路——用于城市间客运。

（2）地下铁道和城市快速轻轨——用于大中城市市内旅客运输。

（3）重载铁路——用于运距超过 400 km 的货物运输。

（4）高速公路——用于短途旅客和货物运输。

（5）新型管道运输——用于超远距离的快速旅客和货物运输。

前三种运输方式都与铁路相关。根据有关部门的统计分析，认为 21 世纪铁路运输仍然是陆路运输的主要方式。为了提高铁路运输效率，世界各国纷纷加快高速铁路和重载铁路的发展，预计高速铁路的车速可达 350~500 km/h，重载列车的轴重可达 25~40 t。一些国家已开始生产 125 t 的车皮，以扩大重载列车运量。与铁路运输密切相关的铁路的基础材料——钢轨的研究也出现新趋势，各国都加紧研究过共析珠光体钢轨钢、贝氏体钢轨钢和马氏体钢轨钢。

11.3　面向 21 世纪铁路运输需要新型钢轨钢

11.3.1　过共析珠光体钢轨钢

为了提高铁路运输效率，铁路公司提高了货物运输重量和旅客运输速度，对重载铁路的需要，高强度的细珠光体组织的钢轨已开发出来，这种钢具有高的耐磨性和抗疲劳性能。具体的开发经历了表 1-11-1 所示的三个阶段。

表 1-11-1　开发细珠光体组织钢轨的三个阶段

时　期	采用的工艺技术	钢轨硬度（HV）
20 世纪 70 年代初期	热轧合金轨	350
20 世纪 70 年代后期	离线热处理轨	390
20 世纪 80 年代后期	在线热处理轨	390

这三个阶段研究的主要思路是，利用细珠光体最佳组织获取钢轨在曲线上耐磨性的改进。20 世纪 70 年代初研制出的珠光体高强度钢轨，后又通过离线热处理进行细化。在 80 年代后期开发的高强度钢轨，轨头深度方向硬度高，再通过在线热处理提高了耐磨性和抗疲劳性，使这些在线热处理钢轨在曲线上的寿命进一步提高。

重载铁路一直在探索将货车载重从 100 t 提高到 125 t，以达更高的运输效率。由于列车载重的提高，车轮载荷过大，加剧了钢轨磨损和发生在钢轨轨头的疲劳伤损，因而缩短了钢轨的使用寿命。为提高钢轨耐磨性，就必须使钢轨获得比常规热处理更高的硬度。为此，适当添加铬等合金元素、减小珠光体的片间距及提高热处理冷却速度，可以提高共析钢轨的硬度。正当研究人员试图用这样的方法获得更高的轨头硬度时，发现在轨头表面出现了贝氏体和马氏体组织，这又使得用共析钢来提高钢轨轨头硬度变得非常困难。这直接导致研究人员放弃了通

过减小珠光体片间距来提高轨头硬度的传统观念。通过观察发现，珠光体钢轨的
耐磨性是通过与车轮接触表面下渗碳体的积累实现的。于是提出了在不增加硬度
的前提下，通过增加渗碳体厚度来提高轨头耐磨性的新思路，从而开始了过共析
钢钢轨的研究。

随着铁路技术的进步，特别是为了提高运输效率而采取高速重载后，对钢轨
的抗疲劳性和抗磨耗性能提出了更高的要求。通过开发热处理轨，使钢轨在轨头
深度方向上硬度提高，钢轨抗疲劳性能获得改善。尽管如此，钢轨的寿命还是不
尽如人意，尤其是曲线上钢轨和重载线路上钢轨的磨耗、剥离等损伤仍然困扰着
铁路的安全运行和使用寿命的提高。日本新日铁公司的上田正治和乌钦浩一先生
在"过共析钢在重载铁路上的应用"一文中对此有专门论述。

对于重载铁路用钢轨的研究，主要集中在如何改进钢轨的抗磨耗性能方面。
解决的基本思路初期是通过减小珠光体片间距来提高其强度。具体措施是合金化
和热处理。但是由于随着合金元素的加入和冷却速度的提高，常常出现马氏体和
贝氏体，恶化钢轨性能，导致人们放弃了通过减小珠光体片间距来改进钢轨抗磨
耗性能的想法。

后来人们通过对轮轨接触区钢轨磨耗的观察，发现处于轮轨接触部分的钢轨
轨头存在着渗碳体的集聚，发现钢轨是靠渗碳体来抵抗车轮的磨耗，这一现象给
人们以启示：可以不增加硬度，而采取增加渗碳片厚度的办法来改进其耐磨性。
于是提出了改进钢轨轨头耐磨性的新思路，即采用过共析钢的技术路线，其钢轨
钢的成分和性能见表 1-11-2 和表 1-11-3。这种过共析钢轨钢在北美的重载线路上
试用，证明其使用寿命比共析钢轨钢的寿命提高了 20%。

表 1-11-2 过共析钢轨钢成分 (质量分数)   (%)

C	Si	Mn	P	S	Cr
0.9~1.0	0.5	1.0	<0.03	<0.007	0.20

表 1-11-3 过共析钢轨钢性能

抗拉强度/MPa	屈服强度/MPa	伸长率/%
1353	865	10.3

其存在的主要问题是：伸长率比共析钢轨钢要低一些，但这可以通过选择最
佳热轧条件和控制奥氏体晶粒尺寸来解决。在北美规定用于重载线路的钢轨其最
小伸长率为 10%，通过控制奥氏体晶粒尺寸到 60 μm 或更低就可满足。

为了验证在钢轨热处理过程中珠光体相变稳定性，通过对不同碳含量钢的连
续冷却相变曲线分析，研究碳含量对珠光体转变的影响。当我们关注碳含量和珠

光体转变区域的变化时，可以看到随着碳含量的增加珠光体的相变点转移到一个
高冷却速度的范围。结果表明：0.9%C 和 1.0%C 的共析钢发生非常稳定的珠光
体转变，在高冷却速度范围内不容易形成马氏体等异常组织。而常规的 0.8%C
共析钢，随着珠光体前端向高温侧转移，珠光体转变温度对冷却速度依赖性降
低，这使得从钢轨头部表面的快速冷却到内部的缓慢冷却，很容易获得均匀的硬
度，形成对韧性有害的渗碳体。为何珠光体"鼻子"随着碳含量增加而转向一
个高冷却速度范围和高温侧，需要研究。硼的加入增强了珠光体前端向高冷却速
度范围和高温侧的转移，在这种情况下碳化硼的形成促进了珠光体的转变，同时
认为过共析钢也是如此。具体分析详见图 1-11-1。

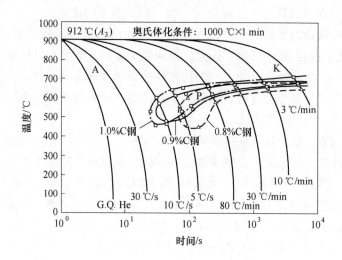

图 1-11-1　不同碳含量钢轨的相变曲线

11.3.2　过共析钢轨钢的塑性研究

众所周知，增加钢的碳含量会降低钢的塑性，图 1-11-2 和图 1-11-3 展示了碳
含量为 0.8% ~ 1.0% 钢的金相组织和强度与断面收缩率的关系。珠光体钢经过热
处理其性能要发生转变。比较强度相同的钢的碳含量与伸长率的关系，发现伸长
率随着碳含量增加而降低，其断面收缩率也一样。提高伸长率要靠细化珠光体团
和奥氏体晶粒尺寸来实现。当奥氏体晶粒尺寸相同时，比较发现含 0.9%C 钢的
伸长率比含 0.8%C 钢的要低，0.9%C 钢的奥氏体晶粒尺寸与伸长率呈线性关系，
通过降低奥氏体晶粒尺寸，含 0.9%C 钢的伸长率可提高到 0.8%C 钢的伸长率。
实验表明：通过选择最佳热轧条件和控制奥氏体晶粒尺寸，可以提高过共析钢的
塑性。当控制奥氏体晶粒尺寸在 60 μm 以下时，可以达到钢轨对伸长率的最低标
准 10%，如图 1-11-4 所示。

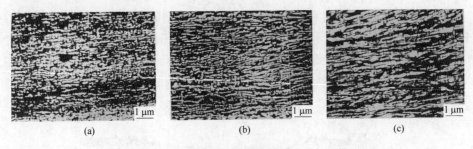

图 1-11-2 不同碳含量钢轨踏面下金相组织
（a）0.8%C 钢，试验前硬度 HV385，试验后硬度 HV665，磨损损失 1.07 g；
（b）0.9%C 钢，试验前硬度 HV395，试验后硬度 HV731，磨损损失 0.92 g；
（c）1.0%C 钢，试验前硬度 HV388，试验后硬度 HV771，磨损损失 0.69 g

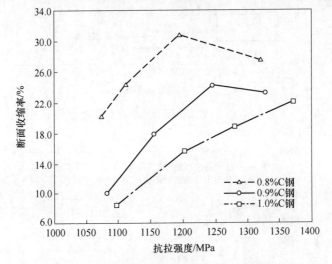

图 1-11-3 不同碳含量钢轨强度与断面收缩率关系

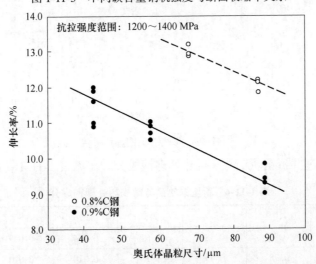

图 1-11-4 不同碳含量钢轨的奥氏体晶粒尺寸与伸长率的关系

图 1-11-5 和图 1-11-6 展示的研究结果表明：新型的过共析钢可以替代传统的过共析钢，尤其是可以用于制作经热处理的高强度钢轨。为了提高钢轨的耐磨性，使其在轨头的深度方向具有均匀的高硬度，可以通过在热轧过程中控制奥氏体晶粒尺寸而实现。这样就避免了提高碳含量而导致的钢轨塑性降低的问题。

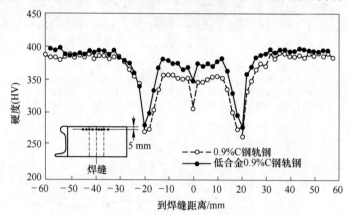

图 1-11-5　新型钢轨钢焊点纵断面硬度分布

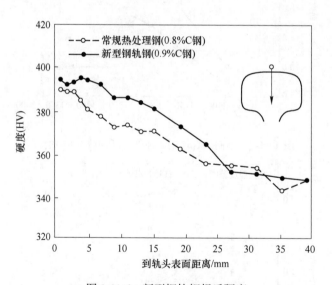

图 1-11-6　新型钢轨钢焊后硬度

一种新型过共析钢轨钢与常规热处理钢成分对比见表 1-11-4。

表 1-11-4　新型钢轨钢与常规热处理钢成分　　　　　　　　　　　（%）

钢　种	C	Si	Mn	P	S	Cr
新型钢轨钢	0.89	0.48	0.61	0.014	0.009	0.25
常规热处理钢轨钢	0.78	0.43	1.10	0.010	0.010	0.24

对新型过共析钢轨钢进行拉伸检测，其屈服强度为 860 MPa，抗拉强度为 1340 MPa，伸长率大于 10%（见表 1-11-5）。这样的性能能满足重载铁路规程要求。

表 1-11-5 新型钢轨钢性能

取样部位	屈服强度/MPa	抗拉强度/MPa	伸长率/%	断面收缩率/%
头部踏面中心	865	1353	10.3	24.8
头部轨角	889	1348	10.9	22.4

新型过共析钢轨与常规热处理钢轨轨头硬度分布无明显差异，但在头部深部位置过共析钢比共析钢硬度更高，更适合在重载线路上使用。

综上研究可以得出如下结论：

（1）通过提高珠光体内渗碳片密度可以有效提高钢轨耐磨性，这比传统的通过减小珠光体片间距更好。

（2）在硬度相同的条件下，过共析珠光体钢的磨损要小。

（3）过共析珠光体钢的伸长率低于常规共析钢。过共析珠光体钢的伸长率与奥氏体晶粒尺寸及珠光体团尺寸有很好的相关性。降低奥氏体晶粒尺寸可以提高过共析珠光体钢的伸长率。

（4）过共析钢可以提高轨头的耐磨性和抗疲劳破损性。

焊接接头的性能：采用闪光对接焊接工艺，焊机为 K-355 型，0.9%C 过共析钢轨在热影响区的硬度为 HV350，为增加接头热影响区的耐磨性，可以通过增加硅和铬含量解决，进而研究以过共析钢为基础的低合金钢轨钢的开发，提高其可焊性和改善磨耗伤损。

提高珠光体组织中渗碳体密度的研究，所开发的过共析钢轨其耐磨性比常规热处理钢提高了 20%。同时，提高了钢轨轨头深部的硬度，抑制了轨头内预共析 α 相的形成，以增加轨头的抗疲劳伤损能力。其具有与传统的热处理轨相当的力学性能和可焊性。

11.3.3 研发新型钢轨钢

英国钢铁公司的专家研究发现珠光体钢轨钢的强度已经达到它的极限，仅能在理论值与正常生产值之间的上限有所提高，但这种提高是有限的，况且珠光体钢也存在脆性和断裂韧性低的问题。

为了满足高速重载铁路对钢轨钢更高强度的要求，该公司技术中心开发了两种新钢种：贝氏体钢轨钢和马氏体钢轨钢。这两种钢与珠光体钢有着完全不同的结构，它们的断裂韧性、耐磨性和抗疲劳性能比珠光体钢有明显提高。其性能指标优于珠光体钢，详见表 1-11-6。

表 1-11-6　珠光体钢与马氏体钢、贝氏体钢性能比较

钢　种	抗拉强度 /MPa	屈服强度 /MPa	伸长率 /%	硬度 (HB)	断裂韧性 /N·mm$^{-3/2}$	轮轨磨耗 /g	接触疲劳强度/MPa
珠光体钢	1250	850	10	370	35	25~80	275
马氏体钢	1350	950	13	395	90	35~65	300
贝氏体钢	1350	800	15	395	60	3~6	450

11.3.4　对我国重载线路上出现的伤损钢轨的检验分析

出现在曲线上股的钢轨侧磨，除铁路工务部门要合理设置曲线的超高和采用适合的轮轨润滑外，提高钢轨抗疲劳寿命是重要措施之一。对于钢轨轨头出现的剥离掉块，除铁路工务部门要对钢轨采取预防性定期打磨外，必须提高钢轨抗轮轨接触疲劳性能。对于出现的钢轨核伤问题，主要是钢轨钢中夹杂物引起的，减少钢轨钢中夹杂物含量、提高钢的纯净度是当务之急。针对上述我国重载铁路存在的伤损问题，不能沿用传统思路，即通过改善珠光体组织、成分和性能关系解决。国内外大量的研究表明：珠光体钢轨钢其性能已无法满足重载铁路运行的需要，我们必须研究出一种具有高强度、高韧性抗磨耗的新钢轨钢，根据 20 世纪世界各国的研究成果看，马氏体/贝氏体复相钢轨钢是最优选择。而研究发现马氏体/贝氏体复相钢的综合性能比贝氏体钢更好，应是我们研究的首选，其极具良好的研究前景。主要解决如下问题：合理确定马氏体/贝氏体复相钢轨钢的强度和韧性指标，特别是其抗疲劳强度指标；根据其性能指标要求，设计钢轨钢的成分；根据性能和成分，设计钢轨钢的最佳组织比例；根据性能要求，制定钢轨钢的冶炼、轧制、热处理最优工艺。

12　世界各国贝氏体钢轨钢现状

　　铁路的快速发展，特别是随着轴重和车速的提高，钢轨的问题增加，尤其是对行车安全构成威胁的几大钢轨伤损，如疲劳断裂、剥离掉块、压溃等问题日益突出，经世界各国冶金和铁路材料专家的长期研究发现，上述问题的出现与钢轨的材质密切相关。特别是在大轴重情况下的重载运输所发生的钢轨伤损，与钢轨材料的强度和塑性有关。过去使用的珠光体类型的钢轨钢已不能满足高速铁路提速和重载增加轴重的需要，必须提高钢轨钢的强度和韧性。而珠光体钢轨钢很难达到上述要求，欲解决上述问题，世界各国的材料专家提出了 21 世纪铁路钢轨钢两大发展方向：

　　（1）研发过共析珠光体钢轨钢。

　　（2）研发强度更高、韧性更好的马氏体/贝氏体钢。

12.1　过共析珠光体钢轨钢的研究

　　世界各国从 20 世纪 70 年代初，为提高钢轨钢的抗拉强度和屈服强度，解决普通珠光体钢轨钢不耐磨的问题，首先开始研发轧态的合金钢轨钢，使钢轨钢的硬度提高到 HV350。在 70 年代后期，又开始尝试采用热处理方法生产高强度钢轨钢，热处理的钢轨钢硬度可达 HV390。在 80 年代，为节约能源，研发在线热处理工艺，钢轨钢硬度也可达到 HV390。通过开发热处理钢轨，使钢轨在轨头深度方向硬度提高，钢轨的抗疲劳性能改善，尤其是延长了曲线上的钢轨寿命。

　　对于重载铁路用轨的研究，主要集中在如何改善钢轨抗磨耗性方面。研究发现通过增加合金元素和热处理，即通过减少珠光体片间距来提高强度，往往出现马氏体、贝氏体，使钢轨韧性变差。通过对线路钢轨磨损的观察和检验，发现在轮轨接触区轨头存在渗碳体的堆积，使其抗磨耗性能得到提高，提示人们可以通过增加珠光体团中渗碳体片厚度来提高钢轨耐磨性的新思路，即研究过共析钢轨钢的建议和实验。过共析钢的成分为：C 0.9%~1.0%、Si 0.5%、Mn 1.0%、P≤0.003%、S≤0.007%、Cr 0.020%。其屈服强度为 865 MPa，抗拉强度为 1253 MPa，伸长率为 10.3%。这种过共析珠光体钢轨钢经在线路上试铺，效果良好，使钢轨的使用寿命延长约 20%。过共析珠光体钢轨钢在北美铁路获得推广。随着重载铁路的发展，提高钢轨钢的强度是解决钢轨不耐磨的第一选择。世界各国的冶金材料学者从 20 世纪 80 年代就开始了研究贝氏体钢轨钢的尝试。为方便了解各国研究情况，将分国别介绍。

12.2　世界各国贝氏体钢轨钢的研究

12.2.1　英国

英国罗必拉姆（Rotherham）公司的技术中心和沃金顿厂首先开发了贝氏体、马氏体钢轨钢，其性能比珠光体钢在断裂韧性、耐磨性和抗疲劳性能上有很大提高，尤其是冲击韧性更为优秀。具体可见表 1-12-1。

表 1-12-1　英国罗必拉姆公司开发新型钢轨钢性能

钢种	抗拉强度/MPa	屈服强度/MPa	伸长率/%	硬度（HB）	断裂韧性/N·mm$^{-3/2}$	磨耗（轨）/g	磨耗（轮）/g	接触疲劳强度/MPa	备注
珠光体钢	1250	859	10	370	30/35	25	80	275	在线热处理
马氏体钢	1350	950	13	395	70/90	35	65	300	
贝氏体钢	1350	800	15	395	50/60	6	3	450	

英国钢铁公司在《改进的无碳化物贝氏体钢及其生产方法》中给出了其研究的贝氏体钢的成分和性能，见表 1-12-2 和表 1-12-3。

表 1-12-2　英国钢铁公司研究的贝氏体钢的成分　　　　　　（%）

C	Si	Mn	Cr	Ni	S/P	W	Mo	Cu	Ti	V	B
0.10~0.35	1.0~2.50	1.00~2.50	0.25~2.50	≤3.00	≤0.025	≤1.00	≤1.00	≤3	≤0.10	≤0.50	≤0.005

表 1-12-3　英国钢铁公司研究的贝氏体钢的性能

钢种	屈服强度/MPa	抗拉强度/MPa	伸长率/%	断面收缩率/%	硬度（HV）	冲击韧性/J	断裂韧性（-20 ℃）/N·mm$^{-3/2}$	磨耗/g	备注
MHT	800~900	1150~1300	9~13	20~25	360~400	3~5	30~60	20~30	热处理
贝氏体钢	730~1230	1250~1600	14~17	40~55	400~500	20~39	45~60	3~36	

英国钢铁公司还研制了抗轮轨接触疲劳的贝氏体钢 BLF320 和 BLF360，该钢铺设在法国高速线上。另外还研制了 TITan 贝氏体钢，其化学成分为：C 0.1%、

Mn 2.0%、Cr 3.0%、Ni 3.0%、Mo 0.5%、B 0.003%、Si 1.75%。

12.2.2 澳大利亚

澳大利亚的铁矿重载运输一直受到钢轨损伤的困扰。为了解决钢轨磨损严重剥离掉块问题，玛日查（S. Marich）团队开展了通过合金化提高钢轨钢强度和韧性的研究，同时探讨了复相钢轨钢的成分、组织和性能的关系。为便于比较，他们设计选取三种类型的合金钢轨钢：

（1）Cr-Nb-V 系列钢轨钢。其成分和性能见表 1-12-4 和表 1-12-5。

表 1-12-4　Cr-Nb-V 系列钢轨钢成分　　　　（%）

实验号	C	Mn	Si	P	S	Cr	Nb	V	备注
1	0.71	0.80	0.15	0.02	0.02				碳素钢
2	0.71	1.39	0.17	0.93	0.03	0.70	0.06	0.08	实验钢

表 1-12-5　Cr-Nb-V 系列钢轨钢性能

实验号	屈服强度/MPa	抗拉强度/MPa	伸长率/%	断面收缩率/%	硬度（HV）	冲击韧性/J	显微组织/%
1	461	889	13.5	15.5	252	29	100P
2	783	1194	8.5	15.5	362	13	65B+20M+15P

注：P—珠光体；B—贝氏体；M—马氏体。

（2）Cr-V 系列钢轨钢。其成分和性能见表 1-12-6 和表 1-12-7。

表 1-12-6　Cr-V 系列钢轨钢成分　　　　（%）

实验号	C	Mn	Si	P	S	Cr	V
1	0.71	0.80	0.15	0.02	0.02		
2	0.67	1.76	0.27	0.02	0.02	0.72	0.11

表 1-12-7　Cr-V 系列钢轨钢性能

实验号	屈服强度/MPa	抗拉强度/MPa	伸长率/%	断面收缩率/%	硬度（HV）	冲击韧性/J	显微组织/%
1	461	889	12.5	15.5	252	29	100P
2	772	1224	16	21	362	15	60M+5B+35P

（3）Cr-Mo 系列钢轨钢。其成分和性能见表 1-12-8 和表 1-12-9。

表 1-12-8　Cr-Mo 系列钢轨钢成分　　　　　（%）

实验号	C	Mn	Si	P	S	Cr	Mo	V
1	0.71	0.80	0.15	0.02	0.02			
2	0.72	0.87	0.17	0.02	0.02	0.77	0.27	

表 1-12-9　Cr-Mo 系列钢轨钢性能

实验号	屈服强度 /MPa	抗拉强度 /MPa	伸长率 /%	断面 收缩率/%	硬度 (HV)	冲击韧性 /J	显微组织 /%
1	461	889	13.5	15.5	252	29	100P
2	858	1238	6.5	13.5	380	15	75B+25M

从澳大利亚开发的几类钢轨钢的实验数据可以看出：

（1）珠光体钢轨钢轧态的强度基本在 1000 MPa 左右，其他性能没有多大变化。提高钢轨钢强度的方法主要是对碳素轨进行热处理或采用合金钢，无论是采用 Cr-Nb-V 系列、Cr-V 系列还是 Cr-Mo 系列的合金钢都可以大幅度提高钢轨钢的强度。若要生产单一贝氏体钢轨钢，采用 Cr-Mo 系列合金钢更好。若要生产马氏体钢轨钢宜采用 Cr-Nb-V 系列合金钢。若要生产马氏体/贝氏体复相钢轨钢则采用 Cr-V 系列合金钢更好。

（2）上述几种合金钢，在轧后或焊接后均需要进行正火+回火或回火处理才能得到优良的综合性能。

12.2.3　俄罗斯

俄罗斯学者 A. Hnkntnh 在研究时发现，珠光体片间距极限是 0.1 μm，按照目前技术工艺可使其片间距达到 0.12~0.22 μm，很难再提高。也就是说通过提高珠光体片间距的方法已走到了尽头，需要另辟新途径。于是，人们开始对采用贝氏体钢作为钢轨钢的研究。

为了获得贝氏体理论上有两种方法：一种是采用强化热处理，另一种是合金化，从技术难度看后者更可取。通过试验发现贝氏体比珠光体具有更高的强度和韧性。俄罗斯学者认为设计贝氏体钢的化学成分的理论前提是：贝氏体组织要均匀，并有较宽的冷却速度。他们设计的贝氏体钢的化学成分见表 1-12-10。

表 1-12-10　俄罗斯学者设计的贝氏体钢的化学成分　　　　（%）

C	Si	Ni	Mn	Cr	Mo
0.20、0.48	0.18、0.34	0.19、0.85	0.50、1.55	0.45、3.10	0.28、0.55

设计的力学性能目标：抗拉强度 $\sigma_b \geq 1200$ MPa，伸长率 $\delta \geq 8\%$，断面受收

缩率 $\gamma \geqslant 25\%$。

经过 10 多炉试验和性能检验其研究结果如下：

（1）成分分别为 C 0.47% 和 0.51%、Mn 1.15% 和 1.59%、Si 1.22% 和 1.60%、Cr 1.17% 和 1.25% 的两种钢轨钢，经过常化处理后抗拉强度为 1615 MPa 和 1630 MPa，屈服强度为 1240 MPa，伸长率为 4% 和 6%，断面收缩率为 4% 和 9%，硬度为 HB541。

（2）化学成分为 C 0.34%、Mn 1.56%、Si 1.24%、Cr 0.33%、Mo 0.14%、V 0.14% 的钢轨钢，经过常化处理后，其贝氏体结构的钢性能最好：抗拉强度为 1400 MPa，屈服强度为 990 MPa，伸长率为 12%，断面收缩率为 21%，硬度为 HB401。

（3）开展了不同热处理方式对贝氏体钢结构和特性影响的研究，得出了相关关系式。对 C 0.26%、Mn 0.9% ~ 1.8%、Si 0.76% ~ 1.40%、Cr 0.41% ~ 1.20% 的钢轨钢，其成分与性能的关系经数据处理后得到如下关系式：

$$
\begin{aligned}
抗拉强度 = {} & 594.1 - 5409.8w(\mathrm{C}) + 9650.3w(\mathrm{C})^2 + 308.1w(\mathrm{Mn}) - \\
& 33.7w(\mathrm{Mn})^2 + 774.66w(\mathrm{Si}) - 217.9w(\mathrm{Si})^2 + \\
& 545.1w(\mathrm{Cr}) - 18.9w(\mathrm{Cr})^2 \quad (R^2 = 0.97)
\end{aligned}
$$

$$
\begin{aligned}
屈服强度 = {} & 338.9 - 1290.4w(\mathrm{C}) + 4820.5w(\mathrm{C})^2 - 358.7w(\mathrm{Mn}) + \\
& 170.6w(\mathrm{Mn})^2 - 319.2w(\mathrm{Si}) + 331.1w(\mathrm{Si})^2 + \\
& 875.5w(\mathrm{Cr}) - 189.9w(\mathrm{Cr})^2 \quad (R = 0.93)
\end{aligned}
$$

（4）研究发现：当回火温度超过 450 ℃时，钢会软化。回火温度主要影响钢的冲击韧性，只要将回火温度控制在 350 ℃就可使冲击韧性升高。回火温度高于 400 ℃是不合理的，最合适的回火温度是 350 ℃，不仅可以不降低强度，又可以提高钢的塑性和抗冲击韧性。

（5）贝氏体钢轨钢热处理工艺的研究：采用的实验钢成分为 C 0.34%、Mn 1.56%、Si 1.24%、Cr 1.10、Mo 0.3%。对上述实验钢可以采用三种不同的热处理工艺：

1）单一热处理工艺，在轧制后以 0.2 ℃/s 的冷却速度进行空冷后，再经过 350°回火。

2）复合热处理工艺，对钢轨钢经行常化和 350°回火。

（6）研究的结论是贝氏体钢轨钢的最佳化学成分见表 1-12-11。

表 1-12-11　贝氏体钢轨钢的最佳化学成分　　　　（%）

钢种	C	Mn	Si	Cr	Mo	V	N	Al	P	S
低碳	0.04	1.6	1.3	1.2	0.2	0.11	0.018	0.010	0.016	0.008
中碳	0.32	1.48	1.21	1.0	0.2	0.13	0.012	0.010	0.017	0.005

俄罗斯的下塔吉尔专家 A. B. K. Ywhap 在其一篇题为"贝氏体钢轨生产工艺及贝氏体化学成分的研究"的文章中指出：通过轧后空冷得到贝氏体组织，其贝氏体钢的成分设计是以中碳为基，该实验钢的化学成分设计见表 1-12-12。

表 1-12-12　实验钢的化学成分　　　　　　（%）

C	Mn	Si	Cr	Ni	V	N	Al	O	P	S
0.32~0.40	1.40~1.60	0.70~1.00	1.30~1.50	1.10~1.90	0.10~0.15	0.10~0.20	0.005	0.002	≥0.020	≥0.025

他们采取的生产工艺是转炉—真空脱气—连铸—钢坯加热—轧制—保温炉—冷床冷却。在实验中发现：在空冷的条件下，当冷却速度在 0.1~1 ℃/s 时其组织为贝氏体和马氏体。当冷却速度大于 1 ℃/s 时仅生成马氏体。当轧制后冷却速度控制在 0.2~0.3 ℃/s 时，得到的是贝氏体组织。经过多次试验对比，找到了最佳参数：在 300 ℃下回火 1 h，得到的贝氏体钢具有良好的塑性和耐冲击韧性，这种钢轨适合在小半径曲线和低温下工作。其具体性能见表 1-12-13。

表 1-12-13　实验钢的性能

项目	屈服强度/MPa	抗拉强度/MPa	伸长率/%	断面收缩率/%	冲击韧性（20 ℃）/J·cm⁻²	冲击韧性（-60 ℃）/J·cm⁻²	踏面硬度（HB）	轨腰硬度（HB）	轨底硬度（HB）
无回火	1154~1213	1362~1390	13~15	44~57	53~82	30~41	438~464	383	477~492
300 ℃、1 h 回火	1247~1288	1462~1509	16	43	56~76	33~41	438~477	415~426	477~507

从上述实验结果看：当回火温度为 300 ℃、回火时间为 1 h 时可以避免出现珠光体，这时的组织是带有马氏体板条的下贝氏体和残余奥氏体。当回火温度高于 400 ℃时，会出现片状珠光体，使钢的冲击韧性降低。根据上述实验开发的钢种，轧成 65 kg/m 钢轨，在全俄铁路研究所环路上运行，效果良好。他们认为：提高贝氏体钢轨钢的使用性能，不是靠提高强度，而是要通过降低非金属夹杂保证钢的纯净度和降低钢轨的微观和宏观应力来实现。

俄罗斯的铁路部门对贝氏体 P65 的热处理钢轨（Э30ХГ2САФМ）进行了线路测试，测试是在轴重 27 t 条件下进行的。经测试后测定，该钢轨的侧面磨耗为 0.18 mm/100 万吨公里，垂直磨耗为 0.13 mm/100 万吨公里，比普通珠光体淬火轨（0.20mm/100 万吨公里及 0.16mm/100 万吨公里）分别降低了 10% 和 23%。该实验钢的成分见表 1-12-14。

表 1-12-14　贝氏体 P65 实验钢的成分　　　（%）

C	Mn	Si	P	S	V	Al	Cr	Ni	Cu	N_2	Mo	O_2
0.32	1.48	1.21	0.017	0.005	0.13	0.008	1.00	0.07	0.09	0.012	0.20	0.0016

钢轨经过 870 ℃正火和 350 ℃回火处理后性能见表 1-12-15。

表 1-12-15　钢轨垫处理后性能

抗拉强度 /MPa	屈服强度 /MPa	伸长率 /%	断面收缩率 /%	冲击韧性/J·cm^{-2}		硬度 (HB)
				20 ℃	-60 ℃	
1310	1150	13	39	78~83	25~28	388

从该实验研究可以看出：

（1）Cr、Si、Mn 元素对改善钢轨的塑性和冲击韧性有良好作用。

（2）该钢采用 350 ℃常化+回火处理，可以得到硬度、塑性和冲击韧性的良好组合。

（3）今后欲提高贝氏体钢轨钢的使用性能，技术方向不是靠单一提高钢的强度，而是要通过降低钢中非金属夹杂保证钢的纯净度和降低钢轨的微观和宏观应力水平来实现。

12. 2. 4　美国

美国研究开发了 J6、J9 实验钢，采用 C-Mn-Cr-Mo-B 系列合金元素，其显微组织是无碳化物贝氏体，具体成分及性能见表 1-12-16 和表 1-12-17。

表 1-12-16　J6、J9 实验钢的成分　　　（%）

实验号	C	Mn	Si	Cr	Mo	Ni	B
J6	0.258	2.00	1.810	1.930	0.5100	0	0.003
J9	0.261	1.81	1.730	0.140	0.470	3.020	0.062

表 1-12-17　J6、J9 实验钢的性能

实验号	屈服强度/MPa	抗拉强度/MPa	伸长率/%	备注
J6	990	1400	5.9~6.4	轧态
J6	1190	1513	12.90	热处理

J6 实验钢轧制成钢轨和道岔，在环线上铺设实验，发现比淬火珠光体钢轨抗接触疲劳性能优异。

12. 2. 5　日本

日本钢管和新日铁都进行了贝氏体钢轨钢的研究，日本钢管采用 C-Mn-Si-

Cr-Mo 系列的贝氏体钢轨钢，新日铁采用的是 C-Si-Mn-Cr 系列贝氏体钢轨钢。日本研究的贝氏体钢轨钢成分和性能见表 1-12-18 和表 1-12-19。

表 1-12-18　日本研究的贝氏体钢轨钢成分　　　　　　　（%）

厂家	C	Mn	Si	Cr	Mo	Nb	V	Ti	B	Cu
日本钢管	0.20~0.55	0.40~2.10	0.40~0.45	≤2.0	≤2.0	≤0.15	≤0.10			
新日铁	0.15~0.45	0.30~2.0	0.15~2.0	0.50~3.0						

表 1-12-19　日本研究的贝氏体钢轨钢性能

厂家	抗拉强度/MPa	伸长率/%	断裂韧性/$N \cdot mm^{-3/2}$	疲劳强度/MPa	硬度（HV）
日本钢管	1420	15.5	98	870	260~295
新日铁	1526	16.6	103	910	308

关于贝氏体钢的焊接裂纹问题：经过多年实验研究，提出了对贝氏体钢焊接的碳当量公式和建议。其中 K. Hulk 先生提出的贝氏体碳当量公式为：

$$w(Ce) = w(C) + w(Mn+Si)/6 + w(Ni+Cu)/15 + w(Cr+Mo+V)/5$$

（1）当 $w(Ce) = 0.3\% \sim 0.8\%$ 时，碳含量小于 0.13% 的条件下，焊接不会出现裂纹。

（2）当 $w(Ce) = 0.5\% \sim 0.8\%$ 时，碳含量大于 0.13% 的条件下，焊接困难。

（3）当 $w(Ce) = 0.3\% \sim 0.6\%$ 时，碳含量大于 0.13% 的条件下，必须严格控制焊接工艺。

12.2.6　波兰

波兰开发了两种低碳贝氏体钢 RB370 和 RB380，两种钢微观组织均是下贝氏体，其综合性能优良，见表 1-12-20。

表 1-12-20　波兰开发的低碳贝氏体钢综合性能

钢种	显微组织	抗拉强度/MPa	屈服强度/MPa	伸长率/%	断面收缩率/%	冲击韧性/J		断裂韧性/$N \cdot mm^{-3/2}$		硬度（HBW）
						-60 ℃	20 ℃	室温	-20 ℃	
RB370	贝氏体	1192~1211	843~858	12.2~14.1	38.6~43	28.3~33.9	31.2~36.2	51.9~54.5	40.5~42.3	371~378
RB380	贝氏体	1347~1353	825~832	13.0~14.9	43~49	33.2~38.4	73.1~79.1	90.5~92.1	61.2~63.0	390~398
R350	珠光体	1080~1098	700~712	10.3~11.2			23.2~25.6	73.2		350~390

12.3 国外研究的基本思路

（1）解决大轴重下的重载铁路钢轨的磨耗、剥离等问题，经实验检验分析发生伤损的主要因素与钢轨钢因强度不足而产生的塑性变形有关，要减少钢轨的伤损，必须提高钢轨钢的强度。

（2）相比碳素珠光体钢轨钢，合金钢的强度可以大幅提高。同时其对缺陷的敏感性和应力也提升，为确保钢轨钢的使用安全，需要对其进行轧后或焊接后热处理。

（3）对碳素珠光体钢轨钢不应简单认为其不适合重载铁路要求，人们对珠光体钢轨钢的认识还在不断深化。日本 JFE 研发的超级珠光体 SP 钢轨钢，其性能与贝氏体钢相当。

SP4 珠光体钢与 NHH370 贝氏体钢成分见表 1-12-21。SP4 钢的屈服强度为 1002 MPa，抗拉强度为 1457 MPa，伸长率为 13.3%。其轨头表面的珠光体片间距为 69 nm，而 NHH370 钢的片间距为 90 nm，在距轨头踏面 25.4 mm 处的片间距为 81 nm，同样处 NHH370 钢的片间距为 130 nm，可以看出 SP4 钢是一种片间距极细的超级珠光体钢，这也是它性能优良的原因。其在美国环线上实验，比 NHH370 钢轨寿命提高 10%，现已获得澳大利亚矿山订货。

表 1-12-21　SP4 珠光体钢与 NHH370 贝氏体钢成分　　　　　（%）

钢种	状态	C	Si	Mn	P	S	其他
SP4	在线热处理	0.80	添加	添加	≤0.02	≤0.005	Cr+V
NHH370	离线热处理	0.80	0.31	1.14	≤0.02	≤0.005	Cr

12.4 我国对贝氏体钢轨钢的研究

从 20 世纪 90 年代开始，我国各研究机构和钢铁企业，都陆续跟踪世界贝氏体钢轨钢的研究动态，并开展了自己的研究。现分述如下：

（1）1998 年清华大学和宝鸡桥梁厂合作首先开发出道岔用贝氏体钢轨钢。该钢是采用 Mn-Si-Cr 系列的贝氏体钢，其抗拉强度为 1500 MPa，硬度为 HRC45。

（2）2000 年开始清华大学与北京特冶工贸公司合作经历 10 年研究开发出 U20Mn2SiCrMo 新型贝氏体钢轨钢，其组织为贝氏体+马氏体+少量残余奥氏体。该钢轧后经回火处理，其成分和性能见表 1-12-22 和表 1-12-23。该贝氏体钢轨暂行技术条件已通过铁道部门审定。

表 1-12-22　　U20Mn2SiCrMo 钢的成分　　　　　　　　　（%）

项目	C	Si	Mn	P	S	Ni	Cr	Mo
钢轨用	0.16	0.70	2.10	0.025	0.015	0	0.6	0.15
撤岔用	0.25	1.20	2.45			0.7	1.2	0.6

表 1-12-23　　U20Mn2SiCrMo 钢的性能

项目	屈服强度 /MPa	抗拉强度 /MPa	伸长率 /%	断面收缩率 /%	冲击韧性 (20 ℃)/J	踏面硬度 （HB）	备注
钢轨用	>1000	>1280	>12	>40	>70	360~430	回火
撤岔用	>1000	>1350	>12	>40	>70	360~430	

（3）鞍钢与西北工业大学合作开发出一种贝氏体钢轨钢，其成分和性能见表 1-12-24。

表 1-12-24　　鞍钢与西北工业大学开发的贝氏体钢轨钢成分和性能

成分/%				抗拉强度 /MPa	冲击韧性 /J	硬度 （HBW）	断裂韧性 （-20 ℃） $/N \cdot mm^{-3/2}$	备注
C	Si	Mn	Mo					
0.18~ 0.28	1.4~ 1.75	1.6~ 2.4	0.3~ 0.6	1200	50~ 100	352~ 375	>50	回火

（4）攀钢开发的贝氏体钢轨钢 PB2，其成分及性能见表 1-12-25。

表 1-12-25　　攀钢开发的贝氏体钢轨钢 PB2 的成分及性能

成分/%					抗拉强度 /MPa	备注
C	Si	Mn	Cr	Mo		
0.15~0.3	1.0~1.8	1.5~2.5	0.2~0.6	0.05~0.1	1400	回火

（5）燕山大学开发的含铝贝氏体钢轨钢，其成分性能见表 1-12-26。

表 1-12-26　　燕山大学开发的含铝贝氏体钢轨钢成分及性能

成分/%									抗拉强度 /MPa	冲击韧性 /J	硬度 （HBW）	断裂韧性 （-20 ℃） $/N \cdot mm^{-3/2}$	备注
C	Mn	Al	Cr	Mo	W	Si	P	S					
0.42~ 0.55	0.5~ 0.9	1.0~ 1.5	0.2~ 0.5	0.6~ 1.0	0.1~ 1.4	0.5~ 0.8	≤ 0.02	≤ 0.02	1200	50~ 100	352~ 375	50	回火

（6）铁道科学研究院金化所开发了一种贝氏体钢轨钢，其成分及性能见表 1-12-27。

表 1-12-27　铁道科学研究院金化所开发的贝氏体钢轨钢的成分及性能

成分/%				屈服强度/MPa	抗拉强度/MPa	伸长率/%	断面收缩率/%	冲击韧性/J	硬度（HRC）	备注
C	Si+Mn	Cr+Mo+V+B	P+S							
0.2~0.4	2.5~3.2	1.0~1.5	≤0.2	1150~1166	1310~1321	14.5~17	51~59	60~70	39~42	回火

当前我国贝氏体钢轨钢研究存在的问题和今后改进建议：

（1）我国还没有贝氏体钢轨钢的国家标准，目前仅有行业或企业的暂行技术条件，各个企业标准水平差距较大无法比较。根据我国铁路尤其是重载运输的需求，特别是随着轴重的进一步提高，需要开发强度大于 1500 MPa 级的贝氏体钢轨钢，满足 40 t 轴重货运列车的要求，提高钢轨钢抗疲劳性能是今后重载铁路用钢轨的关键指标。同时还应尽快研究制定符合我国资源条件和重载铁路需要的贝氏体钢轨钢标准，指导我国铁路钢轨的研究和生产。

（2）目前研究出的贝氏体钢轨钢抗疲劳性能优于珠光体钢轨钢，但其耐磨耗性能并不凸显，甚至国外也有的报道不如珠光体钢。如何使开发的贝氏体钢轨钢在耐磨耗性能上也有所提高，也是今后贝氏体钢轨钢的一个重要课题。

（3）在我国的研究过程中发现，随着贝氏体钢轨钢强度的提高，其对钢质纯净度的敏感性增强，如何提高贝氏体钢轨冶炼的纯净度是一个亟待解决的问题。

（4）随着贝氏体钢轨钢强度的提高，钢轨矫后的残余应力很大，往往造成钢轨的早期伤损，需要认真研究改进钢轨的矫直工艺。

（5）对贝氏体/马氏体等系列的复相钢的研究仅仅是开始，如何确保其成分、性能和组织与热处理工艺之间的最佳匹配关系，应是今后研究工作的重点。

第 2 篇　钢轨与型钢孔型设计原理

1　H 型钢万能法孔型设计

1.1　H 型钢的轧制方法

从 1876 年第一根 H 型钢问世至今已有一百多年了。一百多年来。人类对 H 型钢的轧制方法进行了许多大胆的尝试和探索，今天终于找到了广泛采用的高效率的万能轧制法。

H 型钢的轧制方法按历史的顺序，可大致分为以下三类：

(1) 利用普通二辊或三辊式型钢轧机的轧制法；

(2) 利用一架万能轧机的轧制法；

(3) 利用多机架万能轧机的轧制法。

1.1.1　普通二辊或三辊式型钢轧机轧制 H 型钢

这是一种最古老的生产 H 型钢的方法，第一根 H 型钢就是采用这种方法轧成的。这种轧制方法大多采用生产普通工字钢的直轧法、斜轧法和弯腰对角轧法生产工艺。其中最典型的是 1876 年德·步伊涅所采用的斜轧与直轧混合法，用这种方法轧出了 80 mm×80 mm 的 H 型钢，其具体孔型配置如图 2-1-1 所示。

这种轧制方法只能轧制小规格的 H 型钢。由于斜配孔型导卫装置复杂，轧机调整不易控制，故生产效率不高，质量也不稳定，最大缺点是不能生产中等规格以上的宽腿 H 型钢。

为能在普通二辊或三辊式轧机上轧出宽而薄的腿部，人们还采用在成品机架上专门设置立辊的方法来轧制 H 型钢（这实际上是万能轧机的前身），因为立辊可以垂直加工腿部，这样可轧出腿部较长的 H 型钢。也有的采用在普通二辊或三辊式轧机上装置立辊框架的办法进行轧边轧腿，其原理如图 2-1-2 所示。

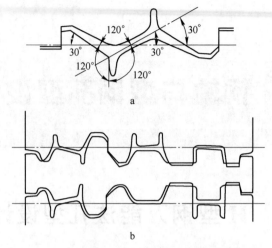

图 2-1-1　采用普通轧机轧制 H 型钢孔型配置图

a—成品前孔；b—成品孔

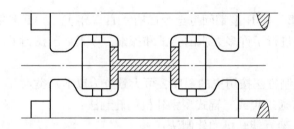

图 2-1-2　采用立辊框架的普通轧机生产 H 型钢的原理图

1.1.2　一架万能轧机轧制 H 型钢

　　这种轧制方法的孔型设计与轧制普通工字钢时的孔型设计相同。它的主要特点是利用二辊式开坯机和两架三辊式轧机进行粗轧，用一架万能轧机进行精轧。这种方法的缺点是轧辊磨损快且不易恢复，一次轧出量少，更不适合轧制多种尺寸的 H 型钢。伊朗的伊斯法罕钢厂曾用这种方法生产出了 IPE160 号 H 型钢。伊斯法罕钢厂是一个 650 mm 大型厂，其轧机平面布置如图 2-1-3 所示，主要技术参数见表 2-1-1。我国的包钢和攀钢在建厂初期也是采用类似布置。这种布置的缺点是轧制的尺寸精度不高，轧机稳定性差，很难生产高精度产品。

　　伊朗标准只生产平行腿工字钢，其标准规定腿部内壁斜度不能大于 1%，现该厂已生产出 IPE140、IPE160、IPE180 等品种。IPE160 是采用 200 mm×200 mm 方坯，经 900 mm 轧机轧 7 道，800 mm 轧机轧 5 道，730 mm 轧机轧 1 道，万能

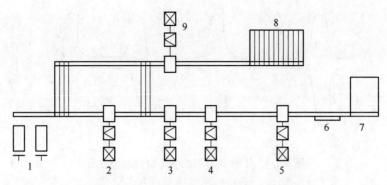

图 2-1-3 伊朗伊斯法罕钢厂轧机平面布置图

1—加热炉；2—900 mm 开坯机；3，9—800 mm 轧机；4—730 mm 二辊轧机；
5—万能轮机；6—热锯；7—型钢冷床；8—钢坯冷床

表 2-1-1 伊斯法罕钢厂轧机主要技术参数

轧 机	辊径 /mm	辊长 /mm	轧辊转速 /r·min^{-1}	电机功率 /kW	电机转速 /r·min^{-1}
900 mm 二辊可逆轧机	900	2100	0~110	4300	67~130
800 mm 三辊不可逆轧机	800	1800	0~195	4300	107~220
800 mm 三辊不可逆轧机	800	1800	0~130	4300	107~220
730 mm 二辊不可逆轧机	730	1200	0~240	2000	125~260
万能轧机	水平辊1150、立辊250	水平辊300、立辊200	0~165	2000	125~260

轧机轧 1 道，共轧 14 道。该厂轧制 H 型钢的主要经验是：

（1）为减少成品孔磨损，成品前孔腿部内壁斜度一般不超过 4.5%。

（2）只能有一架万能轧机配成品孔，将成品前控制孔配在 730 mm 二辊式轧机上（800 mm 轧机的孔型是共轭孔，作控制孔调整困难）。

（3）控制孔采用两种方案：第一种方案是采用中间开口的对称孔，如图 2-1-4a 所示。它不能更多地减小轧件腿部斜度，这要求 800 mm 轧机来料腿部外侧斜度为 2%，内侧斜度为 2.7%，使 800 mm 轧辊磨损快，一次只能轧制 350 t；第二种方案是采用半闭口式控制孔，如图 2-1-4b 所示，可使 800 mm 轧机来料斜度加大到 7%，增加了 800 mm 轧机轧出量，一次可轧 1400 t。半闭口式控制孔的关键尺寸是腰部宽度，取值应比成品孔平辊辊身长度小 0.3 mm，这样所作的孔型轧制稳定。

成品孔是按伊朗标准进行设计的，其成品断面尺寸偏差在 $-6\%\sim4\%$ 范围内

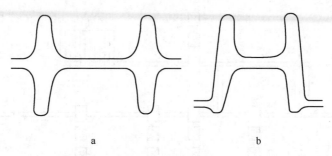

图 2-1-4　轧制 H 型钢控制孔型的两种方案

波动。腿尖和腿根厚度差为 0.3mm；平均腿厚为（8.75~8.75+x）mm，x 取 0~2.7 mm；外侧宽展和平辊热涨值考虑为宽度的 0.3%；总宽为（159.5~159.5+y）mm，y 取 1~5 mm；腰厚为 4.25~5.75 mm。该厂 IPE160 号 H 型钢孔型设计如图 2-1-5 所示。

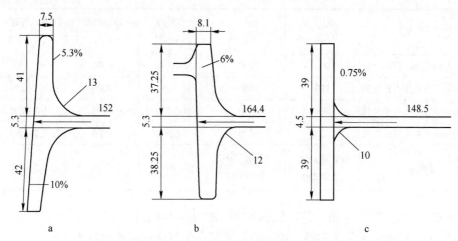

图 2-1-5　IPE160 号 H 型钢孔型图
a—成品再前孔；b—成品前孔；c—成品孔

1.1.3　多架万能轧机轧制 H 型钢

用多机架万能轧机轧制 H 型钢，这种方法在世界上已获得普遍采用，具体方法有格林法、萨克法、杰·普泼法等。

1.1.3.1　格林法

格林法的主要特点是采用开口式万能孔型，腰和腿部的加工是在开口式万能孔型中同时进行的。为有效地控制腿高和腿部加工的质量，格林认为立压必须作用在腿端，故把腿高的压缩放在与万能机架一起连轧的二辊式机架中进行。目前世界各国的轧边机多采用这种方法。格林法轧制H型钢的特点如图 2-1-6 所示。

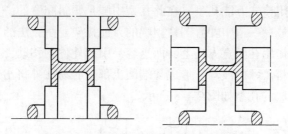

图 2-1-6 格林法轧制 H 型钢孔型图示

采用格林法轧制 H 型钢其工艺大致如下：用初轧机或二辊式开坯机把钢锭轧成异形坯，然后把异形坯送往万能粗轧机和轧边机进行往复连轧，并在万能精轧机和轧边机上往复连轧成成品。格林法在进行立压时只是用水平辊与轧件腿端接触（腰部与水平辊不接触），这可使轧件腿端始终保持平直。这种方法其立辊多为圆柱形，而水平辊两侧略有斜度，在荒轧机组中，水平辊侧面有约 9% 的斜度，在精轧机组中水平辊侧面有 2%~5% 的斜度，不过精轧机组水平辊侧面斜度应尽量小，才能轧出平行的腿部。

1908 年在美国伯利恒公司建的轧钢厂就是采用上述工艺流程，它由一架异形坯初轧机和两架紧接其后间距为 90m 的万能轧机所组成。每一架万能轧机包括一架万能机架和一架轧边机。

现代化的 H 型钢厂也广泛采用格林法设计其连轧万能孔型系统，见图 2-1-7。

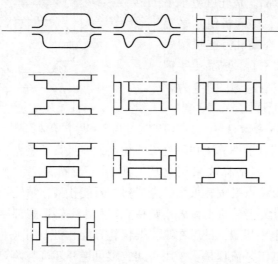

图 2-1-7 格林法连轧 H 型钢孔形图

1.1.3.2　萨克法

萨克法采用闭口式万能孔型，在此孔型中腿是倾斜配置的，为能最后轧出平直腿部，必须在最后一道中安置圆柱立辊的万能机架。萨克法的立压与格林法不同，它是把压力作用在腿宽方向上，而这容易引起轧件的移动，尤其是在闭口孔型中常常会因来料尺寸的波动，造成腿端凸出部分容易往外挤出形成耳子，影响成品质量。萨克法的孔型如图 2-1-8 所示。

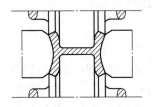 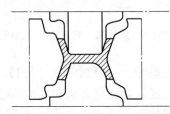 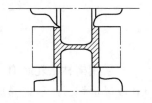

图 2-1-8　萨克法轧制 H 型钢孔型图

萨克法中的粗轧万能孔型，其水平辊侧面可采用较大斜度。这样可减少水平辊的磨耗，同时由于立辊是带锥度的，故可对腰腿同时进行延伸系数很大的压缩，这样可减少轧制道次和万能机架数量，有利于节约设备投资。

萨克法的主要工艺流程是：采用一架二辊式开坯机，将钢锭轧成具有工字形断面的异形坯，然后将异形坯送到由四辊万能机架和二辊立压机架所组成的可逆式连轧机组中进行粗轧，最后在一架万能机架上轧出成品。荒轧机组水平辊侧面斜度为 8%，中间机组水平辊侧面斜度为 4%，在精轧万能机架中才将轧件腿部轧成平直，成品工字钢腿部斜度为 1.5%左右。图 2-1-9 为萨克法轧制 H 型钢原理图。

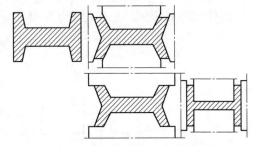

图 2-1-9　萨克法轧制 H 型钢原理图

1.1.3.3　杰·普泼法

杰·普泼法综合了格林法和萨克法的优点，即吸收了萨克法斜配万能孔型一次可获得较大延伸和格林法采用立压孔型便于控制腿宽的加工这两大优点。杰·普泼法的主要特点是荒轧采用萨克法斜配万能孔型，精轧采用格林法开口式万能孔型，在精轧万能轧机上首先用圆柱立辊和水平辊把腿部压平直，然后立辊离开，仅用水平辊压腿端，最后在第二架精轧万能轧机上用水平辊和立辊对轧件进行全面加工。其工艺流程是：采用一架二辊可逆开坯机与两架串列布置的万能机架进行轧制，在第一个万能机架中把异形坯轧成图 2-1-10 第二个图所示形状，这架万能机架的水平辊带有 7%的斜度，立辊锥度也为 7%。在精轧万能轧机中，因工字钢品种的不同，孔型斜度也不一样，一般为1.5%~9%。在轧件通过第二个万能机架第一道次时，首先用柱形立辊把轧件腿部轧平直，然后在返回道次中立辊离开，仅用水平辊直压腿端。在最后一架万能轧机上用水平辊和立辊对轧件进行全面加工成型，如图2-1-10所示。

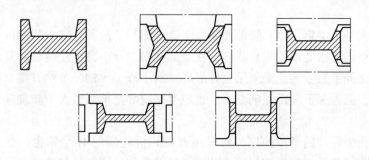

图2-1-10 杰·普泼法轧制H型钢孔型原理图

1926年美国的卡内基公司曾采用杰·普泼法轧制H型钢。该公司轧制H型钢所用设备包括一个1370 mm异形坯初轧机，其后90 m设有立压机架和万能机架，再其后65 m处安装了万能机架和立压机架，紧接其后70 m处是将腿变直的具有圆柱形立辊的万能机架。第一和第二个万能机架具有如图2-1-10中第二个图所示的开口孔型，而在两相应立压机架中，腿是在斜配孔中进行压缩的。在最后一个机架中，腿部在很小压力下变成平行状。所有机架都是单独传动的，其车间布置如图2-1-11所示。

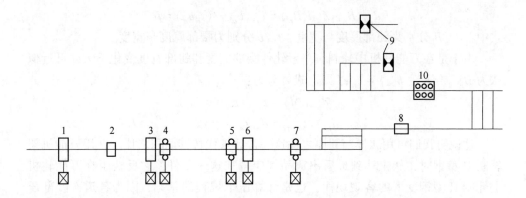

图2-1-11 美国卡内基公司H型钢车间平面布置图

1—1370 mm初轧机；2—大剪；3, 6—1220 mm立压机架；4, 5—1322 mm万能机架；
7—1322 mm万能精轧机架；8—热锯；9—立矫；10—辊矫

1.2　H 型钢孔型设计与连轧控制

1.2.1　H 型钢孔型设计的基本原则

H 型钢是一种凸缘型钢，因此其孔型设计也要遵循凸缘型钢孔型设计的基本原则。

对于大号工字钢，因其腰部面积大于腿部面积，故其腰部对腿部的拉伸能力大。为获得标准所要求的成品腿高，在全部孔型设计中都应使腿部的延伸系数大于腰部的延伸系数，为此必须采用异形坯。而小号工字钢，虽然其腰部面积小于腿部面积，但为保证腿部正确充满，也应遵循腿部延伸系数大于腰部延伸系数的原则。

上述孔型设计的基本原则，对采用万能轧机轧制的 H 型钢也一样适用，即应使轧件腰部与腿部的延伸相等。若腰部延伸系数比腿部延伸系数大，则腰部会出现波浪。在实际设计时为保证腿长，往往让腿部延伸系数稍大于腰部延伸系数，即相对压下量腿部要略大于腰部 2% ~ 4%。若腿部延伸系数比腰部延伸系数过大，会造成撕裂。在万能轧机中，为保证 H 型钢轧制过程正常，应使腰部面积和腿部面积相对变化相同。因为 $\mu = l/L$，按体积不变定律有 $v_1 = v_2$，即 $LF_1 = lF_2$，所以 $\mu = F_1/F_2$，即延伸系数可用面积变化比来表示，因此有：

$$F_{y(n-1)}/F_{yn} = F_{b(n-1)}/F_{bn} = \mu$$

式中，$F_{y(n-1)}$、F_{yn} 分别为第 n 道次轧前与轧后腿部面积；$F_{b(n-1)}$、F_{bn} 分别为第 $n-1$ 道次轧前与轧后腰部面积。

又因 $F = dB$，所以上式又等于：

$$d_{n-1}B_{n-1}/(d_n B_n) = t_{n-1}b_{n-1}/(t_n b_n) = \mu$$

式中，d、B 分别为腿部厚度与宽度；t、b 分别为腰部厚度与宽度。

由于是在万能轧机中轧制，一般轧件腰部宽度和腿部宽度变化不大，可近似认为 $B_{n-1} = B_n$、$b_{n-1} = b_n$，则上式可写为：

$$d_{n-1}/d_n = t_{n-1}/t_n = \mu$$

$$d_{n-1}/t_{n-1} = d_n/t_n = 常数$$

这说明我们可用腰厚与腿厚之比这一常数来代替其面积之比。在用万能机架轧制 H 型钢时，从粗轧到最后出成品都应遵守这一条件，它反映了在万能轧机上轧制 H 型钢变形的客观规律，也是计算压下规程的基础，因为各道次腰部压下量确定之后就很容易求出腿部压下量。

1.2.2　坯料选择

根据 $F_{y0}/F_{b0} = F_{yn}/F_{bn}$ 可确定开坯机来料尺寸。

日本钢管公司等有关公司的研究表明，高度大于 400 mm 的大型 H 型钢，其成品尺寸与钢坯尺寸有如下关系：

（1）用矩形坯直接轧制时，其钢坯宽度与成品宽度之比为 1.2~1.4，钢坯高度与成品高度之比为 1.8~2.4。

（2）采用初轧异形坯轧制时，钢坯高度与成品高度之比为 1.6~2.0。

（3）采用连铸异形坯轧制时，钢坯高度与成品高度之比为 1.0~1.2。

（4）采用板坯轧制 H 型钢时，钢坯高度与成品高度之比为 0.5~1.0，宽厚比为 1.4~2.0。

1.2.3　连轧控制

目前，为提高产量 H 型钢的生产多采用连轧方式。为保证产品质量和生产的正常进行，首先要对各道次轧件断面变化进行准确计算，合理确定延伸系数与轧机转速，否则会使轧件在机架间产生过大的张力或推力，这不仅会引起轧件尺寸变化，也会造成堆钢或拉钢事故。因此要实现 H 型钢连轧，就必须遵循连轧的基本原则，即下述三个方程式：

$$B_1 h_1 v_1 = B_2 h_2 v_2 = \cdots = B_n h_n v_n = Bhv = C$$

式中，B 为宽度；h 为轧件厚度；v 为轧件速度；C 为秒流量体积，它为一常数。

为保证轧制正常，必须满足轧件在轧线上通过每一轧机的秒流量体积不变这一条件。若这一条件被破坏，就会造成拉钢或堆钢。

$$v_{出i} = v_{入(i+1)}$$

还必须保持轧件在前一机架的出口速度等于后一机架的入口速度。若这一条件被破坏，也必然产生张力或推力。

$$q_i = 常数$$

要求在轧制过程中应保持使前机架的前张力等于后机架的后张力，即应保持恒张力。

上述基本方程是连轧的理想状态，实际生产过程是处在一种动态平衡状态中，尤其是高速下的连轧生产要完全在一种平衡状态下生产是困难的，平衡是相对的、有条件的，而不平衡则是绝对的，因为无论是外扰量还是调节量的微小变动，都会导致平衡的破坏。

常用连轧张力微分方程有：

$$dq/dt = E/L(v_{n-1} - v_n)$$

及
$$dq/dt = E/L(v_{n+1} - v_n)(1 + q/E)^2$$

式中，q 为张力；E 为弹性模量；L 为机架间距；v_{n+1} 为后一机架入口速度；v_n 为前一机架出口速度；t 为时间。

由于 H 型钢在轧制过程中其张力测定装置不如带钢的张力测定装置那样容

易安装和调整，为实现 H 型钢连轧，并保持轧件在机架间为无张力或微张力，就需有一种合理的控制方法。现在常用的控制方法有两种：一种是用数字计算机或模拟数字计算机在线控制；另一种是采用简单电参数控制。前一种方法准确、迅速、合格率高，但投资大、管理复杂。后一种方法简单可行，但控制精度低。目前不少工厂采用后一种控制方法，即用电流储存方法（AMTC 法）控制。其基本原理是不直接测张力，而是直接测定轧机电机的电流值，根据电流的变化确定张力，反过来再根据张力变化控制调节轧制速度。据日本川崎公司水岛厂经验，当机架间轧件上产生的张力为 40 MPa 时，H 型钢腿尖就会出现圆弧状；当张力为 2~3 MPa 时，腿宽和腿厚皆产生变窄变薄的倾向，故为保证产品质量，张力不宜大，一般应控制在 0.5 MPa 以下。

1.2.4　H 型钢常见缺陷

　　为便于区别各类缺陷和分析其产生的原因，按工艺流程钢材缺陷可以分为钢质缺陷、轧制缺陷和精整缺陷三大类。下面将按此三大类对 H 型钢常见缺陷一一阐述。

1.2.4.1　钢质缺陷

　　（1）夹杂。夹杂是指在 H 型钢的断面上有肉眼可见的分层，在分层内夹有呈灰色或白色的杂质，经低倍或高倍检验，这些杂质通常为耐火材料、保护渣等。图 2-1-12 为夹杂示意图。

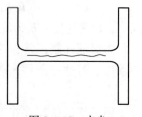

图 2-1-12　夹杂

　　造成夹杂的原因是在出钢过程中有渣混入钢液，或在铸锭过程中有耐火材料、保护渣混入钢液。夹杂会破坏 H 型钢的外观完整性，降低钢材的刚度和强度，使得钢材在使用中开裂或断裂，这是一种不允许有的钢材缺陷。

　　（2）结疤。结疤是一种存在于钢材表面的鳞片状缺陷。结疤有与钢材本体连在一起的，也有不连为一体的。造成结疤的主要原因是浇铸过程中钢水喷溅，一般是沸腾钢多于镇静钢。局部、个别的结疤可以通过火焰清除挽救，但面积过大、过深的结疤对钢材性能影响较大，一般只好判废。

　　为防止带有结疤的钢坯进入轧机，通常采用火焰清理机清理钢坯表面，或采用高压水将已烧成氧化铁皮的结疤冲掉。在成品钢材上的结疤需要用砂轮或扁铲清除。图 2-1-13 为结疤示意图。

　　（3）分层。分层是在 H 型钢断面上的一种呈线纹状的缺陷。通常它是因炼钢浇铸工艺控制不当或开坯时钢锭缩孔末切干净所致。在分层处夹杂较多，即使

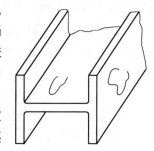

图 2-1-13　结疤

经过轧制也不能焊合，严重时使钢材开裂成两半。分层使钢材强度降低，也常常造成钢材开裂。带有分层的 H 型钢通常要挑出判废。分层一般常出现在模铸相当于钢锭头部的那段钢材中，或发生在用第一支连铸坯或最后一支连铸坯所轧成的钢材上。分层外貌如图 2-1-14 所示。

（4）裂纹。H 型钢裂纹主要有两种形式：一种为在其腰部的纵向裂纹；另一种为在其腿端的横向裂纹。腰部的纵向裂纹来自浇铸中所形成的内部裂纹，腿端的横向裂纹来自钢坯或钢锭的角部裂纹。无论是哪种裂纹均不允许存在，它都破坏钢材本身的完整性和强度。图 2-1-15 为裂纹示意图。

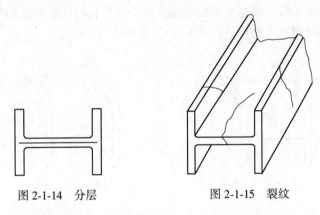

图 2-1-14　分层　　　　　图 2-1-15　裂纹

1.2.4.2　轧制缺陷

（1）轧痕。轧痕一般分为两种，即周期性轧痕和非周期性轧痕。周期性轧痕在 H 型钢上呈规律性分布，前后两个轧痕出现在轧件同一部位、同一深度，两者间距正好等于其所在处轧辊圆周长。周期性轧痕是由于轧辊掉肉或孔型中贴有氧化铁皮而造成的在轧件表面的凸起或凹坑。非周期性轧痕是导卫装置磨损严重或辊道等机械设备碰撞造成钢材刮伤后又经轧制而在钢材表面形成棱沟或缺肉，其大多沿轧制方向分布。图 2-1-16 为轧痕示意图。

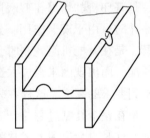

图 2-1-16　轧痕

（2）折叠。折叠是一种类似于裂纹的通长性缺陷，经酸洗后可以清楚地看到折叠处断面有一条与外界相通的裂纹。折叠是因孔型设计不当或轧机调整不当，在孔型开口处因过充满而形成耳子，再经轧制而将耳子压入轧件本体内，但不能与本体焊合而形成的，其深度取决于耳子的高度。另外，腰、腿之间圆弧设计不当或磨损严重，造成轧件表面出现沟、棱后，再轧制也会形成折叠。图 2-1-17 为折叠示意图。

（3）波浪。H 型钢波浪（图 2-1-18）可分为两种：一种是腰部呈搓衣板状的腰波浪；另一种是腿端呈波峰波谷状的腿部波浪。两种波浪均造成 H 型钢外形的破坏。波浪是由于在热轧过程中轧件各部伸长率不一致所造成的。当腰部压下量过大时，腰部延伸过大，而腿部延伸小，这样就形成腰部波浪，严重时还可将腰部拉裂。当腿部延伸过大，而腰部延伸小时，就产生腿部波浪。另外还有一种原因也可形成波浪。这就是当钢材断面特别是腰厚与腿厚设计比值不合理时，在钢材冷却过程中，较薄的部分先冷，较厚的部分后冷，在温度差作用下，在钢材内部形成很大的热应力，这也会造成波浪。解决此问题的办法是：首先要合理设计孔型，尽量让不均匀变形在头几道完成；在精轧道次要力求 H 型钢断面各部分腰、腿延伸一致；要减小腰腿温差，可在成品孔后往轧件腿部喷雾，以加速腿部冷却，或采用立冷操作。

图 2-1-17　折叠

图 2-1-18　波浪

（4）腿端圆角。H 型钢腿端圆角（图 2-1-19）是指其腿端与腿两侧面之间部分不平直，外形轮廓比标准断面缺肉，未能充满整个腿端。造成腿端圆角有几方面原因：其一是开坯机的切深孔型磨损，轧出的腿部变厚，在进入下一孔时，由于楔卡作用，致使腿端不能得到很好的加工；其二是在万能机组轧制时，由于万能机架与轧边机速度不匹配，而出现因张力过大造成的拉钢现象，使轧件腿部达

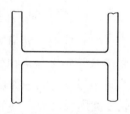

图 2-1-19　腿端圆角

不到要求的高度，这样在轧边孔中腿端得不到垂直加工，也会形成腿端圆角；其三是在整个轧制过程中入口侧腹板出现偏移，使得轧件在咬入时偏离孔型对称轴，这时也会出现上述缺陷。

（5）腿长不对称。H 型钢腿长不对称有两种：一种是上腿比下腿长或短；另一种是一个上腿长，而另一个则下腿长。一般腿长不对称常伴有腿厚不均匀现象，稍长的腿略薄些，稍短的腿要厚些。造成腿长不对称也有几种原因：一种是在开坯过程中，由于切深时坯料未对正孔型造成切偏，使异形坯出现一腿厚一腿薄，尽管在以后的轧制过程中压下量分配合理，但也很难纠正，最终形成腿长不对称；另一种是万能轧机水平辊未对正，轴向位错，造成立辊对腿的侧压严重不均，形成呈对角线分布的腿长不对称。

1.2.4.3　精整缺陷

（1）矫裂。H型钢矫裂（图2-1-20）主要出现在腰部。造成矫裂的原因：一是矫直压力过大或重复矫次数过多；二是被矫钢材存在表面缺陷（如裂纹、结疤）或内部缺陷（如成分偏析、夹杂），使其局部强度降低，一经矫直即造成开裂。

（2）矫痕。H型钢矫痕（图2-1-21）是指由于矫正圈上贴有氧化铁皮或其他金属外物，在矫直时这些氧化铁皮或外物在钢材表面形成等间距的凹坑。

 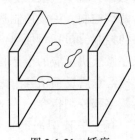

图2-1-20　矫裂　　　　　　　　　图2-1-21　矫痕

（3）扭转。H型钢扭转（图2-1-22）是指其断面沿某一轴线发生旋转，造成其形状歪扭。造成扭转的原因：一是精轧成品孔出口侧卫板高度调整不当，使轧件受到卫板一对力偶的作用而发生扭转；二是矫直机各辊轴向错位，这样也可形成力偶而使钢材发生扭转。

（4）弯曲。H型钢弯曲（图2-1-23）主要有两种类型：一种是水平方向的弯曲，俗称镰刀弯；另一种是垂直方向的弯曲，也叫上下弯或翘弯。弯曲主要是由矫直机零度不准、各辊压力选择不当而造成的。

 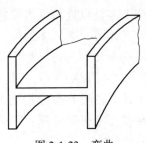

图2-1-22　扭转　　　　　　　　　图2-1-23　弯曲

（5）内并外扩。H型钢的内并外扩（图2-1-24）是指其腿部与腰部不垂直，破坏了其断面形状，通常呈上腿并下腿扩，或下腿并上腿扩状态。内并外扩是因成品孔出口导板调整不当造成的，以后虽经矫直，但很难矫过来，尤其是上腿并下腿扩这种情况，矫直机很难矫，因为矫直机多采用下压力矫直。

1.2.5　H 型钢生产工艺与坯料选择

1.2.5.1　H 型钢生产工艺流程

为生产出质量好、成本低的 H 型钢，需要确定一个合理的生产工艺流程。现代化的 H 型钢厂生产工艺流程都采用计算机控制。一般是采用三级控制系统。第一级用于生产组织管理，采用大型计算机进行 DDC

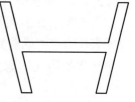

图 2-1-24　内并外扩

控制（直接数字控制）；第二级是对生产过程控制，即程序控制，程序控制计算机一般分为两线控制，一线控制热轧作业区，另一线控制精整作业区；第三极是对每道工序的控制，包括对加热、轧制、锯切工序的控制，一般采用微型机进行控制。各工序微型机反应的生产信息通过中间计算机反馈给各自的程序控制机，经程序控制机汇总后反馈给各中央控制机，中央控制机根据生产标准和计划要求发出下一步调整和控制指令。

近年来，有一些 H 型钢企业开发出利用人工智能和大数据管理整个生产线生产活动，包括产品质量的在线监控、各工序生产及设备参数的动态调整、产品及原料的物流信息管理等诸方面，实现了无人工厂模式。

1.2.5.2　H 型钢生产工艺的选择

近几十年来，随着连铸技术的进步和计算机在线控制轧制自动化的发展，H 型钢生产工艺日益成熟。根据所采用的坯料，所采用的轧机和孔型系统的不同，可以有多种不同的工艺组合。H 型钢生产工艺大体有 5 种工艺。第一种生产工艺是以传统的钢锭为原料。首先在初轧机上将钢锭轧成矩形坯或板坯。然后将这些坯料加热后送到开坯轧机轧制，再经几架万能轧机进行初轧和中轧轧制，最后，经万能精轧机对轧件进行最后的矫正。这种工艺如图 2-1-25a 所示。第二种生产工艺是以连铸坯为原料，直接送开坯轧机轧制。其后工艺与第一种是相同的，具体可见图 2-1-25b。第三种生产工艺是以连铸异形坯为原料。其优势是采用少量几种连铸异形坯就可以生产全部规格的 H 型钢，具体生产工艺见图 2-1-25c。第四种生产工艺是以连铸板坯为原料，具体见图 2-1-25d、e。第五种生产工艺是以近终形异形坯为原料，这种近终形异形坯已接近成品尺寸，它可以直接在万能机组轧制，不需要开坯轧机，因而大大提高了生产效率，具体见图 2-1-25f。

1.2.5.3　H 型钢的坯料选择

从 H 型钢的生产工艺可以看出，H 型钢可以选择使用多种不同形状和尺寸的坯料：若以传统的初轧坯为原料，由于初轧坯多为矩形坯或板坯，其与 H 型钢无几何相似性，需要首先在开坯轧机上进行开坯，将初轧坯轧成与 H 型钢近似的"狗骨头"形状，这需要进行多道次轧制才能完成，使钢坯温度下降较多，

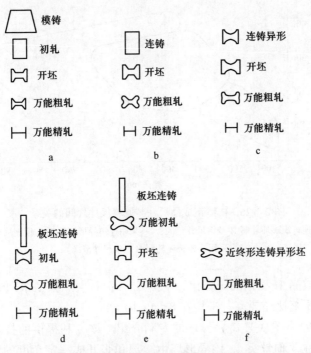

图 2-1-25　轧制 H 型钢的几种典型生产工艺

a—以钢锭为原料；b—以连铸矩形坯为原料；c—以连铸异形坯为原料；

d，e—以连铸板坯为原料；f—以近终形连铸异形坯为原料

不利于后续万能轧制。若以连铸薄异形坯为原料，由于其断面形状与成品最接近，则可省去初轧，直接用万能轧机（组）轧制，这种工艺的优点是设备投资少，流程短，生产效率高，是最具发展潜力的新工艺。有关 H 型钢坯料与成品之间的关系如图 2-1-26 所示。

1.2.5.4　连铸异形坯尺寸的确定

1961 年德国人格林在实验室铸出异形坯断面。1965 年英国钢铁研究院玛瑙先生研究出各种连铸异形坯断面，其中包括对称和不对称断面、接近近终形断面，如钢轨的 T 形断面坯、沙漏形断面、工字形断面等。进一步的研究是由加拿大阿尔格马公司进行的，1968 年他们首先设计出连铸异形坯连铸机，并生产出一列连铸异形坯，供万能轧机直接轧制 H 型钢。与此同时，日本几大钢铁公司也开始兴建连铸异形坯连铸机。从此，世界开始大量采用连铸异形坯生产 H 型钢。

根据英国钢铁研究院的报告：为保证 H 型钢尺寸的精度和良好的冶金性能，

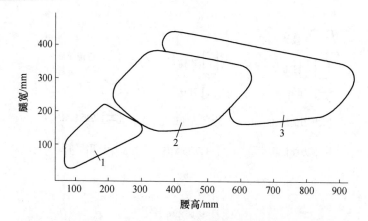

图 2-1-26　H 型钢成品尺寸与原料尺寸之间的关系
1—采用连铸矩形坯轧制 H 型钢尺寸范围；2—采用连铸异形坯轧制 H 型钢尺寸范围；
3—采用连铸板坯轧制 H 型钢尺寸范围

连铸异形坯与成品 H 型钢的压缩比至少为 6∶1；对生产梁型系列的 H 型钢，其坯料与成品的压缩比还要高，平均在 8∶1~10∶1。

据美国 1992 年有关连铸异形坯的专利介绍，该专利提供的技术可以生产连铸异形坯，俗称"狗骨头"。该异形坯由腰部和张开成一定角度的腿组成，如图 2-1-27 所示。该异形坯的优点是可以用较小的压缩比生产所需冶金性能的 H 型钢，通常压缩比为 3∶1 即可。这样就减少了热轧工艺设备和投资，提供了一种更为经济节能的型钢生产方法。

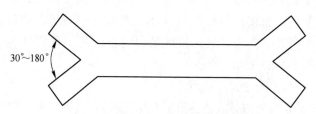

图 2-1-27　美国连铸异形坯断面示意图

1.2.5.5　采用不同坯料生产 H 型钢所需轧制道次比较

如图 2-1-28 所示，采用板坯或矩形坯所需轧制道次最多，最经济的是采用近终形异形坯，其所用轧制道次最少。

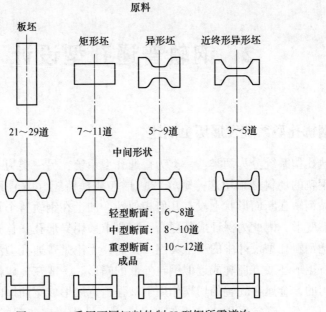

图 2-1-28   采用不同坯料轧制 H 型钢所需道次

2　钢轨普通孔型设计

2.1　钢轨孔型系统发展历史概述

钢轨孔型系统分为两类：一类为普通孔型系统；另一类为万能孔型系统。由于生产钢轨的坯料是采用连铸矩（方）形坯或模铸矩（方）形坯，矩形坯或方坯与成品钢轨在断面形状上没有几何相似性，加上在钢轨整个轧制过程中其腿部处于拉缩变形，因此为保证成品腿高，就要求采用异形孔，首先切出高而宽的腿部，这是钢轨孔型设计中的一个关键。为此，无论是普通孔型法还是万能法，都必须先将矩形坯或方坯轧成近似钢轨外形的帽形。一般在轧成帽形的过程中变形是不均匀的，金属在轧辊的切楔作用下被强迫宽展形成宽而厚的腿部。为尽量减小不均匀变形，通常采用 3~5 个帽形孔，帽形孔配置在二辊式可逆开坯轧机上。粗轧轨形孔也多配置在二辊式可逆轧机上，轧件在粗轧轨形孔中变形，并逐渐接近成品钢轨断面尺寸。以上孔型与轧机配置，普通孔型系统与万能孔型系统基本是一样的。两者不同之处在于对具有初步轨形的轧件的进一步加工和最终加工方法上。普通孔型法是继续在二辊式轧机（或三辊式轧机）上采用闭口式轨形孔进行中轧和精轧，最后轧出成品，由于其孔型设计多是采用不对称设计，因此其成品断面的对称性不理想，其轨高、底宽、腹高等尺寸的控制精度也不高，工人调整轧机要凭经验，常常还会因孔型磨损，对轧件产生楔卡作用，造成钢轨腿尖加工不良，出现圆角或粗糙等缺陷。有关孔型法轧制钢轨的孔型系统见图 2-2-1。

万能法孔型系统的孔型设计则要考虑均匀变形、对称设计。初具轨形的轧件，在万能孔中其腰部承受万能孔机上下水平辊的切楔作用，其头部和腿部的外侧承受万能轧机立辊侧压垂直作用。为确保钢轨头和腿的宽度与侧面形状，还要在轧边机的立轧孔内对其轨头和轨底侧面进行立轧加工。这样的孔型系统可以保证钢轨从粗轧形孔到成品孔轧件的变形是均匀的、对称的，各部分金属的延伸也接近相同，这就大大提高了钢轨断面尺寸的精度和外形的规范性。万能法孔型系统见图 2-2-2。万能法轧制钢轨是法国钢铁集团哈亚士厂 1973 年首先开发成功并获取专利的，后又被日本、巴西、南非、美国、澳大利亚等国采用。现万能法轧制钢轨已被世界认同。这是生产高精度钢轨的最好工艺。

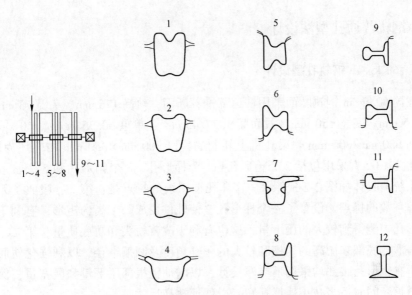

图 2-2-1 孔型法轧制钢轨的孔型系统

1~4—开坯孔型；5~8—粗轧孔型；9~11—精轧孔型；12—成品

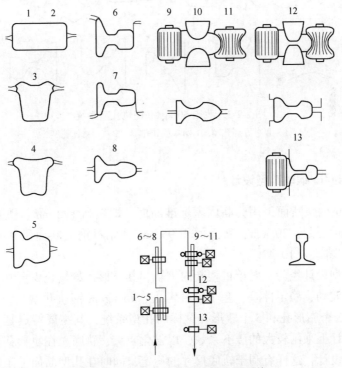

图 2-2-2 万能法轧制钢轨的孔型系统

1~5—开坯孔型；6~8—粗轧孔型；9~13—立轧及精轧孔型

2.2 钢轨普通孔型法设计

2.2.1 60 kg/m 钢轨孔型设计

我国 60 kg/m 钢轨断面采用铁道部推荐断面，轨高 176 mm、头宽 73 mm、腰厚 16.5 mm、底宽 150 mm、截面面积 77.45 cm^2、单重 60.35 kg/m。60 kg/m 钢轨是在 950 mm/800 mm 轨梁轧机上轧制的，以 300 mm×350 mm 初轧坯为原料，压缩比为 13.5，采用包括 2 个箱形孔、1 个梯形孔、3 个帽形孔和 5 个轨形孔的孔型系统，具体如图 2-2-3 所示。这套孔型系统的特点是：第一，吸收了万能法大压下系数的优点，设置了一个梯形孔，使轧件变成一个高的矩形，有利于轧件在帽形孔中能得到较大的压下量，这也有利于改善轨头和轨底质量；第二，在第一个帽形孔底部采用高的切楔和较大的张开角度及圆弧半径，以利强化轨底；第三，所有轨形孔腰部均采用不等厚设计，以增加腿根部压下量和展宽量，保证腿长的增长，同时适当减小轨形孔宽，以保证轨高尺寸。

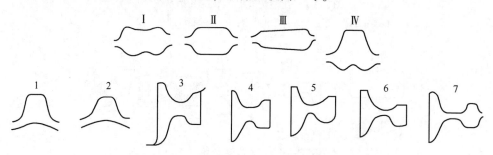

图 2-2-3　我国 60 kg/m 钢轨孔型系统

Ⅰ~Ⅳ—开坯孔型；1~4—粗轧孔型；5~7—精轧孔型

2.2.2 75 kg/m 钢轨孔型设计

75 kg/m 钢轨断面采用苏联国家标准断面，即轨高 192 mm、轨头宽 75 mm、底宽 150 mm、腰厚 20 mm、断面面积 95 cm^2，原料钢坯断面尺寸为 300 mm×330 mm，压缩比为 10.42。

根据孔型设计经验，对于重型断面钢轨，其异形孔数量至少要 9 个，否则容易出现尺寸波动，稳定性差。基于这种考虑，75 kg/m 钢轨孔型系统采用包括 1 个梯形孔、3 个帽形孔和 5 个轨形孔这样的孔型系统，其主要特点是在第一个荒轧帽形孔设计上采用较大的压下系数，以强化轨头、轨底。在轨形孔设计上腰部采用不等厚设计，这样有利于轨底尺寸的稳定，同时在孔型断面上闭口腿的延伸系数略大于开口腿的延伸系数，以减少开口腿磨损，提高孔型寿命。具体孔型系统如图 2-2-4 所示。

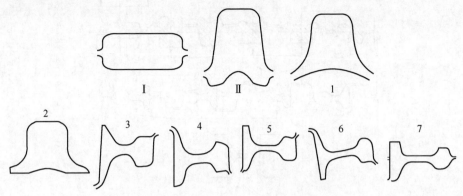

图 2-2-4　我国某厂 75 kg/m 钢轨孔型系统

Ⅰ，Ⅱ—开坯孔型；1~4—粗轧孔型；5~7—精轧孔型

2.2.3　国外某厂 67.6 kg/m 钢轨及 60 kg/m 钢轨孔型设计

国外某厂以连铸矩形坯为原料，采用包括 4 个帽形孔、7 个轨形孔的孔型系统。4 个帽形孔全设计在第一架二辊式粗轧机上，粗轧轨形孔（即切深孔）则放在第二架二辊式粗轧机上。中轧则采用万能轧机加轧边机组成的中轧机组，轧件在其上进行单道次或多道次可逆轧制。为保证成品尺寸，轧件在精轧机上仅轧一道。精轧机是由半万能精轧机与轧边机组成的。有关各断面钢轨孔型如图 2-2-5 和图 2-2-6所示。

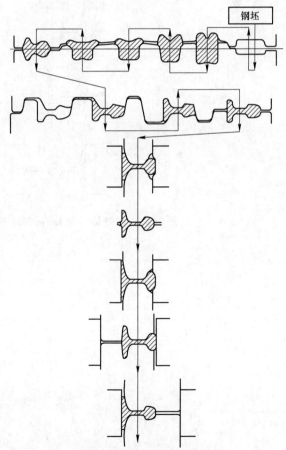

图 2-2-5　国外某厂 67.6 kg/m 钢轨万能孔型系统

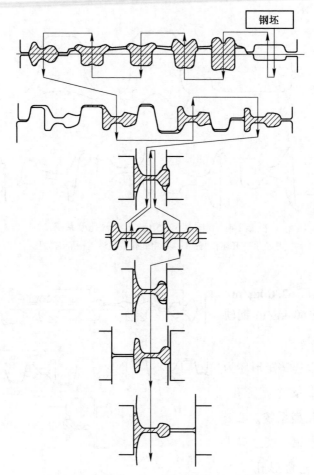

图 2-2-6　国外某厂 60 kg/m 钢轨万能孔型系统

3 钢轨万能法孔型设计

3.1 万能法钢轨轧制原理

采用万能钢轨轧制法可以直接和准确加工整个钢轨断面，尤其是钢轨的踏面，可以满足钢轨踏面在使用中要承受巨大负荷的要求。图 2-3-1 显示了采用万能法轧制钢轨过程中坯料、先导孔、成品之间的加工关系。

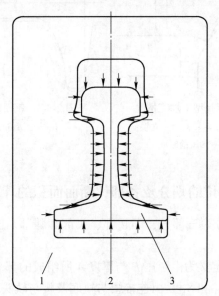

图 2-3-1　钢轨所用坯料、先导孔及成品断面之间的加工关系
1—坯料；2—先导孔；3—成品断面

3.1.1 钢轨在万能轧机上的加工情况

如图 2-3-2 所示，钢坯受到轧辊四面压轧，其上下面加工由两个水平轧辊完成，左右两面（轨底面及头部踏面）承受两个立辊加工。水平轧辊给轧件的腰部和鱼尾坡施加垂直压力，立辊给轧件的底面和头部踏面施加垂直压力。

钢轨的延伸系数在万能法的孔型设计中是一个很重要的设计参数。一般延伸系数 λ 常取作 1.20~1.35。钢轨各部分的延伸系数应是相等的，即 $\lambda_{腰}=\lambda_{底}=\lambda_{头}$。这里应指出的是：在万能孔中，腿和头部的宽展实际上为零。

3.1.2　钢轨在立轧孔中的加工

在立轧孔的加工中，钢轨的头部侧面和腿尖部承受水平辊的垂直加工，其轨腰仅承受很轻微的加工，压下量为 0.5～1 mm。立轧孔可确保钢轨的上下腿和上下头部的对称，也可保证钢轨外形尺寸加工准确。通常立轧孔的延伸系数设计很小，一般经验取 1.01～1.03。立轧孔形状如图 2-3-3 所示。

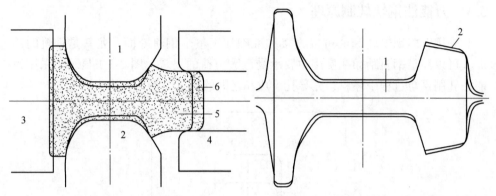

图 2-3-2　钢轨在万能孔型中加工情况　　　　图 2-3-3　钢轨在立轧孔中加工情况
1—上水平辊；2—下水平辊；3，4—立辊；　　　　1—加工后断面；2—加工前断面
5—加工后断面；6—加工前断面

3.2　钢轨断面各部位的划分及各部位断面面积的计算

钢轨断面一般划分为三部分，即腰部、头部和腿部。图 2-3-4 显示了这三部分的划分。

（1）腰部：腰部定义为由鱼尾 E 与厚度 A 所组成的部分，再加上 S_0 和 S_1 两部分所组成的区域，S_0 和 S_1 是由连接腰与轨底及腰与轨头的圆弧所限定的区域。

腰部的断面面积可表示为：

$$S = AE + 2(S_0 + S_1)$$

（2）腿部：腿部定义为由上下两腿及上下腿之间的腰部所构成的区域。

腿部的断面面积可表示为：

$$S_P = 2[V(D+N)/2 + U(N+F)/2] + AF$$

（3）头部：头部可分成几个基本断面，其中心部分是一个矩形 GA，加上两个三角形和两个梯形。

三角形的面积可表示为：

$$bM/2$$

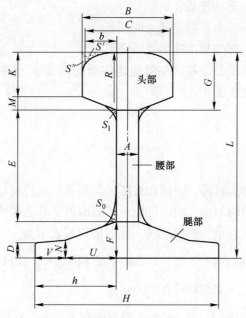

图 2-3-4 钢轨各部位断面划分

梯形的面积可表示为：

$$K\{[\,b + b - (B - C)/2\,]\,/2\} - S'$$

S'指由头部的切线所组成部分的面积。头部面积实际上包括头部和由头部切线到头侧面所组成的区域。在计算面积时，常常将 S' 作为常数，一直推算到头一个轨形孔。头部矩形（其长为 K、宽为 b）面积的计算应扣掉 S' 和 S'' 部分的面积。S' 无论在哪个孔的计算中都是作为常数，而 S'' 则随着头部高度 K 的减小而相应减小，S'' 是一个预设定值，其随头部高度的变化而变化。在孔型设计中，人们常常用一个矩形代替一个不规则四边形来计算其断面面积，这样其断面面积计算式可简化为：

$$Kb - (\,S' + S''\,)$$

整个头部的断面面积可表示为：

$$S_{Ch} = GA + 2[\,bM/2 + Kb - (\,S' + S''\,)\,]$$

二分之一的头部断面面积为：

$$S_{Ch}/2 = GA/2 + bM/2 + Kb - (\,S' + S''\,)$$

钢轨断面面积计算：钢轨是一个对称断面（对轧制线而言），在进行孔型设计时，我们只要计算一半的钢轨断面面积即可，1/2 的钢轨断面面积为：1/2 的腰部断面面积+1/2 的腿部断面面积+1/2 的头部断面面积。

在钢轨的孔型设计中采用如下符号表示其断面各部的圆弧：

R，r_0，r_1——头部的圆弧；

　　R'，r'——头部与腰部连接处的圆弧；

　　R''，r''——腰部与腿部连接处的圆弧。

同时假设如下断面为常数：在腰腿连接处的断面 S_0、在腰头连接处的断面 S_1、在头部踏面处的断面 S'。

3.3　延伸系数

3.3.1　基本原理

钢轨断面可划分为腰部、腿部和头部三个部分。在轧制过程中要保持其断面的完整性和其性能的均匀性，应尽可能让其断面各部分的延伸一致。设延伸系数为 λ，每道孔型用 N 表示，则钢轨任一孔的面积可表示为：

　　　　$N-1$ 孔断面面积 S_{N-1} = N 孔断面面积 S_N × N 孔延伸系数 λ_N

同理，钢轨各孔腰部面积可表示为：

　　　　$N-1$ 孔腰部面积 $S_{A(N-1)}$ = N 孔腰部面积 S_{AN} × N 孔的延伸系数 λ_N

钢轨各孔腿部面积可表示为：

　　　　$N-1$ 孔腿部面积 $S_{P(N-1)}$ = N 孔腿部面积 S_{PN} × N 孔的延伸系数 λ_N

钢轨各孔头部面积可表示为：

　　　　$N-1$ 孔头部面积 $S_{CN(N-1)}$ = N 孔头部面积 S_{CNN} × N 孔的延伸系数 λ_N

这样，钢轨任何一孔 N 的延伸系数可表示为：

$$\lambda^N = [S_{A(N-1)} + S_{P(N-1)} + S_{CN(N-1)}] / (S_{AN} + S_{PN} + S_{CNN})$$

3.3.2　钢轨各孔延伸系数的选择

在孔型设计中，延伸系数是个重要的设计基础数据，其选取是否正确，对能否轧出合格的钢材至关重要。选择延伸系数通常要考虑两大因素：一是孔型的种类，是万能孔、轧边孔还是精轧孔；二是所选轧制的道次，是一个还是几个万能孔。在钢轨孔型设计中，常采用如下经验数据：万能精轧孔的延伸系数选用 1.05～1.08；轧边机孔型的延伸系数选用 1.01～1.03；万能粗轧机的孔型延伸系数选用 1.20～1.35。

例 A：St. Jacques 厂的万能孔型系统由如下轧机和孔型组成：

(1) 由 3 架万能轧机组成的粗中轧机，即 U_1、U_2 和 U_3。

(2) 3 架轧边机，即 R_1、R_2 和 R_3。

（3）1架半万能轧机，即 U_f。

其平面布置如图 2-3-5 所示。

该厂各孔采用的延伸系数见表 2-3-1。从先导孔到成品孔的总延伸系数为 2.502。

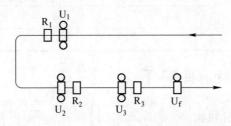

图 2-3-5 St. Jacques 厂平面布置图

表 2-3-1 St. Jacques 厂各孔采用的延伸系统

孔型种类	代 号	延伸系数
粗轧万能孔	U_1	1.28
粗轧立轧孔	R_1	1.01
中轧万能孔	U_2	1.35
中轧立轧边孔	R_2	1.02
预精轧万能孔	U_3	1.30
预精轧轧边孔	R_3	1.02
精轧半万能孔	U_f	1.06

例 B： Iscor（pretoria）厂的轧机和孔型的组成为：

（1）在同一机架上的 3 个万能孔。

（2）2 个立轧孔。

（3）1 个半万能精轧孔。

该厂平面布置如图 2-3-6 所示。

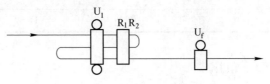

图 2-3-6 Iscor 厂平面布置图

该厂选取的各孔延伸系数见表 2-3-2。从先导孔到成品孔的总延伸系数为 2.361。

表 2-3-2 Iscor 厂各孔延伸系数

孔型种类	代 号	延伸系数
万能孔	U_1	1.30
轧边孔	R_1	1.015

续表 2-3-2

孔型种类	代　号	延伸系数
万能孔	U_1'	1.26
万能孔	U_1''	1.305
轧边孔	R_2	1.017
半万能孔	U_f	1.07

例 C：Hayanger 厂轧机组成如下：

（1）2 个粗轧机架。

（2）2 个万能-立轧机组。

（3）1 个半万能轧机。

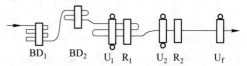

BD_1　　BD_2　U_1 R_1　U_2 R_2　U_f

该厂平面布置如图 2-3-7 所示。　　图 2-3-7　Hayanger 厂平面布置图

该厂各孔所取延伸系数见表 2-3-3。从先导孔到成品孔的总延伸系数为 2.875。

表 2-3-3　Hayanger 各孔所取延伸系数

孔型种类	代　号	延伸系数
万能孔	U_1	1.25
轧边孔	R_1'	1.01
万能孔	U_1'	1.20
万能孔	U_1''	1.30
轧边孔	R_1''	1.01
万能孔	U_2	1.35
轧边孔	R_2	1.01
半万能孔	U_f	1.06

3.4　鱼尾

在轧制中，鱼尾段的断面高度和形状对整个断面的稳定尤其重要。实践证明，从成品孔到头一个轨形孔，其鱼尾高度必须减少（即从头一孔到精轧孔的鱼尾要考虑宽展）。以例 B 为例，各孔平均宽展值见表 2-3-4。

表 2-3-4　各孔平均宽展值　　　　　　（mm）

机　架	孔　型	鱼尾宽度	$R=48\ S_{AR}$ 时 E 值
万能精轧机	U_f	2.5	86.5
轧边机	R_2	0.5	84.0

机　架	孔　型	鱼尾宽度	$R=48$ S_{AR}时 E 值
万能轧机	U_1'	0	83.5
万能轧机	U_1''	0	83.5
轧边机	R_1	0	83.5
万能轧机	U_1	0	83.5
粗轧机 BD	L_p	3.5	80

注：孔 U_1、U_1'、U_1'' 是设置在同一水平轧机上，因此其鱼尾值相同。

3.5　孔型设计

3.5.1　精轧孔（成品孔）孔型设计

在这一孔型中钢轨形成最终形状，钢轨头部和鱼尾必须精确。水平轧机作为立轧机，给鱼尾区域、腰部和头部侧面以高度方向压下。头部的形状采用传统的钢轨轧制方法获得，即利用一个半开口轨形孔。轨头踏面的最终形状采用立轧对轨头高度压下获得。钢轨腿部在立辊和水平辊之间进行加工，腿端处于自由展宽。具体成品孔如图 2-3-8 和图 2-3-9 所示。

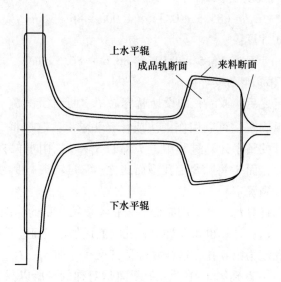

图 2-3-8　万能精轧孔

3.5.1.1　冷断面尺寸

必须控制整个断面所有尺寸，同时要明确限定有关各点在图纸上的位置。

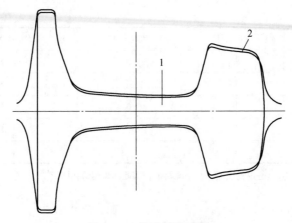

图 2-3-9　轧边机孔型图
1—加工后断面；2—加工前断面

3.5.1.2　热断面尺寸

热断面尺寸等于冷断面所有尺寸乘上金属收缩系数（约为 1.013）。鱼尾高度计算如下：

$$E_{鱼尾} = \left(E_{理论}{}^{+0.3}_{-0.2}\right) \times 1.008$$

例如，48Sart 情况：

$$E_F = (85.5 + 0.3) \times 1.008 = 86.48 \ mm$$

实际则按下式计算：

$$E_F = 85.5 \times 1.013 = 86.6 \approx 86.5 \ mm$$

3.5.1.3　精轧孔型的设计

在热尺寸确定之后，成品孔的设计就容易了。断面面积 S_0 和 S_1（通过连接腰腿及腰头的圆弧确定）可以用作图法或计算法求出，它们将一直保持为常数。在对万能孔型设计的整个计算过程中，头部的 S' 和 S'' 用同样方法可以测定或计算，S' 假定为常数，而 S'' 将随每道孔型而变化，它是轨头宽度的一个函数。鱼尾和腿部区域必须准确确定。

我们必须认真计算每一个基础断面。根据本篇第 2 章的标准来决定腿、腰和头部断面。同时，这一计算也将允许对各孔的断面加以验证。

在此将成品孔定为第 6 孔，这样好标记其尺寸（如 A_6、L_6、S_{T6}）；此孔之前的孔定为第 5 孔……直到第 1 孔。由于断面是对称的，所以只需计算一半断面即可。

$$S_{T6}/2 = S_{A6}/2 + S_{P6}/2 + S_{Ch6}/2$$

腰：
$$S_{A6}/2 = A_6 E_6/2 + S_1 + S_0$$

腿：
$$S_{P6}/2 = [V_6(D_6 + N_6) + U_6(N_6 + F_6) + A_6 F_6]/2$$

头：　　　　$S_{G6}/2 = (G_6 + A_6)/2 + (b_6 M_6)/2 + K_6 b_6 - (S' + S''_6)$

3.5.2 精轧前孔（第5立轧孔）孔型设计

精轧前孔是一个典型的立轧孔，它可使钢轨的上下腿具有良好的对称性，头部具有很好的形状。

3.5.2.1 尺寸的设定

首先设定如下数据：

（1）延伸系数：1.04~1.08；

（2）鱼尾：$E_5 = E_6 - (2 \sim 3)$ mm；

（3）腿宽：$L_5 = L_6 - (1 \sim 1.5)$ mm（在精轧孔中有轻微展宽，其展宽是腿部所受压力函数）；

（4）宽度 U_5（腿部鱼尾的宽度）：$U_5 + A_5/2 = U_6 + A_6/2$；

（5）头部厚度：$G_5 = G_6 - (0.5 \sim 1.5)$ mm（此尺寸的展宽取决于轨头部立轧）；

（6）轨头侧的鱼尾坡（fishing slope）：$M_6/b_6 = M_5/b_5$；

（7）腿厚度方向的延伸相同，即 $D_5/D_6 = N_5/N_6 = F_5/F_6$。

A　腰部尺寸

腰部尺寸如图 2-3-10 所示。

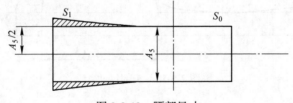

图 2-3-10　腰部尺寸

$$S_{A5} = S_{A6} \times \lambda_6　\text{或}$$
$$S_{A5} = S_{A6} \times 1.07\text{（选择延伸系数）}$$
$$A_5 = [S_{A5} - 2(S_1 + S_0)]/E_5$$

B　腿部尺寸

腿部尺寸如图 2-3-11 所示。

$$S_{P5}/2 = \frac{S_{P6}}{2} \times 1.07 \text{（选择延伸系数）}$$

由于在计算 $A_5/2$ 时已设定 3°、4°，这样所有宽度 H_5、U_5、V_5 都可确定。则得到：

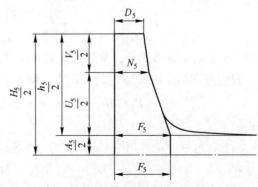

图 2-3-11　腿部尺寸

$$D_5/D_6 = N_5/N_6 = F_5/F_6$$
$$N_5 = D_5 N_6/D_6 \tag{2-3-1}$$
$$F_5 = D_5 F_6/D_6 \tag{2-3-2}$$

这样一半腿的断面面积可表示为：

$$S_{P5}/2 = V_5(D_5 + N_5)/2 + U_5(N_5 + F_5)/2 + (A_5/2) \times F_5$$

将式 (2-3-1) 和式 (2-3-2) 代入上式得：

$$S_{P5}/2 = V_5(D_5 + D_5 N_6/D_6)/2 + U_5(D_5 N_6/D_6 + D_5 F_6/D_6)/2 + (A_5/2) \times (D_5 F_6/D_6)$$

该方程式与 D_5 一次方成正比，而 D_5 和 N_5、F_5 的数值可据式 (2-3-1) 和式 (2-3-2) 决定。

数值的验证：形成二分之一腿部的基础断面面积合计应等于 $S_{P5}/2$。

C　头部尺寸

头部尺寸如图 2-3-12 所示。

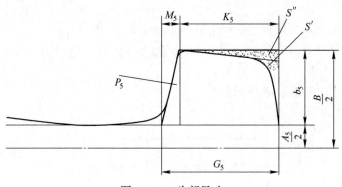

图 2-3-12　头部尺寸

设定如下参数：G_5 为 5°，P_5 为 6°，未知数为 b_5（鱼尾坡），则有：

$$S_{Ch5} = S_{Ch6} \times 1.07 （选择系数）$$
$$M_5 = P_5 b_5$$
$$S_{Ch5}/2 = A_5 G_5/2 + P_5 b_5 b_5/2 + (G_5 - P_5 b_5) b_5 - (S' + S'')$$

式中　S' 为制图所得部分，常作为常数考虑；S'' 为推算出的断面面积。

我们得到的方程式是 b_5 的二次方，即：

$$(P_5/2) b_5^2 + G_5 b_5 + S_{Ch5}/2 + S' + S'' = 0$$

则：

$$b_5 = \{ G_5 - [G_5^2 + 4(P_5/2) \times (S_{Ch5}/2) + S' + S'']^{0.5} \}/P_5$$
$$b_5 = \{ G_5 - \{ G_5^2 + P_5 [S_{Ch5} + 2(S' + S'')] \}^{0.5} \}/P_5$$

基础断面的总和可以数字验证，得到 $S_{Ch5}/5$，若有误差，可调整 S'' 值，再做一次计算。

3.5.2.2 验算钢轨的全断面

$$S_5/2 = S_{P5}/2 + S_{Ch5}/2 + S_{A5}/2$$

3.5.3 精轧前孔（万能孔）孔型设计

再往前设计一个孔型，即 4 号孔，这是一个万能孔型，钢轨坯在这个孔型中承受水平辊和立辊垂直压轧后被送入 5 号孔立轧。这一孔的断面必须精确设计。

3.5.3.1 设定

为计算这一孔型，作如下设定：

(1) 腰厚 $A_4 = A_5 + (0.3 \sim 0.5)$ mm。

(2) 鱼尾 $E_4 = E_5 - 0.5$ mm。

(3) 鱼尾坡度相同，即腿侧：$P''_5 = P''_4$ 和 $P'_4 = P'_5$、$(F_5 - N_5)/U_5 = (F_4 - N_4)/U_4$ 及 $(N_4 - D_4)/V_4 = (N_5 - D_5)/V_5$；头侧：$P_5 = P_4$、$M_5/b_5 = M_4/b_4$。

(4) 腿根处的厚度 $F_4 = F_5$。

(5) 头部厚度 $G_4 = G_5$。

(6) 从腿两坡度的连接点到腰的距离是等距离的，即 $u_4 + A_4/2 = u_5 + A_5/2$。

3.5.3.2 确定各部分尺寸

A 腰部尺寸

断面面积：

$$S_{A4} = E_4 A_4$$

延伸系数：

$$\lambda_5 = S_{A4}/S_{A5}$$

用 λ_5 定义 S_{Ch4} 和 S_{P4}。

B 腿部尺寸

断面面积：

$$S_{P4} = S_{P5}\lambda_5$$

N_4 的计算：

$$U_4 = U_5 + A_5/2 - A_4/2 \quad （设定 6）$$

$$P''_4 = (F_4 - N_4)/U_4 = P''_5 = (F_5 - N_5)/U_5 \quad （设定 3）$$

因此：

$$N_4 = F_4 - P''_4 U_4$$

V_4 的计算：因 P'_4 是已知，用它可决定其前孔：

$$P'_4 = (N_4 - D_4)/V_4$$

$$D_4 = N_4 - P'_4 V_4$$

要确定整个腿只需计算 V_4：

$$S_{P4}/2 = F_4 A_4/2 + U_4 (F_4 + U_4)/2 + V_4 (N_4 + N_4 - P'_4 V_4)/2$$

上式整理为 V_4 的二次方程：

$$P'_4 V_4^2/2 - N_4 V_4 + S_{P4}/2 - F_4 A_4/2 + U_4 (F_4 + U_4)/2 = 0$$

则：

$$V_4 = \{N_4 - \{N_4^2 - P'_4 [SP_4 + F_4 A_4 - 2U_4 (F_4 + U_4)]\}^{0.5}\}/P'_4$$

C　头部尺寸

设定如下：G_4 和 P_4、S''_5 可先推算出，而 b_4 为已知，并有：

$$S_{Ch4}/2 = S_{Ch5}/2 = \lambda_5$$

$$S_{Ch4}/2 = (A_4/2) G_5 + P_4 b_4 b_4/2 + (G_4 - P_4 b_4) b_4 - (S' + S''_4)$$

上式整理为 b_4 的二次方程：

$$(P_4/2) b_4^2 - G_4 b_4 + [S_{Ch4}/2 - (S' + S''_4)] = 0$$

则有：

$$b_4 = \{G_4 - \{G_4^2 - 2P_4 [S_{Ch4}/2 - (S' + S''_4)]\}^{0.5}\}/P_4$$

计算后，检查一下所设计的 $S_{Ch4}/2$ 断面。

D　总的断面面积

总的断面面积可表示为：

$$S_{T4}/2 = S_{A4}/2 + S_{P4}/2 + S_{Ch4}/2$$

3.5.4　前边各孔孔型设计

一般会出现两种情况：

（1）立轧类型的孔型，如在 St. Jacques 厂的孔型系统情况。

（2）万能类型的孔型，如在 Iscor 厂的孔型系统情况，其三个孔排列在同一架万能轧机上，因此，具有相同的水平轧辊。

具有立轧孔的情况：所有计算与本篇第 2 章所述相同，只是要选择好 λ_4。对所有立轧孔，其前孔都是采用相同方法计算，一直推算到先导孔。

万能孔的情况：总的情况，可据第 3 章所述的方法计算前一个孔型。

一个特殊情况是几个孔设置在同一个万能机架上，如 Iscor 厂就是三个孔设置在万能粗轧机 U_1 上。在这种情况下，轧制靠调整水平辊和立辊来完成，对三个孔型而言，钢轨鱼尾部分的形状要保持相同，再用立辊对轨头和轨底进行加工，其计算方法与前边介绍的略有不同。

3.5.4.1　腰部尺寸

腰部尺寸如图 2-3-13 所示。对每个万能孔而言，鱼尾是相同的，其厚度计算如下：

$$S_{A3}/2 = (S_{A4}/2) \lambda_4$$

$$A_3 = (S_{A4} \lambda_4/2)/E_4$$

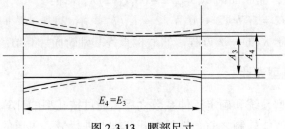

图 2-3-13　腰部尺寸

3.5.4.2　腿部尺寸

腿部尺寸如图 2-3-14 所示。腿部的延伸是通过立辊对腿部进行垂直压轧来实现的。

设定腿部无展宽，则：$h_4 = h_3$，借助作图：$P_4' = P_3'$、$P_4'' = P_3''$、$U_4 = U_3$，则有：

$$V_3 = h_4 - A_3/2 - U_3$$

$$S_{P_3}/2 = (S_{P_4}/2)\lambda_4$$

$$\begin{aligned}
S_{P_3}/2 = {} & D_3 h_3 + [(N_4 - D_4) V_3]/2 + \\
& [N_4 - D_4 + (F_4 - N_4)/2] U_3 + \\
& (A_3/2)(F_4 - D_4)
\end{aligned}$$

上式是 D_3 的一次方等式，可据等式来计算 D_3。然后验证一下经计算的各基本断面的数值。

3.5.4.3　头部尺寸

头部尺寸如图 2-3-15 所示。轨头部断面的压缩是通过调整头部立辊实现的。

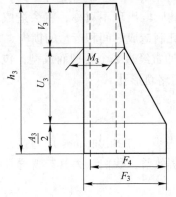

图 2-3-14　腿部尺寸

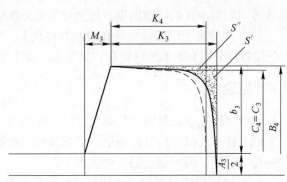

图 2-3-15　头部尺寸

设定：各孔头部是一样宽度，则 $C_3 = C_4$，而 S_3'' 也是事先设定的。S_3'' 采用如下方法计算：

$$S_3'' = [K_4 \lambda_4 (B_4 - C_4)/2]/2$$

K_3 是未知数，而断面面积 $S_{Ch3}/2 = (S_{Ch4}/2)\lambda_4$，即：

$$S_{Ch3}/2 = M_3b_3/2 + M_3A_3/2 + K_3(b_3 + A_3/2) - (S' + S''_3)$$

这是一个关于 K_3 的一次方程。然后检查各基础断面计算值。

3.5.5　先导孔孔型设计

在选择好孔型系统和确定延伸系数之后，通过按孔型的计算，最后便可确定先导孔。在进入万能轧制之前，轧件在开坯机上进行最后一道的水平或立轧，以形成具有轨形的轧件，供给万能轧机。

（1）关于头部形状的技术绝巧：为防止轨头金属量不足，在轨头踏面的侧面要有一定的金属预量（见图 2-3-16），实践告诉，由于腰的延伸，轨头金属也会被牵动流向腰部。在孔型计算时，这些预留的金属量在计算断面时不参加计算。

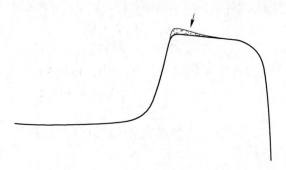

图 2-3-16　轨头踏面的侧面

（2）先导孔的重要性：这一孔是非常关键且重要的，它必须是对称的，而且还必须能够让金属很好地充满整个断面。若在此阶段出现不对称，将会造成后面的万能轧制中轧机调整困难，还会对后面万能轧制造成时间和产量的损失。

（3）先导孔的形成：先导孔设在开坯机上，通常经过 8 个孔型而成型，包括 4 个预备孔，作为帽形的过渡孔；另外还有 4 个粗略轨形孔。

3.6　结论

钢轨万能轧制法是钢轨轧制技术的一个极大进步。在 St. Jacques 厂通过三年的实践，这一轧制方法已经展示出了其良好的经济效益，我们认为其与普通孔型法的最大改进，即万能法的主要优点是：

（1）可减少轧辊磨损，增加每套轧辊轧出量；

（2）可使轧机调整更具有灵活性；

（3）减少了轧辊和设备成本；

（4）改进了钢轨表面质量；

（5）减小了轧制尺寸误差。

4 世界各国钢轨万能法生产技术改进

4.1 日本新日铁八幡厂

日本新日铁八幡厂钢轨的万能法轧制工艺是在引入 De. Wendle（Sacilor）的专利的基础上，结合生产实践和技术改进，形成了自己的万能法轧制技术。

4.1.1 开坯工序

开坯工序由一架二辊式可逆轧机和一架万能开坯轧机组成，用这两架轧机可以为下步万能轧机提供几何尺寸准确的工字形异形坯。轧件首先在二辊式开坯机上通过切楔切出钢轨腿部的雏形，然后轧出轨头部和底部的大概形状。如要生产 H 型钢则需要生产异形坯，然后送至万能开坯轧机，在这架轧机首先通过 9 道次轧出腰，再使腰扩展。开坯工序孔型系统如图 2-4-1 所示。

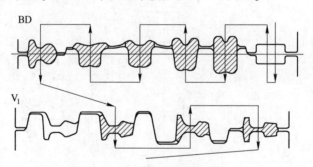

图 2-4-1 开坯工序孔型系统

4.1.2 万能轧制工序

万能轧制工序设备由万能粗轧机、粗轧边机、中间万能轧机、中间轧边机和万能精轧机组成。从开坯工序送来的轧件在万能粗轧机上通过 1 道次或多道次压下，借助水平辊对轨头、轨底和下颚部分进行压缩，借助立辊对轨头踏面和轨底底面进行加工。在万能粗轧机对轧件加工的同时，粗轧边机借助水平辊对轨头侧面和轨底侧面进行加工，而这时轧辊并不与腰部接触，也就是说腰部不被压缩和加工。万能轧机与轧边机如图 2-4-2 所示。

　　轧件在万能中轧机和中间轧边机上仅各轧
1 道。在万能中轧机上轧制进一步精确轧件各
部尺寸和断面形状，由于其立辊与水平辊处于
接触状态，可以防止轧件出现横向错位。在中
间轧边机上对轧件的头宽和腿宽进一步控制，
同时用较小的压下量来改进头部踏面形状。最
后轧件在万能精轧机和轧边机上各轧 1 道，对
钢轨的头、腿及全断面尺寸和平直度进行最后
精加工。万能轧制工序孔型系统如图 2-4-3
所示。

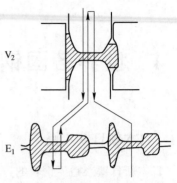

图 2-4-2　万能轧机与轧边机

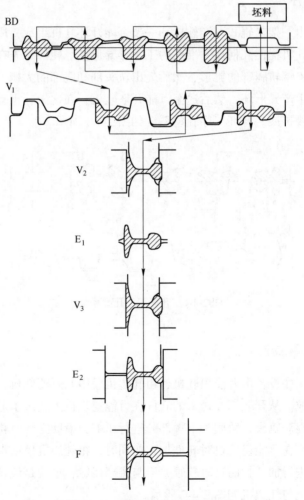

图 2-4-3　万能轧制工序孔型系统

4.1.3 万能法轧制工艺的特点

采用万能法轧制钢轨，可以对轨头和轨底进行更大压下量的碾轧，改善其疲劳寿命，可以获得比一般孔型法更细小的晶粒组织，可以使钢轨全断面各部尺寸精度更高，获得更光滑的表面质量，还可以生产比孔型法更长的长钢轨。在轧制单位能耗上万能法比孔型法有更大的优势。

万能法可以借助立辊直接压下，每道次可采用更大压下量。由于万能法轧制基本是对轧件全断面进行对称加工，可使轧件各部断面均匀形变。

由于万能法轧制基本是垂直压下，轧件对轧辊的磨损变小，轧辊消耗比普通孔型法小，故有利于降低生产成本。

在整个轧制过程中，可以在大范围内自由调整轧机，尤其是立辊对轧件的压下有很大的调整自由度。

4.1.4 新日铁八幡厂在万能法轧制钢轨工艺设备上的改进

（1）采用带有快速横移装置的轧边机。在万能粗轧机 V_2 上，在进行可逆轧制情况下，轨头和轨底首先被压缩，轨腰在第 2、3 道次被压缩。轧边机 1 架，轧件的头、底与轧边机 E_1 在 3 个道次轧制中不能同时接触。为了避免这一情况，八幡厂在轧边机 E_1 上设计了 2 个不同的孔型 E_a 和 E_b，轧件先在 E_a 孔轧 2 道，然后在 E_b 孔上轧 1 道。为获得快速压下，采取轧辊横移来改变 E_a 孔为 E_b 孔，这样可以使轧件形状、尺寸更满意，延长了轧辊寿命。若要在原 E_1 轧边机上获得相同结果，则要附加安装万能和轧边机。因此，具有快速压下的 E_1 轧边机，在减少轧机数量和轧线长度上具有重要作用。其轧件变形如图 2-4-4 所示。

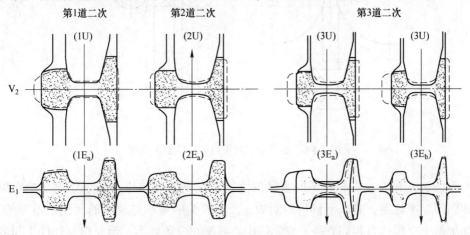

图 2-4-4 万能轧机和轧边机轧件变形示意图

（2）采用小直径立辊。具有支撑辊的小直径立辊，在万能轧制中对轧件直接垂直压下，其可比大立辊承受更大的轧制力。立辊与支撑辊关系如图 2-4-5 所示。

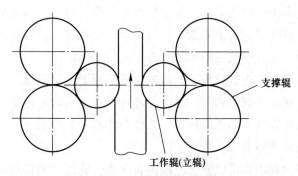

支撑辊

工作辊(立辊)

图 2-4-5   立辊与支撑辊关系

与轧制宽翼缘钢梁一样，在钢轨轧制过程中，立辊有防止钢轨从翼缘中心的轨腰跑偏的作用。在轧制过程中，轧件首先与上下水平辊接触，然后才与左右立辊接触（见图 2-4-6）。在水平轧制中，轧件的腰部是被导板固定在中心位置，然后再通过立辊轧制腿部，即这两个过程的开始具有一定的时间差。

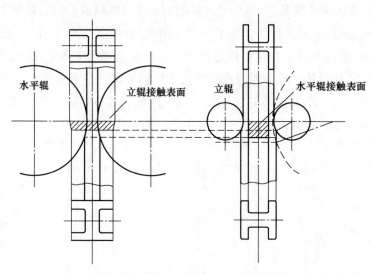

水平辊   立辊接触表面   立辊   水平辊接触表面

图 2-4-6   水平辊、立辊与轧件接触示意图

（3）采用左、右具有不同直径的立辊。在钢轨轧制中，如果立辊在左右以相同压缩率轧制，其压下量是不同的，因为轨头的面积与轨底的面积是不等的。如果两个立辊具有相同直径，它们的中心线又在一条线上，而立辊与轧件头与底

的接触点不同，其结果是轧辊咬入轧件的位置、钢轨的形状都将变得不稳定且困难，不仅如此，轧件将在轧机入口或出口端弯曲，对保持正常轧制及获得满意形状造成困难，为此，应使与轨头接触的左立辊与辊底接触的右立辊具有不同压下量。用于加工轨头的立辊直径应比加工轨底的立辊具有更大压下量而辊径要小，具有不同直径的立辊如图 2-4-7 所示。

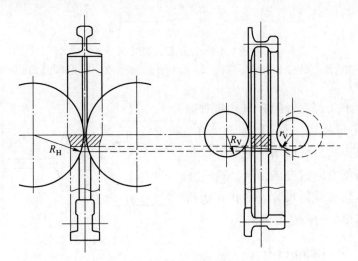

图 2-4-7　具有不同直径的立辊

（4）采用止推楔。在采用普通孔型法轧制钢轨时，其作用于腿部的压力比作用于头部的压力大，为防止上下轧辊因力偶作用而产生偏离中心，常在轧辊上设置斜壁，用这个斜壁来抵消轧件对轧辊的推力。同样在万能法轧制钢轨时也会产生一个造成轧辊偏离的推力，为防止由于推力造成水平辊移位，常使万能预精轧机和万能精轧机，即 V_3 和 F 轧机的立辊与水平辊贴在一起。止推楔设置情况如图 2-4-8 所示。

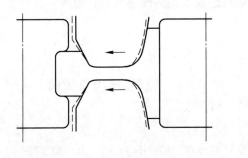
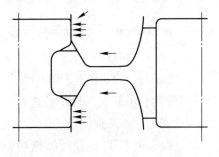

a　　　　　　　　　　　　　　　　b

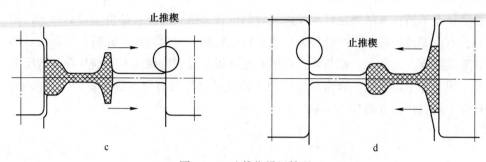

图 2-4-8　止推楔设置情况

a—没设置止推楔；b—设置止推楔；c—E$_2$ 轧机上的止推楔；d—F 轧机上的止推楔

（5）具有头部立辊的 E$_2$ 轧边机对钢轨轨头的轧制特点。如图 2-4-9 所示，采用辗轧轨头法，可以调整轨头形状和控制头部高度方向过充满情况，这一方法可将钢轨轨头几何尺寸、形状和轨高尺寸控制在很小的公差范围内。

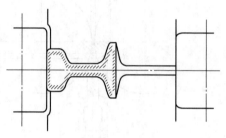

图 2-4-9　轨头经立辊加工

4.2　法国 St. Jacques 厂

4.2.1　St. Jacques 厂简介

法国 Hayangn 的 St. Jacques 厂是法国 Unitmetal 集团中历史最悠久的一个厂，建于 1896 年。1912 年，当时的轧钢设备由两台开坯轧机、三台普通轧机和三台精轧机组成。主要生产钢轨、连接件和各种型钢。这些轧机未经任何现代化改造，一直到 1974 年才淘汰下来。1959 年建设了一座 H 型钢厂，1963 年投入生产，为生产高质量型钢，1973 年增添了一台双万能机架，1975 年建成投入使用。1986 年又安装了超声检查和一个精轧万能机组及钢轨离线热处理作业线。

4.2.2　St. Jacques 厂的设备与工艺

4.2.2.1　钢坯库

St. Jacques 厂的钢坯库是一个露天库，长 170 m，能存储钢坯 3 万吨，采用计算机管理，供轧制钢轨用的连铸坯全部存储在这里。

4.2.2.2　加热炉

St. Jacques 厂共有两台加热炉，其加热能力：低碳钢为 80 t/h，高碳钢为 60 t/h，燃料采用天然气，从钢坯装炉开始到最后发货全部过程均由工业电视和计算机组成的监控系统管理。

4.2.2.3　轧机

（1）两架 950 mm 二辊式可逆开坯机。第一架为初轧机架，第二架为可移动机架，在第一机架入口有翻钢机。开坯钢锭主要在第一架上进行。轧制钢轨需用10 个孔型，轧槽钢需用 7 个或 9 个孔型完成。打捆采用机器手。

（2）双万能（Mocllor-Nevmann）机架。这架轧机建于 1973 年，是一架可逆式万能双牌坊轧机，机架有两个垂直液压缸和四个水平轧辊，配有两大两小轧边机，由一个带有飞轮系统的马达拖动。这架轧机仅用于轧制钢轨，它可以实现整个万能轧制工艺中 2/3 的最大延伸。其轧制设备由液压缸和一些轧辊组成，机械设备调整通过远距离控制，但无法预先设定程序。

（3）1117 mm 万能可逆轧机。这一机架由两个水平辊和两个立辊组成。从钢坯到成品需 5、7、9 或 11 道次才能成型，然后进入精轧。

（4）863 mm 轧边机。这架轧边机与 1117 mm 万能轧机组成机列串列式工作，在轧制 H 型钢时，它用来加工翼缘外侧平面，以保证腿长公差。对钢轨，它用于加工腿端和头部两侧面。

（5）1066 mm 万能精轧机。这架轧机用于生产型钢，由水平辊和两个立辊组成，该轧机仅用于成品道次轧制，常采用很小压下量，主要是起热矫作用。对钢轨，该轧机仅采用半万能工艺，即用一个立辊加工腿外端，而用水平辊对轨头侧面进行加工，以确保断面形状。

4.2.2.4　自动氧气切割机

自动氧气切割机安装在第二架 950 mm 机座与 1117 mm 轧机机座之间的辊道上，用于切割钢坯头尾。

4.2.2.5　每架轧机所用马达参数

轧机马达参数见表 2-4-1。

表 2-4-1　轧机马达参数

轧　机	功率/kW	转速/r·min⁻¹	力矩/kN·m
950 mm 轧机	6190	0-50-125	2000
950 mm 轧机	3700	0-66-125	
万能轧机 1 号及 2 号	3700	0-60-150	540
1117 mm 万能轧机	6190	0-70-160	2200
863 mm 轧边机	1480	0-150-300	263
1066 mm 万能精轧机	1620	0-50-110	717

4.2.3　St. Jacques 厂轧机所用原料及产品大纲

St. Jacques 厂轧机以 255 mm×320 mm、320 mm×360 mm 及 360 mm×480 mm 连铸坯为原料，可生产 36~70 kg/m 钢轨及道岔轨，IPE 200~500 梁型 H 型钢，HE140~360 柱型 H 型钢，HP203 mm、254 mm、305 mm 钢桩，UC、UB 等槽钢。

该厂轧机平面布置及孔型系统见图 2-4-10。

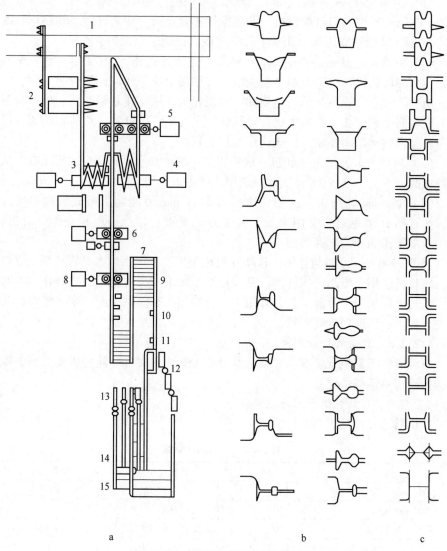

a   b   c

图 2-4-10 轧机平面布置及孔型系统

a—轧机平面布置示意图；b—钢轨孔型系统；c—H 型钢孔型系统

1—钢坯跨；2—加热炉；3—初轧机；4—开坯机；5—双机架万能轧机；6—万能轧机；7—轧边机；8—万能轧机；
9—冷床；10，11—矫直机；12—液压矫；13—钢轨加工机床；14—超声波探伤；15—检查台

5 钢轨万能法生产技术的发明与发展

——法国钢铁集团哈亚士厂开发的万能法生产钢轨技术

5.1 钢轨万能法生产技术的历史

哈亚士厂生产钢轨的历史可追溯到 19 世纪末，从那时起至今，该厂从未中断过钢轨生产。现在杰克厂的生产线建于 1962 年，当时的考虑仅仅是为了生产平行腿工字钢（即 H 型钢）。在 1964 年，这个厂的经理斯坦莫达斯先生研制成功用万能法生产钢轨新工艺。后来，人们以其名字命名这一新工艺。从 1973 年起，该厂各种规格的钢轨全部采用万能法生产，到 1990 年已生产近 300 万吨各类钢轨。

其实早在 1968 年，斯坦莫达斯先生就在国际孔型会议上，就采用万能法生产钢轨作过全面论述。在这里，我们对万能法生产钢轨的原理和工艺的发展过程再进行一次深入的回顾和研讨，对评价这一工艺和进一步开发其应用是非常必要的。

5.2 斯坦莫达斯工艺的基本原理

1932 年，现在称为普通孔型法的蒂森工艺诞生了，蒂森工艺的特点是采用带有切楔的孔型轧出钢轨的腿部，这对改进由水平裂纹所引起的底裂有一定帮助。

1964 年，斯坦莫达斯钢轨轧制新工艺首先在哈亚士厂实验成功。为了提高钢轨在线路上的使用寿命，后来又进行了多次改进。我们现在知道：在线路上钢轨的轨头要承受复杂的多种交变应力的作用。当钢锭凝固时，在相当于钢轨轨头的钢锭区域存在着柱状晶区，这个区域内的夹杂物经轧制后扩散成潜伏的裂纹源。这些微观的裂纹有形成宏观裂纹的危险，特别是在钢轨经冷却、矫直后或在使用过程中都会使其原有的微裂纹发生扩展。众所周知，夹杂及微裂纹是使钢轨发生疲劳断裂的直接根源。无论是夹杂还是微裂纹，只要其中的一个在承受轧辊切楔作用的区域发生扩展，均会在有残余树枝状晶的区域，使钢轨发生疲劳断裂。这是由传统孔型设计方法的特点所决定的，传统的孔型设计仅能使轧件产生单方向变形，它无法把残余的树枝状晶压碎。

有关钢轨冶金生产工艺的研究一直在探讨如何把钢轨发生疲劳断裂的风险降低到最小程度。其改进的方向是：提高钢的洁净度及材料的各向同性，减少柱状晶的形成，同时应尽量避免钢液在凝固时被污染；通过金属压力加工的途径，对钢轨施加更大的垂直于其受力区域的变形，这一变形应是对其全断面均匀的变形。基于这一思想，斯坦莫达斯先生设计制造了万能轧机，万能轧机具有可对轧件进行互相垂直的两个方向的变形功能。应用传统孔型法和万能法时钢轨、孔型与坯料之间的关系如图 2-5-1 所示。

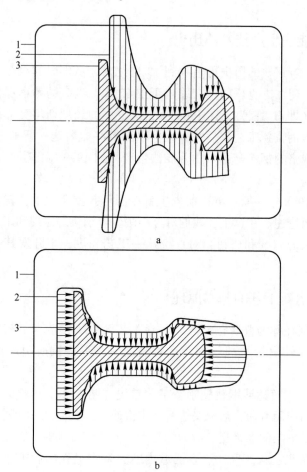

图 2-5-1　传统孔型法钢轨、孔型与坯料之间的关系（a）
和万能法钢轨、孔型与坯料之间的关系（b）
1—坯料；2—孔型；3—钢轨

5.2.1　钢轨的万能法轧制

钢轨的万能法轧制工艺（见图 2-5-2），即斯坦莫达斯工艺。它由紧密衔接的轧件的三个交替基本变形过程所组成：

（1）在轧制的第一阶段对轧件进行万能粗轧。这一阶段是在万能粗轧机上进行的，轧机通过两个水平辊对轧件的腰部进行垂直方向的压缩，同时轧机通过两个立辊分别对轧件的踏面和轨底进行垂直方向的压缩，使轧件的断面减小。

（2）在轧制的第二阶段对轧件进行轧边。这一阶段是在两辊轧机上进行的，轧机通过水平的上下辊，对已初步形成轨形断面的轨头侧面和轨底的侧面进行垂直轧制，以进一步获得更精确的轨头及轨底的形状和尺寸。

（3）在轧制的第三阶段对轧件进行精轧，这一过程是在一架半万能轧机上完成的。轧件要承受万能轧机上下辊的垂直碾轧，同时要承受万能轧机立辊对腿底面的垂直碾轧，以获取钢轨精确的外形和尺寸。

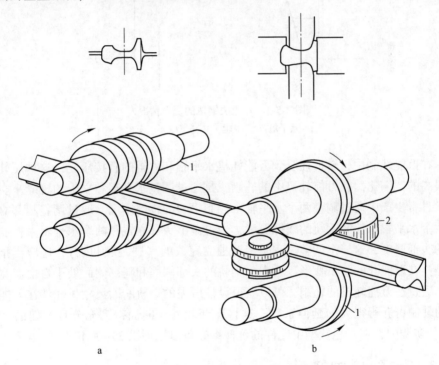

图 2-5-2　万能轧机和轧边机组成的万能机组

a—轧边机；b—万能轧机

1—水平辊；2—立辊

5.2.2　万能孔型中轧件的变形

图 2-5-3 显示了在由两个水平辊和两个立辊所组成的万能轧机上对一个轨形坯的变形情况。轨形坯是一种具有粗的钢轨形状轮廓的钢坯。

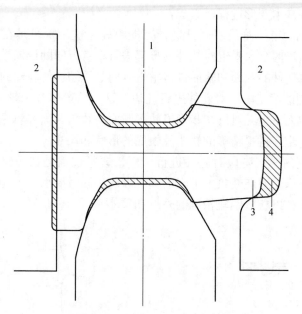

图 2-5-3　万能法钢轨的变形情况
1—水平辊；2—立辊；3—孔型；4—钢坯

在万能轧制中，轨形坯受到万能轧机水平辊和立辊的直接压轧，这种压轧具有很高的压缩比。在万能轧机中的轧制，是通过调整水平辊和立辊的辊缝来实现的。日常生产中通过调整两个水平辊来控制钢轨的腰部厚度，通过调整腿部立辊和两个水平辊来控制钢轨的腿部厚度，通过调整头部立辊和两个水平辊来控制钢轨的头部厚度，这三个调整过程是绝对独立完成的（腿、腰和头），还应当指出的是：在万能孔的整个变形过程中，钢轨的头部侧面和腿部侧面处于自由展宽状态。通过在万能轧机的轧制，可以获得设计所需的钢轨断面尺寸，轧件在万能孔中的轧制可获得很大的延伸系数，这将保证轧件全断面得到充分且均匀的"锻压"，实践中，在万能孔型中轧件的延伸系数可以达到 1.25~1.40。

5.2.3　轧边孔中轧件的变形

为了获得精确的腿宽和头宽，必须对钢轨的腿尖和头侧面进行加工。通常，轧边孔设置在万能孔的后面。设计轧边孔的目的是控制和调整钢轨腿端变形，以保证钢轨在通过万能精轧后具有所需的腿宽。对轨头，轧边孔的功能是可以对其断面轮廓进行预成型。同时，它还可以改进轨头及轨底与鱼尾过渡区域之间的夹角和圆弧。当然，轧边孔不是用来对轧件的全断面进行压缩的，但它可以改善整个轧件各部分的形状，这里所指的各部分是指在万能孔中加工不到的那些区域。轧边孔中轧件的变形情况如图 2-5-4 所示。

5.2.4 精轧孔中轧件的变形

精轧孔是一个半万能孔，由两个水平辊和一个立辊所组成。精轧机半万能孔的设计意图，是通过对轧件的垂直压力和很小的延伸来获得精确的钢轨断面轮廓和尺寸。实际生产中，半万能孔的调整过程是：通过调整立辊和水平辊来控制钢轨的腿厚；通过调整水平辊来控制钢轨的腰厚和头宽；还可通过调整立辊，实现对钢轨整个断面高度的精确控制，这主要是借助立辊对轨底的直接加工来实现的，其对轨头厚度的控制是通过控制轨头中间可以自由宽展部分来实现的。精轧孔中轧件的变形情况如图 2-5-5 所示。

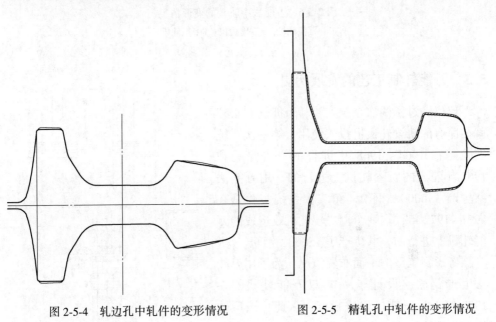

图 2-5-4 轧边孔中轧件的变形情况　　图 2-5-5 精轧孔中轧件的变形情况

5.2.5 在万能孔型系统轧制中对轨头形状的控制

在钢轨万能法轧制工艺中，钢轨轨头的最终形状是通过最后三个轧制道次获得的，这三个道次的孔型系统是：万能粗轧孔、轧边孔、万能精轧孔。

在万能孔型系统中轧制钢轨，欲得到精确的轨头形状和尺寸，必须考虑以下三个因素：（1）通过万能孔型的头部孔对轧件轮廓进行控制；（2）在万能孔中对轨头厚度的调整将直接影响在精轧孔中轨头的充满程度；（3）在精轧孔中对轨底立辊的调整也将影响轨头的宽展。上述三点必须在轧机的调整中认真考虑，只有充分注意这几点，才可能获得正确的轨头形状。

万能法中轨头的变形情况如图 2-5-6 所示。

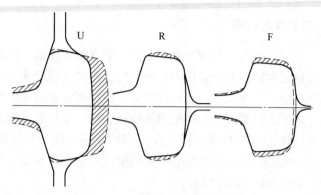

图 2-5-6　万能法中轨头的变形情况

U—万能轧机；R—轧边机；F—精轧机

5.3　万能轧制工艺的发展历史

仅仅经过了两次系统实验，万能轧制工艺就在原有的轨梁轧机上投入使用。第一次系统实验是在 1964～1968 年进行的。实验是在 1962 年建成的轨梁轧机上进行的，用万能法共生产了 6000 t 钢轨。第二次系统实验是在 1971～1972 年，在一个用二辊轧机改造成的万能轧机上进行的，共生产了 15000 t 钢轨。

考虑到工厂的平面布置情况，为了用万能法生产钢轨，设计了一架双万能轧机，在 1973 年 3 月新轧机建成投产，从此，该厂的钢轨生产线初步完成了现代化改造。

5.3.1　第一次系统实验

如图 2-5-7 所示，最初的实验是在该厂原有用于工字钢轧制的一架 1117 mm 万能机架上进行可逆轧制。轨形坯由两架 950 mm 二辊轧机供料。然后在由一架 1117 mm 万能轧机和一架 863 mm 轧边机所组成的机组上进行 5 道次的连轧，在连轧中每一道次均需要调整一次轧机的压下量（辊缝）。最后的精轧是在一架 1066 mm 精轧机架上进行的。孔型系统由 5

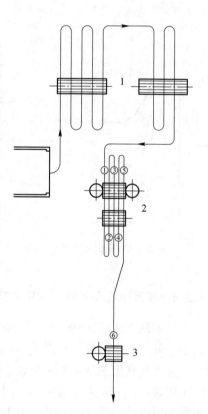

图 2-5-7　1964～1968 年万能法
轧制钢轨的设备与工艺

1—950 mm 轧机；2—万能轧
机组；3—精轧机

个万能孔（实际是一个具有 5 种不同辊缝的孔）和 3 个轧边孔（实际是一个具有 3 种不同辊缝的孔）组成。

由于钢轨尺寸公差比工字钢更严格，这就需要一种更精确对称性的轧制工艺，才能保证其轧制的尺寸精度。这次实验生产的 6000 t 钢轨都供给了法国和荷兰铁路。

5.3.2 第二次系统实验

如图 2-5-8 所示，第二次系统实验是在由两架二辊轧机改造成的万能轧机和一架 1117 mm 万能轧机上进行的。

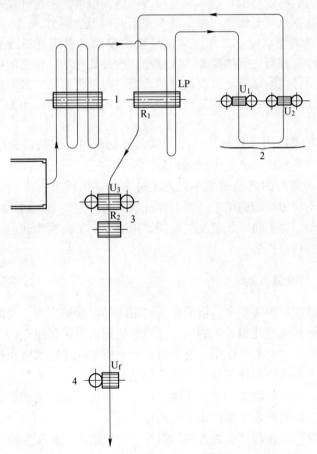

图 2-5-8 1971~1972 年万能法轧制钢轨的设备与工艺

1—950 mm 轧机；2—双万能轧机组；3—万能轧机组；4—精轧机

先导坯（轨形坯）是由两架 950 mm 轧机的开坯轧机提供的。将先导坯送到万能孔 U_1 和 U_2 进行万能粗轧后，轧件被送至第二架 950 mm 机架的轧边孔 R_1 轧边；再将轧件送到由一架 1117 mm 万能轧机和一架 863 mm 轧边机组成的连轧机组上进行一道次连轧；最后，轧件在一架 1066 mm 的半万能轧机上精轧一道。

本实验采用的孔型系统是：（LP）—U_1—U_2—R_1—U_3—R_2—U_f。其中 U_1、U_2 和 U_3 是专用万能孔，R_1、R_2 是专用轧边孔，U_f 是半万能孔。

当时，借助这些设备为法国的 SNCF 高速铁路和荷兰铁路生产了近 15000 t 钢轨。从实验一开始两国的铁道部门就对这种新工艺表现出极大的兴趣。由于进行了这些实验，使人们可以对万能法和孔型法两种工艺进行比较。

（1）钢轨的内部组织：万能法生产的钢轨其内部组织比孔型法具有更细小的晶粒尺寸，大约要小一半，尤其是在轨头和轨底的大尺寸的树枝状组织大大减小了。这正是人们所期待的目标——通过改善轨头金属的密度和减小金属各向性能的差异，提高钢轨承受因列车轴向载荷所引起应力的能力。

（2）钢轨的表面状况：采用万能法轧制的钢轨具有很光滑的表面。由于万能法轧制使轧件与孔型之间的摩擦大大减小，这是轧件与孔型之间的摩擦实际上被轧辊的位移所替代的结果。具有良好的表面，可以更容易发现其细小的表面缺陷。对于天然硬化轨来讲，由于其对缺口冲击很敏感，即使是小的表面缺陷也会造成麻烦。

（3）钢轨的横向力学性能：采用万能法轧制钢轨，钢轨的力学性能有明显改进，尤其是可使钢轨具有一种天然的各向同性。

（4）钢轨冷却后的弯曲度变小：钢轨的弯曲是由残余应力引起的，特别是钢轨在冷床上不均匀冷却的结果。而万能轧制工艺，用最简单的压缩代替了金属不同方向的流动，加上轨形坯坚实的形状也限制了热量的损失和前面所说的因各向异性所造成的热量损失。

5.3.3　轧钢厂的改造方案

在第二阶段的系统实验中，借助萨西洛集团的实验研究所，完成了以下几项测试：轧制温度、水平轧辊的轧制力、立辊的轧制力、轧制扭矩的测定等。这些测试的目的是建立一个数学模型，这个数学模型用于计算轧制力和扭矩具有很高的精度，轧制力和扭矩的计算是孔型设计的基础。

在这次实验的后阶段实验中，还做了以下工作：导卫系统的设计和定型、孔型设计的完善、对生产人员操作新工艺的培训。

在圣·杰克厂工程部和有关人员的指导下，根据以上测试数据，并考虑所要生产的钢轨断面、钢种及轧制温度等因素，设计了一架双万能轧机（MOELLER-NEUMANN）。

5.3.4　圣·杰克厂

1971 年为了采用万能工艺生产钢轨，该厂进行了现代化改造，通过努力，一架全新的万能双机架轧机安装在生产线上，这架轧机仅仅在生产钢轨时才使用。它安装在古老的底吹贝塞麦炼钢厂旁，该厂在1972年已关闭。由于在粗轧机后的空间不足，只好用这种双机架轧机，这可解释该厂令人吃惊的轧机平面布置。在关闭了贝塞麦钢厂后，供应给轨梁轧机的钢坯是由初轧机或连铸机提供的，这时候又建成两座步进式加热炉。

5.3.4.1 简介

钢坯库可以存放3万吨钢坯。有两台步进梁式加热炉，每座炉的加热能力是80 t/h。有两架二辊式开坯机，辊径为950 mm，辊身长为2250 mm，单独驱动。一架双万能轧机，仅用于钢轨生产。其有两个水平辊，辊径1230 mm，辊身长2200 mm。其有两个立辊，辊径800 mm。这台轧机由一台马达驱动。一架1117 mm可逆式万能粗轧机，其水平辊的辊径为1170 mm，立辊的辊径为900 mm。一架863 mm轧边机，辊径920 mm，它与1117 mm万能轧机组成连轧机。一架1066 mm万能精轧机，其水平辊辊径为1100 mm，立辊辊径为800 mm。

5.3.4.2 产品大纲

H型钢：IPE200×500、HE140×360；

钢轨：45~70 kg/m；

电车轨：60G~70G。

5.3.4.3 钢轨的轧制

该厂采用320 mm×255 mm、320 mm×360 mm和360 mm×445 mm三种坯料为原料。从连铸坯到先导孔，需要10道次的轧制才能完成，其中前6道次是在第一架950 mm轧机上进行的，后4道次是在第二架950 mm轧机上进行的。经过10道次的轧制，钢坯被轧成近似轨形的先导坯，然后进入万能轧制阶段。轧件先在万能粗轧机上轧3道，每道后配有专用轧边机。然后在万能精轧机上轧一道。其孔型系统为：（LP）$\rightarrow U_1 \rightarrow R_1 \rightarrow U_2 \rightarrow R_2 \rightarrow U_3 \rightarrow R_3 \rightarrow U_f$。其中：LP孔在第二架950 mm轧机上；$U_1$、$R_1$是第一个万能孔和轧边孔，在双万能轧机上；$U_2$、$R_2$是第二个万能孔和轧边孔，在双万能轧机上；$U_3$、$R_3$是第三个万能孔和轧边孔，在1117 mm和863 mm轧机上；U_f是精轧万能孔，在1066 mm轧机上。

在圣·杰克厂，从先导孔到成品孔的压缩比是2.5。该厂可以生产从45~70 kg/m的各种标准钢轨。从1973年到目前，生产了近400万吨各类钢轨。它还能用万能法生产带槽的电车轨，如图2-5-9和图2-5-10所示。

5.3.4.4 万能法对钢轨生产的改进

A 轧辊寿命

采用万能孔，精轧孔的寿命一般可达2000~3000 t，这取决于轧制的钢轨断面种类和所要求的公差。对于UIC60和SNCF50这样的断面，仅更换一次精轧成

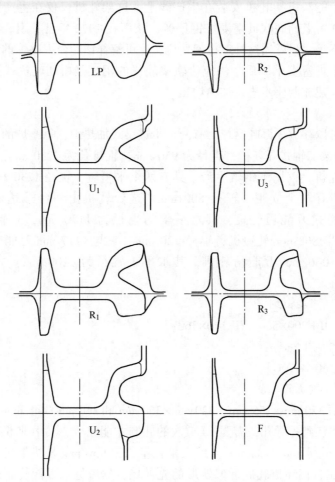

图 2-5-9　万能法轧制电车轨的孔型系统

LP—前导孔；U_1，U_2，U_3—万能孔；R_1，R_2—轧边孔；F—精轧孔

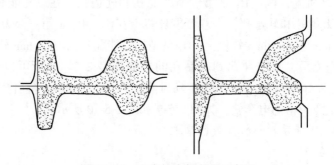

图 2-5-10　电车轨头部变形示意图

品辊和轧边辊，就可以生产 5000~6000 t，其他轧机不用更换。

由于水平辊和立辊的形状简单，可以全部采用组合式轧辊。采用万能工艺，若使用整体辊，其轧辊平均消耗为 1.4 kg/t，而使用组合轧辊，其轧辊平均消耗为 1.1 kg/t，还应指出：开坯机的轧辊消耗是 0.7 kg/t，也包括在 1.1 kg/t 之内。从中不难看出：采用万能法可以比孔型法大大降低成本。

B　孔型设计

该厂可以设计生产各种强度的钢轨，包括：普通轨，750~850 MPa；天然硬化轨，900~1000 MPa；高强轨，1100 MPa。

以上几种级别的钢轨都是采用相同的孔型，只是在轧制时需要根据不同钢种变形抗力不同，来调整轧机的辊缝。在实际生产中还要根据轧辊的磨损情况来调整底宽、腰厚和轨高，以获得稳定的钢轨的断面尺寸。表 2-5-1 显示了用万能法生产 1 万吨天然硬化轨 UIC60 断面的尺寸情况。

表 2-5-1　万能法生产天然硬化轨 UIC60 断面的尺寸　　　　（mm）

项　目	轨高	底宽	头宽	腰厚
标准值	172	150	74.33	16.50
实测平均值	172.07	149.89	74.31	16.55
标准离差	0.22	0.24	0.19	0.16

C　轧制力矩

采用万能法比孔型法的轧制力矩要小，因为在孔形法的轧制中，在闭口孔型中，轧辊与轧件的摩擦使其变形能增加 50% 以上。

5.4　万能工艺的发展

5.4.1　万能法可以应用于连续式轧机

实践证明，万能法完全可以应用于连续式轧机，无任何问题。在哈亚士厂，生产钢轨的标准长度是 75 m，这仅仅是因为其 1117 mm 的万能轧机到 1066 mm 的万能轧机间距只有 68 m 长，这就要求在最后的三架轧机必须进行同步轧制。同步轧制中的速度问题早已从理论和实践上获得圆满解决，即在连轧中必须遵守秒流量体积不变定律和前一架的出口速度必须等于后一架的入口速度。实际操作中要保持机架间轧件无张力或微张力，这样才能保证轧件尺寸的稳定和外形的准确。

5.4.2　在具有三个孔的可逆式万能轧边机组和一架精轧机上轧制的同步性

1976 年，采用可逆万能轧边机组与精轧机同步轧制的方法，生产了 UIC60

断面钢轨 3200 t 以上，产品质量很好。当时的孔型设计，在三个孔使用一种鱼尾板箱，第二架的轧边机未用。其孔型系统由具有相同的鱼尾的三个万能孔、两个专用轧边孔、一个半万能孔组成。生产实际检测，结果令人满意。具体数据见表 2-5-2。

表 2-5-2　工艺改进后生产钢轨的断面尺寸　　　　　（mm）

项　目	轨高	底宽	头宽	腰厚
标准值	172	150	74.33	16.50
实测平均值	172.08	150.17	74.25	16.65
标准离差	0.25	0.26	0.18	0.17

5.4.3　重叠式轧边孔

为了避免因更换轧边机或增加一架轧边机所带来的费用，萨西洛开发了一种具有重叠孔型的轧边孔（见图 2-5-11），这种轧边孔可以提供两种以上的轧边孔型，带有辅助换孔装置系统，可以满足孔型更换需要。

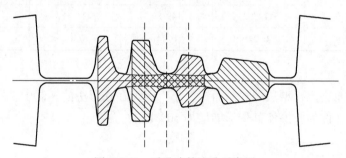

图 2-5-11　重叠式轧边孔示意图

1980 年 6 月，该厂用这种孔型生产了 900 t 的 UIC60 钢轨，当时所采用的孔型系统为：在 1117 mm 轧机上设置三个万能孔，在 863 mm 轧机上设置两个重叠的轧边孔，在 1066 mm 轧机上设置一个精轧孔。用这种孔型轧制的钢轨断面尺寸见表 2-5-3。

表 2-5-3　采用重叠式轧边孔轧制的断面尺寸　　　　　（mm）

项　目	轨高	腿宽	头宽	腰厚
标准值	172	150	74.33	16.50
实测值	172.09	150.13	74.38	16.62
标准离差	0.24	0.35	0.15	0.17

5.4.4　成组孔型

成组孔型是萨西洛专利，通常应用在轧边机上，生产钢轨或 H 型钢，其目的是更有效地利用轧辊的辊身。成组孔型主要有以下几种：

（1）由钢轨、钢梁和其他断面组成更大（钢梁）断面的腰部孔型（见图2-5-12a、b）。

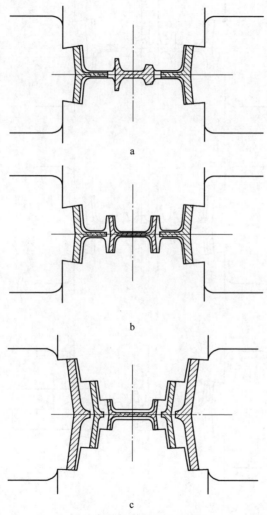

图 2-5-12　成组孔型示意图

（2）由几个钢梁的断面组成的阶梯式成组孔型（见图 2-5-12c）。

（3）也有可能由以上两种孔型组成一种混合孔型。

图 2-5-13 展示了成组孔型的 3 个例子，一个是钢梁轧边机的孔型，其余两个

是钢轨轧边机的重叠式孔型。

　　图 2-5-13a 是两个类似的钢轨重叠式轧边孔型。图 2-5-13b 是两个不同的重叠式钢轨轧边孔型（可以具有相同或不同断面）。图 2-5-13c 是带有立辊的两种不同的重叠式钢轨轧边孔型。

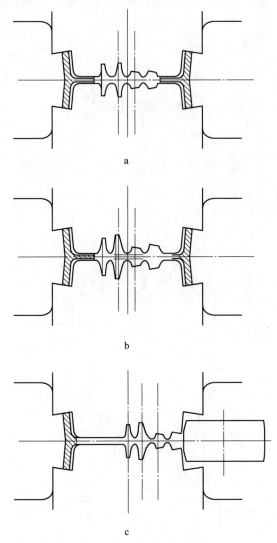

图 2-5-13　成组孔型实例

　　成组孔型的经济效益很好，它可以减少轧辊的库存和轧辊的堆放场地。还可以降低轧辊消耗量，因为这种孔型每车削一次，能同时车出用于几种断面的孔型。图 2-5-13 展示出用一个孔型可轧制 H 型钢和钢轨，或可轧制不同规格的钢轨的孔型设计技巧。

5.4.5　结论

可以肯定地说，在铁路技术高速发展的今天，对钢轨这种铁路建设的重要材料要求越来越高，尤其是随着铁路速度的提高，在车速超过 200 km/h 以上时，钢轨的动态磨耗就显得格外重要。法国的高速列车 TGV 在 1981 年速度已超过 300 km/h，钢轨断面的尺寸精度和外观的平直度对列车的安全和旅客的舒适度有着重要影响，铁路部门尤为关注。由斯坦莫达斯先生发明的万能法钢轨轧制工艺，不仅可以满足铁路对钢轨尺寸和性能的要求，而且也给工厂带来很好的经济效益。

6　钢板桩的孔型设计

6.1　钢板桩在工程中的应用

钢板桩断面具有很高的抗弯抗扭性能和良好的抗腐蚀性，使其在工程中获得广泛应用，主要用于船坞、堤岸、码头、围堰、防护堤、海上采油、地下铁道、轨道交通、发电厂、水库大坝、地下矿井、大型建筑基础等重要设施。世界上生产钢板桩的国家主要有日本、卢森堡、美国、法国、苏联等，其中日本和卢森堡生产的钢板桩品种多、产量大。

6.2　钢板桩的品种

1900 年世界开始生产钢板桩，钢板桩的形状有板形、U 形、Z 形、工字形、箱形和圆管形等。通过近百年的研究和改进，到目前为止在世界上应用比较广泛的钢板桩品种有：

（1）板形钢板桩（ROMBAS），如图 2-6-1 所示，其特点是腹板平直、锁口处强度较高，适用于格形围堰等建筑，多用于挡土墙、挡水墙等圆形和半圆形结构。

（2）U 形钢板桩（LARSSF），如图2-6-2 所示，其特点是刚度高、惯性矩大，适用于永久性建筑，也适用于临时性建筑，可反复拆装使用，这种钢板桩在国内外获得广泛应用。U 形钢板桩的锁口形状有套桶形、握手形和圆形。套桶形锁口在打桩时咬合紧密，密封性能好，易于轧制。握手形锁口密封性也很好，但生产困难。圆形锁口密封性差，目前已淘汰。世界上采用最广的是套桶形锁口。

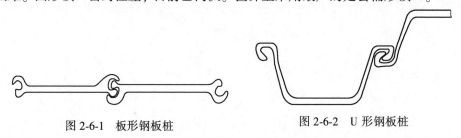

图 2-6-1　板形钢板桩　　　　　　　　图 2-6-2　U 形钢板桩

（3）Z 形钢板桩（BERVAL），如图 2-6-3 所示，其特点是断面力学性能良好、单位重量具有的截面模数大、经济性好，但因其断面形状复杂、轧制比较困难、在存放及运输过程中易变形等因素，生产较少。

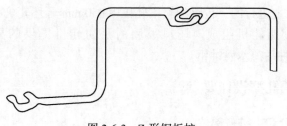

图 2-6-3 Z 形钢板桩

6.3 我国初期生产的钢板桩与日本钢板桩规格性能比较

虽然我国生产钢板桩较晚，但我们的起点很高，这从我国的钢板桩设计断面性能与日本比较就可以看出来。我国钢板桩与日本钢板桩规格性能比较见表 2-6-1。

表 2-6-1 我国钢板桩与日本钢板桩规格性能比较

国家	型号	宽度/mm	高度/mm	腰厚/mm	单重/kg·m⁻¹	断面模数/cm³	经济系数
中国	B4-500	500	185	16	90.8	424.8	13.42
	A4-400	400	170	15.5	77.3	343	10.56
日本	FSPVL	500	200	24.3	108	520	14.58
	FSPIV	400	170	15.5	71.1	362	11.35
	FSPIVA	400	185	16.1	74	400	12.16

6.4 B4-500 型钢板桩的轧制

20 世纪 70 年代，包钢轨梁厂开发并成功生产了 B4-500 型钢板桩。鞍钢大型厂开发生产了 A4-400 型钢板桩。包钢生产的钢板桩断面尺寸如图 2-6-4 所示。生

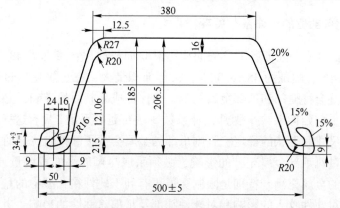

图 2-6-4 B4-500 型钢板桩断面尺寸

产是在轨梁轧机上进行的，包钢的轨梁轧机由 950 mm 开坯轧机、800 mm 粗中轧机和 850 mm 万能轧机组成。坯料采用的是初轧机提供的异形坯。钢种是 10MnPNBR，一种耐海水腐蚀钢。

6.5　钢板桩的孔型设计要点

6.5.1　正确划分钢板桩各部位

钢板桩孔型设计的关键之一是如何把一个复杂断面划分成几个独立部分，同时要研究几部分之间的变形关系，这里有很大的技术含量。通常 U 形钢板桩的断面可以划分为腰部、腿部和爪部，如图 2-6-5 所示。钢板桩开坯孔型断面如图 2-6-6 所示。

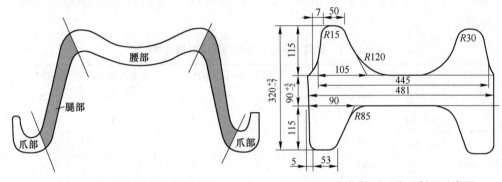

图 2-6-5　U 形钢板桩断面示意图　　　图 2-6-6　钢板桩开坯孔型断面示意图

在翼缘型钢的设计中最重要的是研究在金属变形过程中断面各部分的变形规律。在研究中发现，当腰部压下量过大时，会导致腿部和爪部金属被拉缩。而当腿部压下量过大时，又会使爪部过充满或出现腿部波浪。最好的设计是金属在孔型中各部分能均匀延伸。

6.5.2　确定各部位的延伸系数关系

U 形钢板桩成品断面各部分的面积占其总面积的比：腰部为 48%～51%，爪部为 12%～14%，腿部为 35%～38%。腰部面积最大，在金属变形过程中，若腰部延伸大，就会将腿部和爪部金属拉走。为保证成品断面的准确，必须采取的设计原则是：爪部延伸系数 > 腿部延伸系数 > 腰部延伸系数。只有这样才能保证钢板桩的爪部尺寸和形状的稳定，否则爪部的金属会被腰部拉走。同时要考虑到各孔型的宽展量对爪部金属充满的影响，必须采取尽可能小的宽展量或限制展宽，以保证爪部的金属充满。特别是限制宽展更有利于轧件在孔型中的稳定，防止轧件左右摆动对轧件咬入的影响和对轧件腿部及爪部对称性的影响。考虑到减小孔型高度提高轧辊强度等因素，各孔型可以采取弯腰设计。

6.5.3 重点研究设计钢板桩锁扣部的变形

爪部的切深孔设计最为关键。选择切深孔形状及楔子尺寸，对爪部尺寸是关键。为获得精确的爪部尺寸和形状，设计楔子不要过钝，楔子过钝，影响爪子高度，将使其变矮；相反楔子会变尖，可以使爪部变高。为此，必须在开坯孔型中将孔型中的楔子设计合理，才能保证切出的爪部金属量足够。

6.5.4 正确选择合理的坯料尺寸和形状

凸缘型钢的坯料一般是采用断面对称的异形坯，但实践证明这种异形坯是靠孔型侧压的办法碾压出爪部所需的金属，这种设计存在的主要问题是供给爪部的金属量严重不足，使后部孔型的爪部孔型严重未充满，造成成品钢板桩爪部出现缺肉或高度不够。

为了改进这一问题，后来的设计采用一种断面不对称的坯料，如图 2-6-7 所示。这种断面的设计方法是下腿增厚，同时将异形坯的内腔设计为下大上小，这样有利于在开坯孔型中尽快形成钢板桩爪部所需要的雏形，为后续的轧制创造条件。

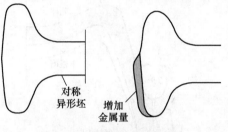

图 2-6-7 断面不对称的坯料

6.5.5 钢板桩孔型系统的整体构成

钢板桩孔型系统如图 2-6-8 所示。为了获得满意的锁口尺寸和形状，在开坯轧机上设计了 3 个槽形孔（见图 2-6-9），以便能将工字形坯料轧出钢板桩所需的雏形；在中轧机上设计了 4 个桩形孔，以便能更精确地轧出所需的爪部形状；在精轧孔设计了两种方案，一种是采用万能轧机立辊的方案（见图 2-6-10），另一种是采用二辊轧机的辊环直接煨弯（见图 2-6-11）。实践证明，第二种方法更好，可使钢板桩的锁口尺寸稳定，且形状精度高。

6.5.6 轧制道次的设计与导卫装置的设计要求

钢板桩的断面形状复杂，给设计孔型带来很大困难。成功的孔型设计的关键是把一个断面划分成几个独立的部分，并研究各部分之间变形的相互关系。换句话说，就是如何用简单断面的钢坯轧成复杂钢桩的成品断面，这需要设计的技巧性和艺术性的结合。为获得理想的钢板桩断面形状，特别是锁口的尺寸，采用 3—2—2—1 的孔型系统，即在 950 mm 开坯机上设计了 3 个槽形孔，在 800 mm-1

架和 800 mm-2 架轧机上设计了各 2 个桩形孔，在 850 mm 万能轧机上设计了 1 个万能成品孔，四架轧机上共轧制 12 道次。

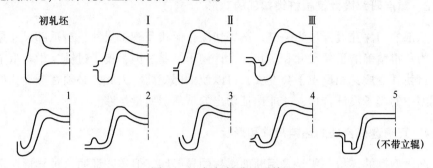

图 2-6-8　钢板桩孔型系统

Ⅰ~Ⅲ—950 mm 开坯机孔型；1—4—800 mm 中轧机孔型；5—850 mm 万能轧机孔型

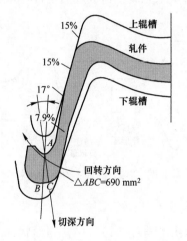

图 2-6-9　开坯轧机槽形孔示意图

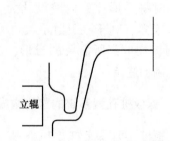

图 2-6-10　带立辊的万能轧机孔型

　　导卫装置的设计：轧制钢板桩不仅需要精确的孔型设计，还离不开正确的导卫装置设计与安装，合理的导卫装置设计和安装，是保证轧制过程稳定和钢板桩锁口尺寸精度的关键。为保证轧件能对正孔型，在入出口处设计安装了上压板和下托板。成品质量的检查：成品质量合格率为 95.8%，一级品率为 80%。

6.5.7　采用老式型钢轧机轧制钢板桩存在的主要问题

　　采用老式型钢轧机轧制钢板桩存在的主要问题是：锁口存在耳子；锁口间隙波动较大；还有的存在爪部未充满，影响钢板桩的连接强度。造成耳子或爪部未充满的原因，主要是横列式轧机刚度差，轧辊轴向固定不好，还有就是轧件在进口咬入不正，使轧件在成品前孔中的半闭口过充满。造成锁口通条性不稳定的主

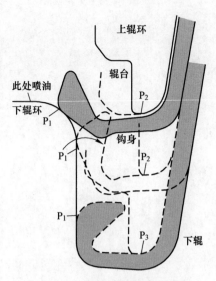

图 2-6-11   辊环直接煨弯示意图

要原因是轧件在孔型中摆动。造成钢板桩爪部未充满的原因是在开坯孔轧制时轧件未对正孔型，造成切偏，使两边爪部金属量不均，过多的爪部会形成耳子，金属量不足的爪部则形成未充满。

第3篇　钢轨技术专题研究报告

1　炼钢工艺与钢轨质量研究

1.1　采用平炉模铸工艺的钢轨低倍质量分析

1979~1980 两年共生产 354 罐 P74 60 kg/m 钢轨钢，检验低倍不合格者 45 罐，占 12.7%。其中：因翻皮和夹渣不合格 13 罐，裂纹不合格 7 罐，中心偏析不合格 6 罐，缩孔不合格 5 罐，金属外物不合格 1 罐。按炉号分析：1 号平炉 58 罐中 10 罐不合格，占 17.2%；2 号平炉 109 罐中 15 罐不合格，占 13.7%；3 号平炉 115 罐中 11 罐不合格，占 9.6%；4 号平炉 72 罐中 9 罐不合格，占 12.5%。按钢锭段号分：A 段轧制 354 罐，不合格 15 罐，占 4.2%（1978 年不合格达 11.5%）；B 段轧制 354 罐，不合格 30 罐，占 8.5%（1978 年不合格达 2.7%）。A 段比 1978 年改善，但 B 段变坏。1978 年 B 段不合格主要是金属外物，占 B 段不合格的 42%。而 1979~1980 年造成 B 段不合格主要是夹杂和翻皮，占 B 段不合格的 43.3%。有关 P74 60 kg/m 钢轨低倍情况见表 3-1-1。

表 3-1-1　P74 60 kg/m 钢轨低倍情况

| 炉号 | 段号 | 轧制总罐数 | 不合格罐数 | 不合格原因分类 | | | | | | 备　注 |
				翻皮	夹杂	裂纹	中心偏析	缩孔	金属外物	
1	A	58	2	1		1				A 段是钢锭头部坯轧制的钢轨； B 段是钢锭尾部轧制的钢轨
	B		8	4	1	3				
2	A	109	5			1	3	1		
	B		10	6	2	1			1	
3	A	115	5				3	2		
	B		6		6					

炉号	段号	轧制总罐数	不合格罐数	不合格原因分类						备注
				翻皮	夹杂	裂纹	中心偏析	缩孔	金属外物	
4	A	72	3		1			2		A 段是钢锭头部坯轧制的钢轨;
	B		6	2	3	1				B 段是钢锭尾部轧制的钢轨
总计		354	45	13	13	7	6	5	1	

1980 年共生产 543 罐 50 kg/m 钢轨钢。经检验低倍不合格 53 罐，占 10.65%。其中：夹杂不合格 22 罐，占 41.5%；翻皮不合格 10 罐，占 18.8%；偏析不合格 7 罐，占 13.2%；裂纹不合格 5 罐，占 9.4%；耐火材料不合格 4 罐，占 7.5%；皮下气泡不合格 10 罐，占 18.8%，详见表 3-1-2。

表 3-1-2　50 kg/m 钢轨低倍情况

段号	轧制罐数	不合格罐数	不合格原因分类					
			夹杂	翻皮	偏析	裂纹	耐火材料	皮下气泡
A	543	18	6		7	2	4	1
B	543	35	16	10		3		9

从以上分析可以看出：采用平炉炼钢+模铸工艺不仅是冶炼周期长、生产效率低，而且存在致命的问题是钢质不纯，这是平炉+模铸工艺难以解决的。它制约了钢轨性能的提高。钢质纯净性对钢轨实物的影响，仅靠低倍检验是非常不可靠的，不仅代表性不强，而且极易出现漏检。对于铁路对钢轨性能日益提高的要求，对钢轨钢的冶炼工艺和对钢轨钢的纯净性的检验方法也更需要更新。

1.2　氧气顶吹转炉+连铸工艺替代平炉+模铸工艺

氧气顶吹转炉于 1952 年在奥地利投入工业性生产后，由于其极大提高了炼钢生产能力，又可以生产多品种钢材，从 1957 年开始很快被世界各国采用，当年世界钢产量 6.51 亿吨，其中氧气转炉钢 3.4 亿吨，占 52%。日本钢铁业的崛起也是靠大力发展氧气顶吹转炉钢实现钢产量大幅增长。

转炉钢的迅速发展是与其质量的不断改善和品种不断扩大分不开的。通过工业试验，人们发现转炉钢具有如下优势：

（1）钢中气体含量少。钢液氧含量在脱氧前主要决定于钢中碳含量，在相同碳含量情况下，氧气顶吹转炉熔池中的钢液氧含量比平炉低，这意味着钢材中氧化物夹杂含量也相应低。

（2）氧气顶吹转炉主要采用高炉铁水，所用废钢比例少，这样从外带入的有害夹杂较少，钢质纯净度高，性能优良。

（3）有利于生产低碳或超低碳钢。

氧气顶吹转炉从初期只能生产普通低碳钢，通过改进工艺，现在可以生产过去所有平炉钢钢种，而且可以生产纯净钢和特殊钢。特别是随着铁水预处理技术、炉外精炼技术和真空脱气技术的应用，使转炉顶吹炼钢技术得到进一步发展，氧气顶底复吹转炉炼钢，逐步替代了平炉炼钢。

在20世纪60年代以前，合金钢主要是用平炉生产。60年代开始用转炉生产合金钢，70年代转炉生产的合金钢产量已超过平炉。

对采用转炉冶炼高碳钢问题，一直是困扰转炉推广使用的难题。这一难题是美国钢厂首先取得突破。他们发明了高拉碳操作法炼高碳钢取得成功。美国能采用高拉碳工艺，是因为他们的铁水磷、硫含量低，磷含量一般在0.048%~0.08%，硫含量在0.023%~0.030%，这样的铁水条件对实现高拉碳很容易。但对铁水含磷高的，则很困难。如欧洲各国一般都是高磷铁水，只能采用低拉碳、在出钢时增碳的办法。英国钢铁公司的转炉原来是采用高拉碳生产重轨，需要补吹脱磷，操作不顺，后采用低拉碳在出钢后用石油焦增碳的办法效果很好。

日本在1957年引进了奥地利氧气顶吹转炉炼钢技术。新日铁的八幡厂最先采用这一技术。到1975年日本的顶吹转炉钢占其钢产量的82.5%。日本采用顶吹转炉技术生产了钢轨、钢管、钢板等相关产品，并进行了转炉钢、平炉钢性能对比，发现转炉钢在纯净度、力学性能等方面均比平炉钢更优越。在60年代日本钢铁确立了一个新的生产技术体系：大型高炉+氧气顶吹转炉+连铸+连续式轧制技术体系。正是有了这个体系的指导，使得日本的钢铁工业从60年代后期开始飞跃成为全球钢铁行业的排头兵。

我国是1964年随着首钢氧气顶吹转炉投产并取得经验后，在全国开始推广转炉顶吹炼钢工艺。由于我国铁矿的先天条件不足，如品位低、杂质含量高等因素，加上又是多种元素共生，极大地增加了冶炼的难度，曾一度限制了我国炼钢技术进步的速度。

1.3 加快重轨超声波探伤技术研究推广

1981年7月轨梁厂第一条钢轨超声波探伤作业线投产，11月第二条线投产。超声波探伤仪可以检查钢轨内部存在的各种人工肉眼无法发现的钢质缺陷，如白点、缩孔、裂纹、夹杂、皮下气泡等，从而大大提升了钢轨质量的可靠性。

钢轨超声波探伤采用的是国产 CTS-6 型探伤仪。根据冶金部 YB 51—81 试行重轨探伤标准，制作了静态和动态样轨。在样轨上的轨头、轨腰和轨底分别设置了人工缺陷。通过用样轨对探伤仪的灵敏度静态调试，将探伤仪的灵敏度调试到人工标准缺陷的反射波幅度达到满幅的 50% 以上，然后调整衰减器，衰减 3 ~ 5 dB 调整报警灵敏度使其报警，然后将衰减器打到原位。经过多次反复试验调整，使探伤仪的报警率在 90% 以上。采用超声波探伤的 6411 支 50 kg/m 钢轨，发现有伤轨 110 支，检出率 1.72%，综合报警与缺陷对应率 93.75%。为研究报警轨的缺陷对应情况，对比低倍检验，结果见表 3-1-3。

表 3-1-3　低倍检验结果

项目	报警但低倍合格			报警且低倍不合格		
	轨头	轨腰	轨底	轨头	轨腰	轨底
正常	3	1	2			
偏析	18	7	1	1		
疏松	1					
夹杂	10	2		12	1	2
耐火材料				10	5	
腰部夹杂		4			10	
底裂			1			8
合计	32	14	4	23	16	10

　　从表可以看出：对耐火材料缺陷报警与低倍符合率达 100%，钢轨底裂缺陷与报警符合率 88.8%，腰部夹杂缺陷与报警符合率 71.4%，头部夹杂缺陷与报警符合率 55.5%，偏析缺陷与报警符合率仅 3.7%。偏析缺陷经取样检测发现主要是方形偏析和花纹偏析，这两种偏析在低倍标准中是容许的，但在超声波探伤中则无法区别，一律报警，存在误判问题。存在上述问题的原因：其一，主要是钢轨的低倍标准和探伤标准不一致所致。低倍是按罐取样检验，代表性不强。而探伤是对钢轨支支检验，它的检验实现 100%，可靠性高。但两者又各有优势，还无法互相取代。低倍评级是根据实物的缺陷做出的评级图判断合格或不合格。但超声波探伤是根据标准规定的人工缺陷所做的标准试块来调整探伤仪的灵敏度，在出现反射波高于某数值时就会报警，但对其属于何种缺陷则无法知晓。因此，只能在实践中摸索其规律后再对探伤标准进行修改。其二，目前探伤对钢轨的全段面还不能全覆盖，仅能探测钢轨断面的 90% 左右，尚存在探伤的盲区，尤其是在轨头和轨角的圆弧处，因此需要改进探头的设计增加探头个数。最根本的还是要解决钢轨钢的纯净度，改进钢轨钢的脱氧和浇铸工艺，减少因脱氧和浇铸所产生的内生夹杂和外来夹杂。

2　60 kg/m 钢轨的研制

2.1　60 kg/m 钢轨的孔型系统设计

长期以来我国铁路的发展一直滞后国民经济的发展，铁路运输成为经济发展的瓶颈。为改变这种状况，需尽快提高铁路运能和运力。根据国际铁路发展的经验，要提高铁路运能，必须采用重型断面钢轨，为此，铁道工务部门提出采用 60 kg/m 断面钢轨。我们从现有的各国采用的 60 kg/m 断面中，优选出 UIC 断面为基础，根据我国铁路机车、线路、轴重等诸多因素比较，最后设计出我国的 60 kg/m 钢轨断面。我国的 60 kg/m 断面比 50 kg/m 断面面积大了 11.65 cm^2，单重提高 9.13 kg/m，但是钢轨的断面惯性矩提高了 1180 cm^4；同时在设计上对钢轨的高宽比采用类似 UIC 的高宽比，UIC 是 1.14，我国采用 1.17，这样的断面设计保证了钢轨的刚性和平稳，提高了钢轨抗弯抗扭性能。再加上采用 300 mm× 350 mm 大的矩形坯，增加了钢轨的压缩比，有利于改善钢轨的低倍，尤其是可减少钢轨的疏松、偏析等缺陷。我国 60 kg/m 钢轨孔型系统参见图 2-2-3。整个孔型系统的特点是：(1) 吸收了万能法大压下系数的特点，设置了一个梯形孔，使孔型变成一个高的矩形，使轧件在帽形孔中可以达到较大的压下量，有利于改善钢轨头部和底部的质量；(2) 在第一个帽形孔底部采用高的切楔和较大的展开角度及圆弧半径，以强化轨底；(3) 所有轨形孔腿部均采用不等厚设计，以增加腿部压下量，保证腿长的增长，同时适当减小轨形孔宽度，以保证轨高尺寸。

2.2　生产轧制

钢坯装炉温度：2 号炉 750~820 ℃，3 号炉 700~740 ℃。

加热炉温度：均热段 1230~1270 ℃，加热 1 段 1120~1220 ℃，加热 2 段 960~1160 ℃。

出炉温度：1160~1210 ℃。

钢轨轧制几何尺寸控制情况：轨高尺寸 175.8~176.9 mm，平均 176.13 mm；头宽尺寸 72.8~73.6 mm，平均 73.18 mm；底宽尺寸 145.1~150.4 mm，平均 149.45 mm。

2.3　钢轨矫直

采用的矫直压下量：一辊 17 mm，二辊 8 mm，三辊 4.5 mm。

矫直前后钢轨尺寸变化：

轨高：矫前 176.1~176.7 mm，平均 176.50 mm；矫后 175.7~176.1 mm，平均 175.97 mm；钢轨轨高经矫直变矮 0.4~0.6 mm，平均 0.53 mm。

头宽：矫前 73.1~73.8 mm，平均 73.42 mm；矫后 72.7~73.5 mm，平均 73.28 mm；钢轨轨头经矫直变窄 0.4~0.3 mm，平均 0.14 mm。

底宽：矫前 142.7~150.4 mm，平均 147.77 mm；矫后 144.4~150.7 mm，平均 149.07 mm；轨底经矫直变宽 0.3~1.7 mm，平均 1.3 mm。

长度：25 m 轨，矫前 25.062~25.112 mm，矫后 25.038~25.100 mm，平均 25.070 mm；长度经矫直缩短 0.24~0.012 mm，平均 0.017 mm。

2.4　钢轨成分及力学性能检验

钢轨成分及力学性能检验结果见表 3-2-1。

表 3-2-1　钢轨成分及力学性能检验结果

炉号	成分/%					屈服强度/MPa	抗拉强度/MPa	伸长率/%	断面收缩率/%	冲击韧性值（常温）/J		
	C	Si	Mn	P	S							
B812222 乙	0.77	0.22	0.86	0.018	0.015	505	1000	10	15.5			
B811471 乙	0.71	0.23	0.98	0.030	0.032	495	955	12	19	12	10	12
B811471 甲	0.71	0.24	0.96	0.028	0.031	485	955	11.5	19	12	14	15
B812468 乙	0.67	0.22	0.94	0.026	0.015	465	945	13	21	7	12	12
B812468 甲	0.67	0.20	0.89	0.023	0.015	485	935	12	19	15	12	7

2.5　钢轨落锤检验（实验温度 5 ℃）结果

钢轨落锤检验（实验温度 5 ℃）结果见表 3-2-2。

表 3-2-2　钢轨落锤检验（实验温度 5 ℃）结果

试样编号	一锤后挠度值/mm	二锤后挠度值/mm	三锤后挠度值/mm	矫直压下量/mm
1	29	50	70	小压力矫直轨 15-8-4
2	29	48	69	中压力矫直轨 17-8-4.5
3	23	47	66	大压力矫直轨 20-10-5.5

2.6 钢轨轨底三点弯曲实验

钢轨轨底三点弯曲实验结果见表 3-2-3。

表 3-2-3 钢轨轨底三点弯曲实验结果

项目	段号	挠度值/mm							
		炉　罐　号							
		1	2	3	4	5	6	7	8
2468 甲	A	2.4	5.8	10.6	16	19.6	22.8	26.2	29.6
	K	8	16.6	20.2	24	27.6	30.2	32.4	34.8
2468 乙	A	2	4.3	9.6	16.4	21	24.8	28.6	31.4
	K	1.6	10	24	24.2	28.2	30.8	33.6	36.4
1471 甲	A	14	22.2	27.6	31	34.4	36.6	37.8	39
	K	4	20.8	28	32	35	38	40	断裂
1471 乙	A	12.6	20.4	24.6	28.8	31.4	34.4	37	38.4
	K	13.4	21.2	25.8	29.2	32.2	34.8	37.2	39

2.7 60 kg/m 钢轨成分性能分析

从 1976 年 12 月投产到 1980 年底，共生产 5763 t。其中：1976 年试轧，1977 年未生产，从 1978 年开始正式生产到 1980 年三年中对 327 罐 60 kg/m 钢轨进行统计分析。

2.7.1 成分分布

碳含量：标准为 0.67%~0.80%。生产的 327 罐碳含量在 0.67%~0.80%，平均为 0.734%，与标准的中线值 0.735% 基本相同。其中，碳含量大于 0.74% 的有 114 罐，占总数的 34.8%。

硫含量和锰含量：标准分别为 0.13%~0.28%、0.70%~1.00%。在 327 罐中硅含量波动范围为 0.17%~0.27%，平均为 0.215%，高于中线值 0.205%。锰含量波动在 0.70%~1.00%，平均为 0.84%，接近中线值 0.85%。锰含量小于 0.84% 的有 222 罐，占总数的 62.9%。硅含量大于 0.205% 的有 236 罐，占总数的 72.2%，说明硅含量的控制偏高。

磷含量和硫含量：标准为磷含量不大于 0.040%，硫含量不大于 0.050%。实际磷含量波动在 0.014%~0.040%，平均为 0.026%。硫含量波动在 0.009%~0.043%，平均为 0.021%。磷含量大于 0.020% 的有 268 罐，占 82%；硫含量大于 0.020% 的有 153 罐，占 46.5%。

2.7.2 性能分布

抗拉强度：标准不小于 800 MPa，生产实际平均为 960 MPa，波动范围为 865~1100 MPa。其中：小于 900 MPa 的罐数为 8 罐，占总数的 24%；900~1000 MPa的罐数为 280 罐，占总数的85.6%；大于 1000 MPa 的罐数为 39 罐，占总数的 11.9%。这说明该钢种强度潜力大。

伸长率：平均值为 10%，波动范围为 7%~15%，其中：小于 8% 的罐数为 14 罐，占总数的 4.28%。

2.8　P74 60 kg/m 钢轨的性能与成分关系相关分析

通过对所生产 327 罐钢轨性能和成分的分析，可以看出其碳当量（碳当量为碳含量+1/4 锰含量）与钢的抗拉强度和伸长率存在如下关系：

（1）碳当量与其抗拉强度存在正相关，每增加 0.1% 的碳或 0.4% 的锰，可使其抗拉强度提高 60 MPa，可用回归式表示为：

$$Y = 60.0136X + 39.9672$$

（2）碳当量与伸长率存在负相关，每增加 0.1% 的碳或 0.4% 的锰，可使其伸长率降低 1.5%，可用回归式表示为：

$$Y = -15.6146X + 24.7414$$

2.9　P74 60 kg/m 钢轨的显微检查

为了摸清 P74 60 kg/m 钢轨的纯净度，在相当于钢锭的头部、中部和尾部轧成的钢轨不同部位上取样，进行金相样品观察测定。每个样品观察 60 个视野，计算其污染度。通过对近 9720 个夹杂物的观察分析，可以看出 P74 60 kg/m 钢轨的夹杂物主要是以硫化物、Al_2O_3 和硫化物与 Al_2O_3 的复合物为主。硫化物主要分布在钢轨腰部，要高于轨头和轨底，轨腰污染度最大为 2.4%，轨头和轨底分别为 1.4% 和 1.7%。测得硫化物的长度为 0.052~0.09 mm，宽度为 0.0018~0.0021 mm。氧化铝夹杂分布比较均匀，轨头、轨腰和轨底基本相同，其污染度基本在 0.15% 左右。

P74 60 kg/m 钢轨的显微组织均为珠光体+少量断续铁素体。由于当时设备条件限制，无法测量珠光体的片间距和渗碳片厚度等参数，仅用光学显微镜观察其各部位组织。

2.10　关于 60 kg/m 焊接钢轨发生断裂问题的研究

2.10.1 断轨和伤损轨的基本情况

根据铁道部京铁（81）第 947 号报告反映：1980 年铁道部在京山线黄土坡—

万庄间上下行线路试铺了 60 kg/m 钢轨无缝线路 75 km,截至 1986 年 8 月。经观察及探伤检查,发现母材及焊缝附近存在断裂、裂纹及暗伤共 101 处,其中钢轨母材断裂 14 处、焊缝附近轻重伤 20 多处、钢轨母材纵向劈裂 10 处、母材暗伤 51 处。据了解京山线采用铝热焊共 639 处,到 1981 年 7 月,共出现焊缝处断裂 17 处,其中铝热焊 13 处、接触焊 4 处。经探伤发现有伤轨共 47 处,其中铝热焊 15 处、接触焊 1 处、母材暗伤 28 处、轨底纵裂 3 处。

2.10.2 对出现的断轨现场考察

(1) 京山线下行 57.6 km 处,线路半径 380 m,1980 年 12 月 16 日在铝热焊焊缝处发生两端折断。裂纹形状及走向如图 3-2-1 所示。

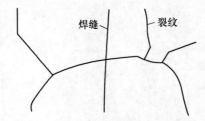

图 3-2-1 京山线下行 57.6 km、线路半径 380 m 处裂纹形状及走向

(2) 京山线 29.015 km 处,1981 年 1 月 31 日在电阻焊焊缝处发生两端断裂。裂纹形状及走向如图 3-2-2 所示。

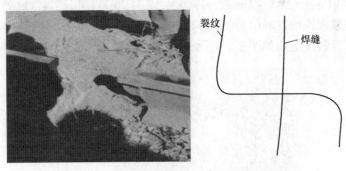

图 3-2-2 京山线 29.015 km 处裂纹形状及走向

(3) 京山线下行 41.4 km 处,1980 年 12 月 4 日在接触焊焊缝处发生钢轨折断,当时气温为-6 ℃。该轨铺设时间为 1980 年 6 月 14 日,铺设时钢轨锁定轨温 23 ℃。钢轨折断的形状及裂纹走向如图 3-2-3 所示。

(4) 京山线上行 39 km、390 m 处,1980 年 11 月 13 日在铝热焊焊缝处折断,折断时轨温为-3 ℃。该钢轨铺设时间为 1980 年 8 月 2 日。铺设时钢轨锁定温度为 24 ℃。裂纹形状及走向如图 3-2-4 所示。

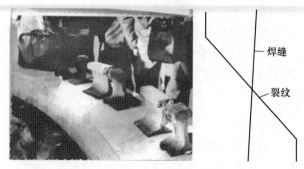

图 3-2-3　京山线下行 41.4 km 处裂纹形状及走向

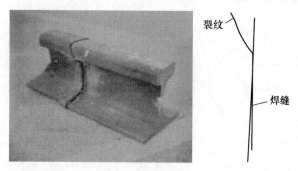

图 3-2-4　京山线上行 39 km、390 m 处裂纹形状及走向

（5）京山线上行 41.4 km 处，1980 年 12 月 24 日在铝热焊焊缝处发生钢轨折断。据了解该钢轨铺设时间为 1980 年 8 月 2 日，当时钢轨锁定温度为 24 ℃。钢轨裂纹形状及裂纹走向如图 3-2-5 所示。

图 3-2-5　京山线上行 41.4 km 处裂纹形状及走向

（6）京山线 30.33 km 处，1981 年 3 月 22 日在接触焊焊缝两端发生钢轨折断，折断时轨温为 15 ℃。该钢轨铺设时间为 1980 年 9 月，钢轨锁定温度为 7 ℃。钢轨裂纹形状及走向如图 3-2-6 所示。

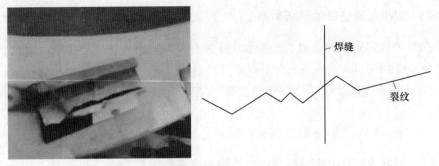

图 3-2-6　京山线 30.33 km 处裂纹形状及走向

（7）京山线下行 51.82 km 处，1980 年 10 月 26 日在钢轨铝热焊焊缝附近发生断裂。当时轨温为 9 ℃。该轨铺设时锁定温度为 20 ℃。裂纹形状及走向如图 3-2-7 所示。

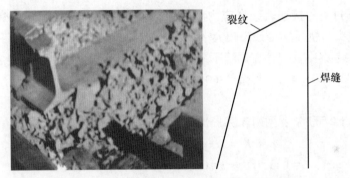

图 3-2-7　京山线下行 51.82 km 处裂纹形状及走向

（8）京山线上行 54.5 km 处，1981 年 9 月 25 日在接触焊焊缝两端发生钢轨断裂。裂纹形状及走向如图 3-2-8 所示。

图 3-2-8　京山线上行 54.5 km 处裂纹形状及走向

2.10.3　对出现暗伤轨的现场考察

（1）在 45 km 200 m 处，经用探伤车发现有一支钢轨轨底存在纵向裂纹，裂纹长度 300~400 mm，从外表肉眼观察可见裂纹。

（2）在 45 km 250 m 处探伤车发现一支重伤钢轨，发现钢轨有 1100 mm 长暗伤。

（3）在 44 km 520 m 处探伤车发现一支钢轨存在 1200 mm 长暗伤。

2.10.4　对发生折断或出现伤损钢轨的综合情况分析

（1）对 1980~1981 年所发生的 60 kg/m 钢轨断轨事故经过现场 8 处调查，发现这 8 处断轨都是发生在焊缝周围或热影响区部位。

（2）与这些出现事故的钢轨同批生产的钢轨中那些采用鱼尾板连接的均未发生折断。

（3）通过对焊接钢轨残余应力的测定，发现在京山线上铺设的焊接轨的残余应力在轨头与轨腰连接处比较大，在 221~261 MPa。

（4）在考察中发现存在焊缝不平现象。用 1 m 直尺测量，不平造成的挠度在 0.5 mm 以下的仅占 4%，其余约 60% 不平属于高接头的占 19%，属于低接头的占 41%。

（5）按照苏联学者列姆比克提出的计算公式计算动载荷系数：

$$K = 1 + 0.00085a/(Lv^2)$$

当 $a=2$ mm、$L=1$ m、车速 $v=60$ km/h 时，$K=7.12$；

当 $a=2$ mm、$L=1$ m、车速 $v=100$ km/h 时，$K=9.5$；

当 $a=2$ mm、$L=1$ m、车速 $v=120$ km/h 时，$K=12.24$。

而根据铁路部门测得的在平坦线路上列车通过时的应力值，货车最大为 151 MPa，平均为 78 MPa；客车最大为 149 MPa，平均为 101 MPa；油罐车最大为 165 MPa，平均为 115 MPa。

以货车按照其平均应力 78 MPa 计，K 取 7.12 时，动载荷下钢轨承受的应力为 555 MPa；K 取 9.5 时，动载荷下钢轨承受的应力为 741 MPa；K 取 12.24 时，动载荷下钢轨承受的应力为 954 MPa。

以油罐车按照其平均应力 115 MPa 计，K 取 7.12 时，动载荷下钢轨承受的应力为 819 MPa；K 取 9.5 时，动载荷下钢轨承受的应力为 1093 MPa；K 取 12.24 时，动载荷下钢轨承受的应力为 1402 MPa。

从以上计算可以清楚地看出，在焊缝不平时，钢轨承受的动载荷应力大大增加，尤其是在车速超过 100 km/h 时，列车通过钢轨时由于动载荷增加，使其承受的应力大于其本身强度而造成破损。

2.10.5　为弄清断轨的原因对近几年生产的钢轨进行系统复查

2.10.5.1　对 P74 钢种的氢含量实际水平进行测定

测定结果如下：钢坯氢含量为 0.219~0.616 mL/100 g，平均为 0.427 mL/100 g；未缓冷轨氢含量为 0~0.707 mL/100g，平均为 0.263 mL/100 g；缓冷轨氢含量为 0~0.579 mL/100 g，平均为 0.217 mL/100 g；缓冷轨各部位氢含量：轨头中心平均为 0.073 mL/100 g，轨头侧面平均为 0.401 mL/100 g，轨腰中心平均为 0.185 mL/100g，轨底中心平均为 0.208 mL/100 g。

从检测结果看出，钢坯经过缓冷又经轨梁轧机轧制后，钢中的氢通过扩散，下降了 38.5%，再经过轨梁轧机轧制后的缓冷，钢中的氢又下降了 17.5%。说明对钢轨钢采取缓冷工艺对降低钢中氢是有效的。同时看出钢中的氢含量是不均匀分布，在轨头下 20~35 mm 处氢含量最高。对此，在对钢轨探伤时应重点检查这一部位。总的来看 P74 钢的氢含量是比较低的，可以考虑在炼钢工序上脱气后轨梁轧制中取消缓冷工艺。

2.10.5.2　对 1979~1980 年生产的 60 kg/m 钢轨的低倍情况进行统计分析

对 1979~1980 年生产的 60 kg/m 钢轨的低倍情况进行统计分析，结果见表 3-2-4。

表 3-2-4　60 kg/m 钢轨低倍情况统计分析结果

段号	轧制罐数	不合罐数	各种不合罐数					
			翻皮	夹杂	裂纹	偏析	缩孔	金属外物
A	354	15	1	1	2	6	5	
B	354	30	12	12	5			1
合计		45	13	13	7	6	5	1

从表分析结果看出，60 kg/m 钢轨以 B 段为差，占全部不合的 66.7%，主要是翻皮、夹杂。

2.10.5.3　对 60 kg/m 钢轨的成分与性能进行统计分析

化学成分：碳含量波动在 0.67%~0.80%，平均为 0.7335%；硅含量波动在 0.17%~0.27%，平均为 0.2188%；锰含量波动在 0.7%~1.0%，平均为 0.8438%；磷含量波动在 0.014%~0.043%，平均为 0.02618%；硫含量波动在 0.009%~0.045%，平均为 0.02106%。

力学性能：屈服强度波动在 480~880 MPa，平均为 614.4 MPa；抗拉强度波动在 865~1100 MPa，平均为 967.7 MPa；伸长率波动在 7%~14.5%，平均为 10.14%。

同时做了同一炉号不同段号所轧钢轨性能对比。从同一炉号不同段号轧出的钢轨性能差异较大，一般是 A 段轧出的钢轨强度要高于中段和尾段轧出的钢轨，具体见表 3-2-5。

表 3-2-5　同一炉号不同段号轧出钢轨性能

性　能	A 段轨	中段轨	尾段轨
抗拉强度/MPa	931.9	933.3	920
屈服强度/MPa	617.5	555	544
伸长率/%	9.813	9.83	10
断面收缩率/%	18	17	16.8

又做了同为 A 段钢轨的不同部位力学性能检测，检测结果见表 3-2-6。

表 3-2-6　A 段钢轨不同部位力学性能

部　位	屈服强度/MPa	抗拉强度/MPa	伸长率/%	断面收缩率/%
轨头	570	961.7	13.6	20.5
轨腰	525	910	12.8	17.3
轨底	550	963.3	12.7	19.3

2.10.5.4　钢轨终轧温度对其性能影响的研究

从表 3-2-7 看出，不同终轧温度对钢轨的屈服强度和抗拉强度影响不大，但对钢轨的伸长率和断面收缩率有明显影响，随着温度的降低，伸长率和断面收缩率有所提高。

表 3-2-7　钢轨终轧温度对其性能的影响

终轧温度/℃	屈服强度/MPa	抗拉强度/MPa	伸长率/%	断面收缩率/%	冲击韧性/J·cm⁻²				
					20 ℃	0 ℃	−20 ℃	−40 ℃	−60 ℃
980~990	580	920	12.0	18.0	2.03	0.93	0.7	0.8	0.63
		925	13.0	18.0					
880~890	520	965	13.0	18.0	1.93	1.46	1.2	1.1	0.60
	530	955	14.0	18.0					
810~830	550	950	14.0	20.0	1.63	1.46	1.03	1.13	0.63
	530	940	14.0	20.0					

2.10.5.5　对 60 kg/m 钢轨矫直压力的评估研究

为弄清 60 kg/m 钢轨断轨是否与矫直工艺有关，比较按现行矫直工艺进行矫直和按改进和优化矫直工艺进行矫直时的应力水平，选择更合理的矫直参数。由于在矫直机上没有测压装置，故采用简单的力学方法对矫直工艺进行估算后，对现行的矫直工艺进行评估。从估算结果就可以大致看出目前的矫直工艺矫直 60 kg/m钢轨的应力水平。

钢轨被矫直的力学原理是：矫直压力要大于其钢种的屈服强度，但要小于其钢种的抗拉强度。

现行的 60 kg/m 钢轨是在 1200 悬臂六辊式矫直机上矫直，该矫直机配备前后立辊。矫直机前有三个升降辊，并带有一台风动翻钢机和移钢机。由拖运机将钢轨送至翻钢头中，升降辊一面升起，以便把钢轨翻转 90°，使钢轨立起喂入矫直机进行矫直作业。

60 kg/m 钢轨各辊矫直压下量为：一辊 14~17 mm，二辊 5~7 mm，三辊 3~3.5 mm。采用 Hollomon 公式：$\sigma = A\varepsilon^a$ 计算在采用不同压下量时钢轨的矫直应力。经试验确定，P74 钢种系数 A 和 a 分别为 120.93 和 0.0774，则有：

$$\sigma = 120.93\varepsilon^{0.0774}$$

当各辊矫直压下量为 16 mm-4 mm-1 mm 时，轨高矫缩量为 0.9~1.1 mm，这时计算的矫直应力为 798~814 MPa；当各辊矫直压下量为 14 mm-4 mm-0.5 mm 时，轨高矫缩量为 0.5~0.7 mm，这时计算的矫直应力为 767~783 MPa；当各辊矫直压下量为 17 mm-5 mm-3 mm 时，轨高矫缩量为 1.1~1.2 mm，这时计算的矫直应力为 812~819 MPa。其矫直应力 767~819 MPa 已达钢轨强度的 79.2%~84.6%，与国外同类型钢轨相比，矫直应力还是比较大的。

为便于控制合理的矫直应力，提出并建立了钢轨矫直过载系数概念，即 $K=$ 矫直应力/钢轨屈服强度，一般情况下，K 值不应大于 1.33。对 P74 钢种 60 kg/m 钢轨，其矫直压下量应以不大于 17 mm-5 mm-3 mm 为宜。矫直应力以不大于 820 MPa为宜。

2.10.5.6　对发生断轨的钢轨进行详细检查分析研究

选择了 1980 年 10 月 16 日发生在京山线距北京 57.6 km 处的 60 kg/m 焊接轨断轨进行研究。断裂发生在焊缝两端，两支轨的炉罐号分别为 4217 乙和 2276 甲。

断轨检测结果如下。

（1）钢轨的化学成分正常。氢含量平均为 2 mL/100 g，但焊缝处的氢含量高达 9 mL/100 g。

（2）钢轨的力学性能正常。

（3）钢轨的断裂韧性正常。

（4）钢轨的硬度正常。

（5）钢轨的低倍组织正常。

（6）钢轨经探伤检查未在焊缝及其附近发现裂纹。

（7）钢轨的宏观断口检查，发现裂纹呈人字形且均指向轨腰，说明断裂是起源于轨腰，断裂是瞬间脆断。

（8）钢轨的微观断口检查，采用扫描电镜观察，在旧断口的其他部位基本是解理断裂，瞬时断裂区均为解理断裂。

（9）钢轨的 X 射线结构分析，除基体为 α-Fe 外，还有 α-Fe$_2$O$_3$。

（10）钢轨的金相检查，金属基体正常，局部夹杂物偏高，以硫化物和氧化物为主。在裂纹源附近的断口表面下发现有含 Ca 和 Al 的非金属夹杂。并在二次裂纹里发现有含 Ca、Mg、Al 和 O 的非金属夹杂。

（11）钢轨焊缝检查，发现焊缝处轨头部分高于正常轨面 1~2 mm。

对断轨原因的初步分析：钢轨的性能是合格的，钢轨除局部存在非金属夹杂外，未见其他异常。从裂纹在 803276 甲钢轨没有朝前发展，而是转回头来穿过焊缝，最后在焊缝两端对称位置上断开这一事实出发，说明内应力（主要是焊接应力）在裂纹扩展中起了很大作用。应指出焊缝氢含量很高，又是铸态组织，所以很脆，也是容易发生断裂的原因之一。焊缝凸起 1~2 mm，使钢轨所受冲击载荷大幅增加，也是引起裂纹迅速扩展的一个原因。总之，根据现有实验结果不能准确判断发生这次断轨事故的直接原因。只有冶金缺陷而且是在腰部，在一般情况下是不足以造成如此快速断裂的（该轨仅上道 10 天）。这次断轨事故的发生是冶金缺陷、残余应力、焊缝脆和焊缝高出轨面较多，因而受到冲击载荷更厉害等各种因素综合作用的结果。

2.10.5.7　对发生在京山线距北京 29 km 处 60 kg/m 钢轨接触焊后发生断裂的分析研究

发生断轨的炉罐号分别为 2226 甲和 3176 乙。断轨检测内容及结果如下：

（1）断口宏观分析，在焊缝两侧有两个基本对称的疲劳裂纹核心，并具有纵向发展后转向横向的疲劳特征。在轨腰裂纹是有从焊缝向两侧方向呈人字形态扩张特征。

（2）热酸侵蚀，发现炉号 2226 甲的轨头和轨底有纵裂各一条，在裂纹附近有脱碳现象。

（3）金相检验，珠光体片呈粗大状态，走向平直，厚薄不均，呈扇形分布。在晶界之间，发现有不连续的网状析出物和鱼骨状析出物。再用透射电镜放大

5000 倍后，观察到在珠光体团界上有断续碳化物析出。

（4）化学成分检查，正常。

（5）力学性能检查，正常。

（6）断裂韧性测定，147.8~165.3 J。

（7）疲劳试验，在 103.3 MPa 反复弯曲应力作用下，钢轨经受次数大于 200 万次，未发生断裂。

（8）断口扫描电镜观察，在裂纹核心区域内有疲劳裂纹特征，属脆性疲劳。轨腰快断区为脆性解理断口。

对这次断轨原因的初步分析：

（1）P74 钢种材质有明显脆性。

（2）断轨裂纹源不在焊缝或热影响区，而是在距焊缝 85~95 mm 处。裂纹源处珠光体组织粗大，走向平坦且有晶间析出物。疲劳区较窄，呈脆性疲劳特征，很快发生脆性断裂。

（3）从低倍看，在轨头和轨底有沿着全长的纵向裂纹，裂纹附近有脱碳现象。还发现有金属外物，这些冶金缺陷对钢轨的破断具有诱发作用。

（4）造成断轨的直接原因是钢轨焊接产生的残余应力和钢轨焊缝处凹凸不平造成的冲击应力的叠加。

根据苏联学者列姆比克提出的由于钢轨凸起引起的动载荷增加的公式计算：

$$K = 1 + 0.00085a/(Lv^2)$$

$$K = \sigma_1/\sigma_2$$

式中，σ_1 为钢轨承受的动载荷引起的应力；σ_2 为钢轨承受的静载荷引起的应力；a 为钢轨焊缝凸高度；L 为支距；v 为列车车速。

当 $a=2$ mm、$L=1$ m、$v=60$ km/h 时，$K=7.12$；当货车通过时，产生的静载荷应力最大为 151 MPa，最小为 35 MPa，平均为 78 MPa；当客车通过时，产生的静载荷应力最大为 149 MPa，最小为 35 MPa，平均为 101 MPa；当油罐车通过时，产生的静载荷应力最大为 165 MPa，最小为 36 MPa，平均为 115 MPa；按货车通过时产生的静载荷平均值计，这时钢轨承受的应力为 555.4 MPa；按油罐车通过时产生的静载荷最大应力计，这时钢轨承受的动载荷引起的应力为 1075 MPa，其值大大高于钢轨的强度。

2.10.5.8 关于焊接残余应力问题

铁道部门给出的钢轨焊接残余应力数值见表 3-2-8。

从表 3-2-8 可以看出，京山线焊接轨残余应力高于正常的焊接应力数倍，属于不正常状态。

根据京广京山干线 330 km 统计，仅 1979 年发现的核伤中，母材中铝热焊缝有 20 处，气压焊焊缝有 23 处，这些占全部伤损轨的 90% 以上。

表 3-2-8　钢轨焊接残余应力　　　　　　　（MPa）

位置	1	2	3	4	5	6	7	8	9	10	11	12	13	14
接触焊	−119	−126		−46		59	−111	113	34		−35		−112	−87
铝热焊	−135		−128	27	88	114	161	124	16	−192		−254	−135	−57
京山线	−99	−35	127		264	343	221			−111	−61	−64	100	

　　钢轨的实际强度应等于钢轨疲劳强度与钢轨残余应力的代数和。尤其关键是在钢轨的轨腰和下颚处钢轨承受较大的残余应力，最大达 343 MPa。随着冷却速度的提高，轨腰和轨底的残余应力还会增加。对焊后钢轨的冷却实验发现，在骤冷的条件下轨腰的残余应力增加 1~2 倍，有的轨在冷却后立即出现小裂纹。由于轨腰和下颚残余应力大，在冬季随着气温下降，钢轨承受温度变化造成的拉应力，也会发生钢轨的脆断。据统计，在京局 1978 年的 145 次断轨事故中大约有 18% 是由于轨腰热裂纹引起的，因此，必须注意防止焊后钢轨的骤然冷却。

　　为降低轨腰处的拉应力，焊后钢轨首先要适当进行回火或保温，其次是严禁在低温下进行现场焊接作业，更不容许焊后浇水冷却。

　　2.10.5.9　P74 与世界其他国家的碳素钢轨成分和性能比较

　　P74 与世界其他国家的碳素钢轨成分和性能比较见表 3-2-9。

表 3-2-9　P74 与世界其他国家的碳素钢轨成分和性能比较

国别及厂家	钢种	成分/%					抗拉强度/MPa	伸长率/%	Mn 含量/C 含量
		C	Si	Mn	P	S			
日本 JIS	50	0.60~0.75	0.07~0.35	0.6~0.95	0.045	0.050	750	8	1.148
	50N、60	0.60~0.75	0.1~0.3	0.7~1.1	0.035	0.040	800	8	1.33
日本 JRS	50T、60	0.60~0.75	0.1~0.3	0.7~1.1	0.035	0.040	800	10	1.33
美国		0.67~0.80	0.1~0.25	0.7~1.1	0.04				1.156
UIC	90A	0.60~0.80	0.1~0.25	0.8~1.3	0.05	0.05	900	10	1.5
苏联	M75	0.67~0.80	0.13~0.28	0.75~1.05	0.035	0.045	840	4	1.224
中国	P74	0.67~0.80	0.13~0.28	0.7~1.0	0.04	0.050	800	9	1.156
实际统计 254 罐平均值	P74	0.734	0.217	0.844	0.026	0.021	967	10.1	1.149

2.10.5.10　对 P74 钢种焊接性能的研究

随着铁路事业的发展，尤其是随着车速的提高、轴重和运量的增长，铁路对钢轨的性能要求已从提高强度、改善韧性，进一步改变为提高其综合性能，即要求钢轨不仅要耐磨、抗疲劳，还要具备良好的可焊性。轨道交通无缝化是大趋势，无论是客运的高速铁路，还是货运的重载铁路，均需要轨道的无缝化。实现轨道的无缝化，必须通过焊接实现，这就给钢轨提出了一个更加严格的性能要求。为满足铁路无缝化要求，从 1976 年开始，钢厂与铁路工务部门合作开展了钢轨焊接性能的研究，历经 8 年时间，做了大量的实验研究，对 P74 钢种的焊接性能有了比较深入的了解。

A　对钢轨各部位焊接性能的研究

该研究是在北京和沈阳焊轨厂进行的，所用设备是 Gaas80 型焊机。通过对 96 个焊接接头的检验，得出的结论是 P74 60 kg/m 钢轨的轨头、轨腰和轨底的性能是均匀的，其抗拉强度均在 900 MPa 左右，轨头为 924 MPa，轨腰为 895 MPa，轨底为 940 MPa，各部位性能差别不大；其屈服强度轨头为 513 MPa，轨腰为 499 MPa，轨底为 523 MPa。

通过对 162 个冲击试样的统计，轨头、轨腰和轨底在焊合区的冲击韧性值在 $4\sim6$ J/cm^2 之间，平均为 5 J/cm^2。焊合线的碳含量很低，金相组织呈现网状铁素体，硬度很低，为 HV170，这是由闪光焊工艺引起金属组织变化所决定的。

在离焊合线 2 mm 处为焊接的热影响区，这一带即热温度高，接近融化温度，形成较粗大的珠光体团，在过热区两侧形成对称的两个硬度高峰达 HV260。由于这一带加热温度难控制，引起钢轨的冲击值波动，从 4 J/cm^2 到 24 J/cm^2，平均为 9.6 J/cm^2。在焊合线和热影响区边界之间离融合线 9 mm 处，正是热影响区中心，这里轨头、轨腰和轨底的冲击值都一样，平均为 30 J/cm^2 以上。大量的冲击试验结果分析，P74 60 kg/m 钢轨的轨头、轨底、轨腰的冲击性能基本是一致的。真正差别是沿钢轨长度方向冲击值出现剧烈波动，融合线为 $4\sim6$ J/cm^2，过热区为 10 J/cm^2，热影响区为 30 J/cm^2，热影响区边界是 20 J/cm^2，这一波动是由闪光焊工艺决定的。在焊接时由于热影响区内每个点受热温度不一样，冷却速度各异，金相组织的变化不同，引起钢轨的纵向冲击性能波动。

钢轨的母材轨头、轨腰、轨底三部分的残余应力是不同的，一般轨头和轨底是拉应力，轨腰是压应力。在钢轨闪光焊过程中应力发生变化，焊接结束后，随着焊口冷却，由于冷却速度的差异出现应力的变化。焊口表面冷却较快首先硬化，轨头和轨底的心部冷却缓慢，在它冷却收缩时，受到已经变硬的表面约束，心部就产生拉应力，表层就出现压应力，两者叠加，焊口最终的应力状态是轨头和轨底为压应力，轨腰为拉应力。焊接钢轨轨头、轨底、轨腰三部分的残余应力是不同的，与母材的应力方向相反。

B　对焊接接头正火处理的研究

为了消除焊接带来的焊接区钢轨性能不均问题，通过大量的实验研究发现，对钢轨焊接区采取焊后正火处理，可以有效消除焊接所造成的性能不均匀性。对焊接后的钢轨正火温度在 850 ℃，持续加热试件 2~3 min。正火后钢轨的抗拉强度一般会降低 50 MPa，屈服强度降低 30 MPa。经过正火，虽然钢轨的强度降低了，但是其韧性改善了，尤其是伸长率提高显著，从原来的 9% 提高到 12%，断面收缩率由原来的 20% 提高到 30%。对轨头和轨底的性能改善显著，特别是在焊接融合线处，由于脱碳，其金属组织呈网状铁素体，冲击值很低，一般在 4~6 J/cm^2，经过正火后其冲击值明显改善，提高到 20 J/cm^2，轨头和轨底提高得更多。原来的过热区经过正火，粗大的珠光体变细，使其冲击性能改善，从 4 J/cm^2 提高到 10 J/cm^2。

在焊接热影响区正火后冲击性能也有改善，但不显著。总而言之，经过正火，钢轨的金属组织均匀化了，融合线两侧的硬度高峰消失了，硬度变化趋于平缓。焊接区内，冲击性能获得明显改善。

同时，钢轨焊接接头经过正火处理，使钢轨经受一次加热和冷却过程后，残余应力得到一定的释放。经测定正火后的钢轨轨头和轨底的压应力减小了 20 MPa，钢轨侧面的拉应力减小了 50 MPa，由此可见，接头正火对降低残余应力是大有好处的。

C　对焊接接头进行落锤检测

检测结果：无论是经过正火处理的还是未经正火处理的接头全部合格。但经过正火处理的接头，有 83.5% 可达到经过两锤仍保持不断，而未经正火处理的仅有 66.5% 经两锤不断。

对接头进行静弯实验，经过正火的接头全部经过 1600 kN 以上负荷而不断，但未经正火的接头在负荷为 1450~1500 kN 时就发生断裂。

D　对钢轨发生脆性断裂原因的研究

在常规力学性能检验中，发现有个别试样强度低于标准，伸长率和断面收缩率急剧降低，有的钢样伸长率仅为 3%~4%，断裂处无缩颈，断口上有灰斑，呈现出明显的脆性断裂特征。对发生脆性断裂的试样统计（共 96 个试样），发生脆断的有 9 个，其中 8 个是发生在轨腰部，一个发生在轨底。而这些脆性断裂发生在正火和不正火处理的钢轨上。为弄清脆性发生的原因，从脆性试样中选取了几个有代表性的断口，用金相显微镜和扫描电镜进行观察分析，结果如下：

（1）1 号正火样：脆性断裂发生在轨腰中部，其抗拉强度为 765 MPa，屈服强度为 495 MPa，伸长率为 3.6%，断面收缩率为 8%。强度较低，延伸性很差，断口平坦无缩颈，裂纹源内有条状灰斑。在电镜下观察，发现有大量的 Si、Mn

类或 Si、Al、Fe 的夹杂，大的可达 100 μm，能谱分析成分为 Si、Fe、Al、Ca。

（2）2 号正火样：脆性断裂发生在轨底临近角部。其抗拉强度为 600 MPa，屈服强度为 495 MPa，强度和延伸性都很差。断口观察裂纹源区表面平坦，约占断口的 1/3。在电镜下观察该区内有大量夹杂。能谱分析夹杂的成分为 Fe、Mn、Si。在正常断口区时呈撕裂状，以解理断面为主，还有少量准解理形貌。在撕裂区内也含有 Al、Fe、Mn 的夹杂，个别的 Al 夹杂直径大 30 μm。在金相显微镜下，观察融合线断口处为氧化铁加硅酸盐，其形态呈共晶态。

（3）3 号正火样：脆性断裂发生在轨腰中心部位。其抗拉强度为 835 MPa，屈服强度为 485 MPa，伸长率为 7%，断面收缩率为 17%。在电镜下观察，夹杂物呈聚集成堆分布，成分为 Al、Ca、Fe、Mn。金相显微镜观察融合线断口处为氧化铁。

（4）4 号正火样：脆性断裂发生在轨底 1/4 处。其宏观断口平整有灰斑。扫描电镜观察发现断裂源于灰斑和气孔，在灰斑区存在大量夹杂，能谱分析成分为 Fe、Al、Si、Mn。

以上观察研究结果证实，在钢轨腰部焊缝上的脆性断裂是由夹杂造成的。它的存在是钢轨接头的隐患，再经过车轮的碾压，就会向轨腰两边开裂。这些夹杂的来源是在闪光焊接过程中，钢轨断面处在熔融状态，又暴露在大气中，产生了一些氧化铁和硅酸盐夹杂，这些夹杂未能在闪光、挤压和顶锻过程中排出基体外，而残留在焊口中，这些焊接夹杂就形成了轨腰上的脆性裂纹点。为杜绝上述问题，必须改进焊接工艺，做到焊缝中不残留焊接夹杂。

3　铌、钒和稀土钢轨的研制

3.1　概述

我国是一个以铁路运输为主的国家，据统计铁路的货运量约占全国货运总量的 70%，客运量占 58%。1988 年我国铁路运输的密度已达 2488 万吨/km，仅次于苏联。由于运量不断增长、车速不断提高，轴重也在不断加大，从 21 t 发展到 23 t，远景规划将达 25~30 t。再加上推广电力机车和内燃机车，机车牵引力不断提高，钢轨轨头的侧磨、钢轨波浪磨耗和钢轨的剥离掉块等三大钢轨伤损日趋严重，使钢轨的寿命缩短，60 kg/m 钢轨在京包线小半径弯道上平均寿命只有 7 个月，为此，铁道部门迫切需要高强度耐磨轨。

提高钢轨的强度，根据国外经验主要是采用合金化或热处理。欧洲多采用合金化，其优点是生产工艺简单，使钢轨整体获得强化，一次投资少，节约能源；其缺点是生产成本高，受合金资源限制。美、日、苏等国多采用热处理强化，优点是强度高、韧性好、节约合金、生产成本低；缺点是投资大、工艺复杂、对环境有一定污染。

我国有丰富的稀土、铌和钒钛资源，有条件开发具有我国特色的微合金高强度稀土（钒钛）钢轨，以满足铁道部门对高强度钢轨耐磨的需要。

3.2　实验室实验研究

研制高强度耐磨钢轨性能目标是：强度大于 980 MPa，伸长率大于 8%；争取抗拉强度大于 1100 MPa，伸长率大于 7%。

3.2.1　成分设计

整体构思是在 U74 钢种的基础上，通过适当调整 C、Si、Mn 含量，主要是适当增加 C、Si、Mn 含量，提高钢轨强度和耐磨性，通过加入微量 Nb、V 和稀土，提高钢轨的强度，改善钢轨的韧塑性。根据上述思路设计了 9 种成分设计方案，见表 3-3-1。

3.2.2　实验钢的冶炼和轧制

实验钢是在 150 kg 中频炉中冶炼的，浇铸成 30 kg 钢锭。在冶炼中采取包内脱氧、调整成分，为稳定碳的回收，采用本钢生铁增碳，合金加入的顺序为锰铁、硅铁、铝、铌铁（钒铁），稀土丝最后插入包中。

表 3-3-1 成分设计方案 （%）

编号	特点	C	Si	Mn	P	S	Nb	RE	V
1	C 下限+Nb+RE	0.74+0.04	0.2+0.05	0.9+0.05	0.04	0.04	0.02+0.005	0.02	
2	C 下限+Nb+RE	0.7+0.04	0.8+0.05	0.8+0.05	0.04	0.04	0.02+0.005	0.02	
3	C 上限+Nb+RE	0.82-0.04	1.0-0.05	1.3+0.05	0.04	0.04	0.05-0.005	0.04	
4	C、Mn、Si 上限+Nb+RE	0.82-0.04	1.0-0.06	1.6-0.05	0.04	0.04	0.05-0.005	0.04	
5	C、Mn、Si 中限	0.78+0.02	0.8+0.03	1.1+0.03	0.04	0.04			
6	C 中限+Nb	0.78+0.02	0.8+0.03	1.1+0.03	0.04	0.04	0.035+0.005		
7	C 中限+Nb+RE	0.78+0.02	0.8+0.03	1.1+0.03	0.04	0.04	0.035+0.005	0.03	
8	C 中限+RE	0.78+0.02	0.8+0.03	1.1+0.03	0.04	0.04		0.03	
9	C 中限+V+RE	0.78+0.02	0.8+0.03	1.1+0.03	0.04	0.04		0.03	0.08+0.005

钢锭用 400 kg 锻锤锻成板坯，然后用 250 mm 轧机轧成 15 mm×（100~110）mm板。开轧温度为 970~1057 ℃，终轧温度为 882~1002 ℃，轧后空冷取样。

3.2.3 实验钢的成分和性能检验结果

实验钢的成分和性能检验结果见表 3-3-2 和表 3-3-3。

表 3-3-2 实验钢成分检验结果 （%）

编号	C	Si	Mn	P	S	Nb	RE	V
1	0.87	0.30	0.80	0.030	0.024	0.0273	0.0153	
2	0.72	0.96	1.23	0.033	0.022	0.0423	0.0315	
3	0.70	0.96	1.44	0.035	0.022	0.0403	0.0287	
4	0.89	0.32	1.00	0.025	0.025	0.0238	0.0114	
5	0.88	0.65	1.00	0.026	0.023	0.0242	0.0114	
6	0.78	1.01	1.43	0.030	0.024	0.0452	0.0139	
7	0.77	1.02	1.74	0.030	0.025	0.0434	0.0441	

编号	C	Si	Mn	P	S	Nb	RE	V
8	0.73	0.78	1.17	0.031	0.025		0.0359	
9	0.73	0.78	1.16	0.030	0.0233	0.028		
10	0.73	0.79	1.16	0.030	0.023	0.033		
11	0.73	0.79	1.18	0.035	0.023		0.0300	
12	0.71	0.78	1.15	0.030	0.022		0.0391	0.10
13	0.72	0.76	1.13	0.035	0.026	0.045	0.0296	

表 3-3-3　稀土实验钢轨钢性能检验结果

编号	屈服强度 /MPa	抗拉强度 /MPa	伸长率 /%	断面收缩率 /%	冲击韧性（常温） /J·cm⁻²	冲击韧性（-40 ℃） /J·cm⁻²
1	580	957	13	29	53	30
2	583	1047	14	31	41	23
3	668	1113	14	36		
4	588	957	14.3	33.7	39	27
5	617	1023	13.3	30.3	45	33
6	732	1213	11.7	21.8	37	25
7	798	1260	10.7	25.7		
8	603	1053	13	25.5	38	26
9	580	1080	13	29.3	41	24
10	625	1097	12.3	29.3	47	29
11	603	1050	12.7	27.3	40	27
12	697	1130	12	27	43	32
13	725	1140	14	35	32	21

3.2.4　实验结果的分析研究

（1）稀土和铌的加入能有效改善钢的性能。8~11 号试样具有基本相同的成分，但综合性能却有较大的差距，不加稀土和铌的 8 号样最差，只加铌的其次，只加稀土的较好，最好的是加稀土和铌的。

（2）提高硅的含量是必要的。从 4、5 号样对比看，5 号样仅增加 0.43% 的硅含量，其他成分相同，可以使其抗拉强度提高 66 MPa，冲击性能也有提高。分析原因，认为可能与 5 号样的稀土/硫比高于 4 号样所致，也就是说稀土/硫比对钢中夹杂物形态有影响，而这又对钢的冲击性能有显著影响。适当增加硅含量不但可以保证增加钢的强度，而且可以在硅和稀土的交互作用下，使钢的塑性和冲击韧性得到提高。

（3）必须最大限度地降低硫含量。从 12 号样综合性能看，除钒的因素外，还有一个因素值得研究，即稀土/硫比较大使其弯曲疲劳高出 4 号样 30%，接触疲劳为 4 号样的 2 倍以上。因此可以确定钢中的残留稀土/硫比是一个决定夹杂物形态的重要参数。实验研究表明，当其比值为 3 时可以使钢中的 MnS 变为粒状稀土硫化物，效果最佳。但若过高的稀土含量是不利的，为此，要增大稀土/硫比的最佳途径是最大限度地降低硫含量，若能将硫含量降低到 0.02% 左右，稀土/硫比在 2 以上，这时钢轨钢稀土含量的效果能充分体现。

（4）钒的作用比铌优。12 号样是加铌和钒的钢，其综合性能排名第二，仅次于高锰的 13 号样，说明钒的作用无论是强度还是韧性均比铌为优。有关资料指出：钒有一个特性，当它的含量高于 0.03% 时，就可把钢中的碳、氮的溶解度大大降低，当钒含量大于 0.12% 时，钒的碳化物就不能溶解到基体中去，钛钢不易炼成双相钢，而钒很容易做到。另外还指出这几个元素对屈服强度的影响，同时加入两个元素比单独加入一个元素的强化效果好，即放大效应，为此，美国一般采用铌加钒，而不单独使用铌或钒。

（5）稀土和铌能提高钢材的局部变形和硬化能力。钢轨的失效常常是由于麻点、剥离掉块、核伤、压溃等局部伤损引起的，若能提高金属的抗局部变形和硬化能力，则可以提高金属寿命。通过实验对比发现，不加稀土和铌的钢抗局部变形的能力最差，仅加稀土略好之，只有同时添加铌和稀土的钢效果最好，而且随着铌和稀土含量的增加，钢的强度、伸长率均有提高。尤其是钢的局部变形能力指标有明显提高。这一指标称之为断后局部伸长率，它等于断后常规伸长率减去最大力下的非比例伸长率，见表 3-3-4。

表 3-3-4　断后局部伸长率

编号	常规伸长率/%	非比例伸长率/%	局部伸长率/%	排序
1	13.0	8.70	4.30	9
2	14.0	8.79	5.21	6
3	14.0	8.21	5.79	3
4	14.3	8.39	5.91	2
5	13.3	8.54	3.78	12
6	11.7	7.78	3.92	11
7	10.7	5.67	5.03	7
8	13.0	9.38	3.64	13
9	13.0	8.33	4.17	10
10	12.3	6.77	5.53	4

编号	常规伸长率/%	非比例伸长率/%	局部伸长率/%	排序
11	12.7	8.15	4.55	8
12	12.0	6.73	5.27	5
13	14.0	8.01	5.99	1

（6）接触疲劳试验。接触疲劳试验是在 JPM-1 型试验机上进行的。实验结果为：接触疲劳性能最好的是 12、9、2、13 号几个试样。最差的是 4、11 号试样。从这一结果可以得出结论：随着钒、铌的加入和硅锰含量提高，可以较大幅度提高接触疲劳性能。

关于钢的显微组织对接触疲劳的影响，人们的说法不一。有的认为用热处理方法得到细珠光体组织，其接触疲劳寿命明显提高。有的认为含铌钢其所以具有较好的耐磨性能和接触疲劳性能，是由于珠光体片间距和珠光体团尺寸较小的缘故。也有人认为金属的表层组织状态对接触疲劳影响十分重要，残余奥氏体对接触疲劳具有极为有利的影响，有人认为较好的组织状态，可以在一定程度上抑制各种微观非均匀性，如非金属夹杂、气孔残余应力等不良影响，从而可具有较高的接触疲劳寿命。

（7）磨耗实验。磨损实验是在 MM-200 型试验机上进行的。试样室选取 C、Si、Mn 基本相同的 6 个试样进行对比，具体结果见表 3-3-5。从表中可以看出：屈服强度最高的 6 号样磨损量最小，13 号样磨耗次之。这两个样均为加 Nb+RE，而仅加稀土的 8 号样磨损最大，加钒和稀土的 12 号样，屈服强度和磨耗次之。

表 3-3-5　磨耗实验结果

编号	磨损量/g	成分含量/%	屈服强度/MPa
6	0.0968	0.0452Nb+0.0139RE	732
8	0.1917	0.0359RE	603
10	0.1687	0.033Nb	625
11	0.1447	0.030RE	603
12	0.1854	0.10V+0.039RE	697
13	0.1085	0.0296RE+0.045Nb	725

（8）断裂韧性实验。从实验结果看，稀土的加入对断裂韧性和弯曲疲劳没有明显影响，4 号样的断裂韧性最高，但疲劳极限最低，可能是其 C、Si、Mn 含量最低所造成。从扫描电镜断口分析，预制裂纹前缘没有断续的韧带，且撕裂岭较高。11 号样的断裂韧性最低，可能是因其原始奥氏体晶粒和珠光体片间距最大所致。用金相方法对夹杂物的形貌和尺寸进行了观察和测量，具体见表 3-3-6 和表 3-3-7。

表 3-3-6 断裂韧性

编号	$K_Q/MN \cdot m^{-1}$	$K_{max}/MN \cdot m^{-1}$	σ/MPa
2	42.8	44.4	417
4	56.5	58.6	340
6	42.2	48.8	417
8	42.0	42.0	406
9	41.0	44.4	434
10	41.0	45.1	405
11	36.9	44.3	405
12	44.5	46.2	448
13	41.9	44.9	458

表 3-3-7 夹杂物尺寸

编号	最长氧化物尺寸 /mm	最长硫化物尺寸 /mm	纺锤状夹杂长×宽 /mm×mm
1	0.80	0.064	0.024×0.012
6	1.64		0.024×0.012
8	0.22	0.072	
9	0.20	0.092	
10	0.45	0.056	0.020×0.012
11	0.68	0.140	0.024×0.012
12	0.80		0.020×0.012

3.2.5 实验室实验初步结论

（1）在 U74 基础上，适当提高 C、Si、Mn 含量，再加入适量稀土、铌或钒，能满足铁路提高钢轨强度和塑性要求，即抗拉强度大于 980 MPa，伸长率大于 8%。

（2）稀土和铌能改善钢轨的抗局部变形能力和硬化能力，同时能改善钢轨的耐磨性能和抗接触疲劳性能，并对其强度、断面收缩率也有一定提高，但对断裂韧性和弯曲疲劳极限没有明显影响。

（3）稀土和铌或钒的联合作用对钢轨钢的强化比单一稀土或铌强，只加稀土比不加入要好。

（4）根据实验结果，建议稀土轨的成分设计见表 3-3-8。

表 3-3-8　稀土轨的成分设计　　　　　　　　　　　（%）

成分设计	C	Si	Mn	P	S	RE	Nb	V
方案 1	0.70~0.82	0.60~0.90	0.90~1.20	0.040	0.040	0.02~0.05	0.02~0.05	
方案 2	0.70~0.82	0.60~0.90	0.90~1.20	0.040	0.040	0.02~0.05		0.06~0.12

（5）稀土加入方法很关键，需要研究合理的稀土加入方法。

3.3　铌、钒和稀土轨工业试验

（1）根据实验室试验的结果，看出稀土与铌或钒联合对钢轨钢的强化作用明显，为进一步搞清在工业化生产的条件下，稀土轨的性能与工艺参数之间的最佳匹配关系，在实验室试验的基础上，筛选设计了工业性试验稀土轨的成分，见表 3-3-9。

表 3-3-9　工业性试验稀土轨的成分　　　　　　　　（%）

钢种	C	Si	Mn	P	S	Nb	V	RE（加入量）	备注
NbRE	0.70~0.82	0.60~0.90	0.90~1.20	0.04	0.04	0.01~0.06		0.02~0.06	
Nb	0.70~0.82	0.60~0.90	0.90~1.20	0.04	0.04	0.01~0.06			对比
VRE	0.70~0.82	0.60~0.90	0.90~1.20	0.04	0.04		0.06~0.12	0.02~0.05	
V	0.70~0.82	0.60~0.90	0.90~1.20	0.04	0.04		0.06~0.12		对比
U74RE	0.67~0.80	0.13~0.23	0.70~1.00	0.04	0.04			0.02~0.05	对比

（2）冶炼：实际生产稀土钢的成分见表 3-3-10。

表 3-3-10　实际生产稀土轨的成分　　　　　　　　（%）

炉罐号	钢种	C	Si	Mn	P	S	Nb	V	RE
1490 甲	NbRE	0.76	0.73	1.03	0.020	0.013	0.027		0.02~0.0532
1490 甲	Nb	0.76	0.73	1.03	0.020	0.013	0.027		
1490 乙	VRE	0.77	0.72	1.10	0.022	0.019		0.001	0.0152~0.0395
1490 乙	V	0.77	0.72	1.10	0.022	0.019		0.001	
1494 甲	NbRE	0.76	0.74	1.10	0.022	0.012	0.022		0.0248~0.0345
1494 乙	U74RE	0.76	0.23	0.93	0.012	0.010			0.0178

由于铁水含磷较高，为防止回磷，脱氧前磷含量小于 0.015%，硫含量小于 0.025%，碱度大于 3.8，同时采用 Si-Mn 和 Fe-Mn 进行炉内预脱氧，炉后用 Fe-Si 补充脱氧，并调整硅含量，然后人工向罐内投入铌铁。铌铁铌含量为 65.155%，回收率 79.14%~82.88%。钒铁钒含量为 52.67%，回收率 91.84%。出钢温度控制在 1616~1636 ℃。

为提高稀土回收率，采用喂入稀土金属丝的方法，在开浇后开始喂丝，喂丝速度30～35 m/min。

（3）轧制：为使 Nb 和 V 能充分溶解于奥氏体，起到强化作用，适当提高了轧制温度，开轧温度不大于1190 ℃，平均开轧温度为1101 ℃；终轧温度在950 ℃，平均终轧温度为955 ℃。

（4）常规性能检验：常规性能检验见表3-3-11。

表 3-3-11　常规性能检验

炉罐号	钢种	屈服强度 /MPa	抗拉强度 /MPa	伸长率 /%	断面收缩率 /%	低倍	白点	落锤挠度 /mm
1490 甲	NbRE	745	1100	8.5	14.0	合	无	48
1490 甲	Nb	790	1100	13.0	16.5	合	无	
1490 乙	VRE	750	1100	7.5	8.0	合	无	47
1490 乙	V	736	1105	8.0	9.0	合	无	
1494 甲	NbRE	780	1080	8.5	10.0	合	无	46
1494 乙	U74RE	455	906	10.0	13.0	合	无	48
1494 乙	U74	475	935	9.6	15.6	合	无	48

从表3-3-11中可以看出实验钢的屈服强度比 U74 提高了 270 MPa，抗拉强度提高了 165 MPa，达到 1078 MPa 级要求。

3.4　铌、钒和稀土轨接触疲劳检验

铌、钒和稀土轨接触疲劳检验见表3-3-12。

表 3-3-12　铌、钒和稀土轨接触疲劳检验

钢种	NbRE	Nb	VRE	V	U74RE	U74
转速×10⁶	3.8	3.7	5.2	3.5	4.7	2.6

从表3-3-12看出，在接触应力为 1450 MPa 的条件下，几个钢种的基础疲劳寿命比较：VRE 钢比 V 钢高48%，U74RE 比 U74 高81%，但不加稀土的 Nb 钢和加稀土的 NbRE 钢近似，NbRE 钢比 U74 钢高46%，VRE 钢比 U74 钢高100%。总之，接触疲劳寿命最高的是 VRE 钢，U74RE 钢次之。

3.5　铌、钒和稀土钢的显微组织与夹杂物分布研究

铌、钒和稀土钢的珠光体片间距和夹杂物总长度见表3-3-13。

表 3-3-13　铌、钒和稀土钢的珠光体片间距和夹杂物总长度

钢种	NbRE	Nb	VRE	V	U74RE	U74
珠光体片间距 /mm	0.14	0.14	0.14	0.14	0.20	0.20
夹杂物总长度 /$\mu m \cdot mm^{-2}$	21	35	22	29	22	55

　　从表 3-3-13 可以看出，加入稀土对钢轨钢的珠光体片间距影响不大，而加入微合金元素 Nb 或 V 可以使钢轨钢的珠光体片间距明显变小。

　　钢中加入稀土有净化钢质的作用，使钢中的夹杂物发生变态，长条状硫化物变为短条状、纺锤状，夹杂物明显变小且分布均匀。采用扫描电镜进行图像分析，测定的结果用每平方毫米样品表面上夹杂物的总长度列于表 3-3-13 中。加入稀土的钢轨钢如 NbRE、VRE 和 U74RE 比不加稀土的 Nb、V、U74 等夹杂物总长度明显变短。同时发现加入稀土的钢轨钢中夹杂物大部分变成了稀土复合夹杂物，如加入稀土的 U74RE 轨钢中硫化物形状由长条形变为椭圆形，其周围的一层白色物质为含有锰的稀土氧硫化物。再如加入稀土的 NbRE 轨钢中夹杂物变成含有钙的稀土氧硫化物组成的复合夹杂物。从以上分析可以看出：在钢轨钢中加入 0.04% 的稀土，使钢中大部分夹杂物发生变态，原来长条状硫化锰大部分变为短条状或纺锤状和椭圆状，并且周围包围着稀土氧硫化物，成为复合夹杂物。其中 Al_2O_3 夹杂大部分变为稀土氧化物，稀土氧化铝的硬度远小于 Al_2O_3，由于其周围还包裹着稀土氧硫化物，使 Al_2O_3 的尖角消失。铝镁尖晶石（$MgO \cdot Al_2O_3$）变为含有稀土的铝镁尖晶石，其周围被含有稀土氧硫化物的复合夹杂物包围，铝酸钙（$mCaO \cdot nAl_2O_3$）变为含有稀土的铝酸钙，其周围包裹着有稀土氧硫化物的复合夹杂物。

　　从上述分析可以看出，钢中加入稀土后，如钢轨钢 VRE、U74RE 分别比没有加入稀土的 V 和 U74 钢接触疲劳性能提高，这主要归功于加入稀土后使钢中夹杂物发生变质，从而提高了其接触疲劳性能。

3.6　加入铌、钒和稀土钢轨钢因夹杂物造成的应力集中引起的接触疲劳大大降低

　　在钢轨钢的研究中发现，随着钢轨钢强度的提高，可以提高其抗接触疲劳寿命，但也会使钢对应力集中的敏感性提高。钢中发生应力集中除因钢材外观损坏或断面设计不合理外，从钢轨钢内在质量分析，主要受钢中夹杂物影响。夹杂物对应力集中的影响主要有两个因素：一是在钢材冷却过程中，因夹杂物与钢基体的线胀系数不同，所以产生不同的热收缩，从而引起应力集中；二是由于钢基体和夹杂物的弹性模数不同，产生的应力集中。几种典型夹杂物的线胀系数和弹性模量见表 3-3-14。

表 3-3-14 几种夹杂物的线胀系数和弹性模量

夹杂物	MnS	Al_2O_3	$MgO \cdot Al_2O_3$	$CaO \cdot 2Al_2O_3$	Ce_2O_2S	稀土钢
线胀系数 $\alpha/\text{℃}^{-1}$	18.1×10^{-6}	8.0×10^{-6}	6.5×10^{-6}	5.0×10^{-6}	11.5×10^{-6}	12.5×10^{-6}
弹性模量 E/MPa	1380	3888	2710	1000	1833	2100

可以看出，钢轨钢中加入稀土使对疲劳寿命影响最大的夹杂物获得变性，使其接触疲劳性能获得明显改善。

3.7 铌、钒和稀土钢轨在线路铺设检验

经过近一年的在曲线半径 $R = 502$ m、坡度 6% 的线路试铺检验，NbRE 轨的磨耗大大降低，其耐磨性可以提高 2 倍左右。

3.8 铌、稀土对钢轨钢性能作用机理的研究

3.8.1 钢轨钢中加入铌、稀土对钢轨钢性能的作用

钢轨钢中加入铌、稀土后对钢轨钢的性能作用是明显的，使钢轨钢的组织转变和力学性能得到改善。据有关专家对 BNbRE 钢轨钢的研究发现：铌对钢轨钢的珠光体转变，是通过固溶铌在珠光体转变过程中存在于奥氏体中，它影响了碳的扩散，这种作用不仅铌有，稀土、硅、锰也都有。

也有的专家研究发现：稀土尽管可以增大碳化物的稳定性，但作用不大。而铌则对珠光体转变有较强的延时作用。铌作为强化元素，由于形成强的碳化物，使其在奥氏体区增加了碳的扩散能，从而减缓奥氏体的形成，也影响了奥氏体均匀化进程，使在奥氏体冷却过程中发生珠光体转变时直接形成碳化物，铌则在奥氏体中扩散导致这种碳化物的形成推迟。

关于钢轨钢中铌和稀土的作用及在钢中存在的形态，不少的研究发现：在钢中加入稀土后，碳化物主要是在铁素体中析出，呈现出细小弥散分布。

3.8.2 铌、稀土对钢轨钢淬透性的影响

通常，钢的淬透性与临界冷却速度有关，而这又由其在钢的 C 曲线位置决定。决定 C 曲线的几大因素主要是：钢的奥氏体成分、奥氏体化温度、奥氏体晶粒度。

很多的研究发现：铌在钢轨钢中主要存在形态为固溶铌、化合物（即碳化铌或碳氮化铌），以及富铌。无论是哪种形式，都是通过奥氏体晶粒和奥氏体冷却形核影响钢的性能。以固溶态存在于奥氏体中的铌降低了碳在奥氏体中的扩散速

度，减少了珠光体形核，使钢轨钢提高了淬透性。但铌在钢中大部分是以碳化铌、碳氮化铌的形态存在，在通常的温度下，很少溶入奥氏体，这就使未溶的碳化铌、碳氮化铌在奥氏体分解时珠光体形核和奥氏体碳含量贫化，降低了钢的淬透性。

3.8.3　稀土元素对钢轨钢性能的影响

稀土元素对钢轨钢性能的影响比较复杂，这方面的研究还在进行中。从目前的研究成果看有了一些初步结论，值得探讨。

（1）稀土元素包括原子序数从 57～71 的 15 个镧系元素，分别为镧（La）、铈（Ce）、镨（Pr）、钕（Nd）、钷（Pm）、钐（Sm）、铕（Eu）、钆（Gd）、铽（Tb）、镝（Dy）、钬（Ho）、铒（Er）、铥（Tm）、镱（Yb）、镥（Lu），另外还有钪（Sc）、钇（Y），共 17 个元素。稀土元素属于第ⅢB族，其原子价是 3。

（2）在钢轨钢中加入的稀土为混合稀土，其组成是：铈（Ce）40%、镧（La）30%、镨（Pr）5%、钕（Nd）12% 等。一般稀土加入量为 0.02%～0.05%，通常是采用喂丝方法加入钢液中，在钢中形成夹杂物，固溶于基体形成金属间化合物，包括稀土氧化物、稀土铝酸盐、稀土硫化物等，这与钢中 [O]/[S] 有关。有关实验研究结果表明：当 [RE]/[S] <0.5 时，钢中的夹杂是以 MnS 为主，当 [RE]/[S] =1 时，有 50% 左右的 MnS 被变性成 RE2O3S，当 [RE]/[S] =3 时，可以把 MnS 变质成球状稀土硫化物。

稀土在钢中的固溶量是随条件不同而异，也与稀土的加入量密切相关。有关研究发现：当 RE 的加入量为 0.03% 时，Ce 的固溶量为 0.002%～0.0028%。当稀土的固溶量为 0.036%～0.10% 时，Ce 的固溶量为 0.0025%～0.0083%。实验还发现，稀土的固溶量还与钢中 S、O 含量有关。在稀土量一定时，其固溶量是随着 S、O 含量的增加而减少。

大量的研究表明：钢中加入稀土可以抑制钢中的夹杂在晶界的偏西，起到净化晶界，有利于提高淬透性。同时，由于稀土的合金化作用，特别是铈（Ce）能使等温转变曲线右移，增加了钢的淬透性。

3.8.4　单一稀土元素对钢轨钢性能的影响研究

目前，用稀土处理钢轨钢都是采用混合稀土，其作用机理已比较明确。由于稀土是多达 17 种元素的总称，每一种元素对钢轨钢的作用机理的研究不多。从现有的文献报告看曾有苏联学者研究过铈、镧、钕几个元素对钢轨钢淬透性的影响，其结论如下：

（1）这几个元素，单个加入量为 0.03%～0.3%，随着加入量的增加，其淬透性也在提高。

（2）在加入量相同的条件下，淬透性有所区别，铈>钕>镧。

4 75 kg/m 钢轨的研制

我国第一支 75 kg/m 钢轨 1984 年 3 月 27 日在包钢轨梁厂试轧成功，填补了我国重型断面钢轨的空白，为我国铁路实现重载运输创造了条件，这些钢轨开始铺设在我国第一条重载线——大秦线。

4.1 铁路重型化是世界货运铁路的发展趋势

世界各国公认铺设重型钢轨是加强线路上部结构的有效方法。重型钢轨对保证行车安全创造了有利条件，并可节约线路和车辆维修费用。根据国外的经验，采用重型钢轨可以大大延长钢轨的使用寿命。早在 1974 年美国就有 66% 以上的线路铺设了大于 65 kg/m 钢轨，苏联的货运铁路也是以 65 kg/m 钢轨为主，据苏联有关资料介绍，尽管 65 kg/m 钢轨比 50 kg/m 钢轨重量增加了 30%，但其使用寿命却提高了 80%。日本介绍 65 kg/m 钢轨的寿命比 50 kg/m 钢轨延长了 2.1~6.5 倍。法国的 60 kg/m 钢轨因疲劳损伤造成的更换率仅相当于 50 kg/m 钢轨的六分之一。世界各国铺设的重型钢轨情况见表 3-4-1。

表 3-4-1 世界各国铺设的重型钢轨情况

国　家	规　格	国　家	规　格
美国	77 kg/m	德国	64 kg/m
苏联	75 kg/m、65 kg/m	英国	57 kg/m
日本	60 kg/m	法国	60 kg/m
意大利	60 kg/m	捷克	54 kg/m
丹麦	60 kg/m	波兰	60 kg/m

根据我国铁路事业的发展要求，在年运量大于 5000 万吨的线路上应铺设 75 kg/m 钢轨。我国 1989 年统计铁路里程为 5.2 万公里，位于美国、苏联、加拿大、印度之后，但我国的铁路运输密度却是美国、法国、印度的 3 倍，日本的 1.5 倍，仅次于苏联，居世界第二位，超过 1500 万吨公里/日。为满足国民经济快速发展的需要，我国必须积极发展重载铁路运输，加快重载铁路的建设，改造已有线路。

4.2　孔型系统选择与设计

根据国外孔型设计经验和我国轨梁轧机的情况，选择了采用 5 个轨形孔、3 个帽形孔、1 个梯形孔的孔型系统。国外的经验认为轧制重型断面的钢轨，异形孔的数量至少 9 个，才能保证轧制钢轨的尺寸精度，否则容易造成尺寸波动大。

在具体孔型设计上，帽形孔采用较大压下系数，以强化轨头、轨底。轨形孔则采用腰部不等厚设计，这样便于轨底尺寸的控制。在孔型断面上采用闭口腿延伸系数大于开口腿，这样可以减少开口腿的磨损，提高孔型寿命。具体孔型系统如图 3-4-1 所示。

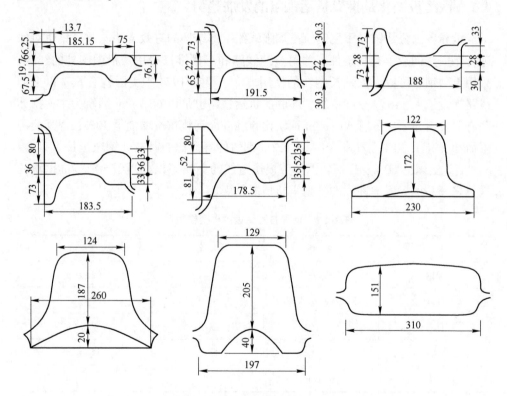

图 3-4-1　75 kg/m 钢轨的孔型系统

4.3　坯料选择

为确保钢轨的低倍质量和钢轨成品定尺率，采用 300 mm×330 mm 矩形坯。采用这样尺寸的坯料坯/材的压缩比为 10.42，比 60 kg/m 钢轨略小一些（13.75）。

4.4 轧制钢轨几何尺寸控制情况

轧制钢轨几何尺寸控制情况见表 3-4-2。

表 3-4-2 轧制钢轨几何尺寸控制情况 （mm）

项 目	轨头	轨底	轨高	腰厚	腿厚
标准	$75^{+1.5}_{-0.5}$	$150^{+0.8}_{-0.5}$	$192^{+1.0}_{-0.5}$	$20^{+1.0}_{-0.5}$	$13.5^{+0.5}_{-0.5}$
实测平均值	74.8	150.19	192.36	20	13.5
实测范围	74.6~75	149~150.7	192~192.5	19.7~20.5	13~14

4.5 化学成分、性能检验情况

化学成分、性能检验情况见表 3-4-3。

表 3-4-3 化学成分、性能检验情况

种 类	化学成分/%					屈服强度 /MPa	抗拉强度 /MPa	伸长率 /%	断面收缩率 /%
	C	Si	Mn	P	S				
苏联标准 ГОСТ 24182—80	0.71~ 0.82	0.18~ 0.40	0.75~ 1.05	≤0.035	≤0.045		≥900	≥4.0	≥11.3
实际 M76							937/890~ 1000	7.7/6~ 11.5	11.3/6.5~ 18
U71Mn	0.65~ 0.77	0.15~ 0.35	1.10~ 1.50	≤0.04	≤0.04		≥900	≥8.0	
实际							1026/970~ 1060	9.78/7.5~ 12	13.5~ 19
U74	0.67~ 0.80	0.13~ 0.28	0.70~ 1.00	0.04	0.05		≥800	≥9.0	
实际							956/835~ 1070	10.4/6.5~ 16	14.5~ 22.5

从表 3-4-3 看出：U71Mn 轧制的 75 kg/m 钢轨力学性能既优于 U74 也优于苏联的 M76，是一个强度、韧性均好的有发展前景的钢种。

4.6 对 75 kg/m 钢轨实物疲劳性能的研究

为对 75 kg/m 钢轨的疲劳性能有全面了解，对不同碳含量的钢轨进行了疲劳试验。试验是在疲劳试验机上进行的。试验所测的钢轨来自两个不同钢厂，其提供的钢轨化学成分见表 3-4-4。

表 3-4-4　两个钢厂提供钢轨的化学成分　　　　　　　　（%）

厂家	试样号	C	Mn	Si	P	S
A	A	0.68	1.24	0.25		
	B	0.76	1.26	0.26		
B	C	0.79	1.28	0.23	0.01	0.029
	D	0.71	1.24	0.23	0.012	0.034

　　表 3-4-5 所列疲劳试验结果表明应力均对应于疲劳源所在的轨头或轨底的最大拉应力，除注明未断外，其余的钢轨试样均疲劳断裂。钢轨的疲劳断口与常规的无差别。根据疲劳极限定义和次数 N 与应力 σ 的回归方程，推算出 $N = 200$ 万次时的疲劳极限，见表 3-4-6。

表 3-4-5　疲劳试验结果

厂家及试样号	项目	载荷/kN					
		±250	±260	±270	±290	±300	±400
A-A	应力/MPa		135.56	140.71	151.14	144.50	208.46
	次数/万次		200.5 未断	>200 未断	53.3	65.47	23.59
	疲劳源			轨头	轨头	轨底	轨头
A-B	应力/MPa			140.71	151.14	156.35	208.46
	次数/万次			212 未断	94.87	72.42	15.20
	疲劳源				轨头	轨头	轨头
B-C	应力/MPa	120.42		140.71	139.69	156.35	208.46
	次数/万次	201.65		99.67	75.50	92.89	17.22
	疲劳源	轨底		轨头	轨底	轨头	轨头
B-D	应力/MPa			140.71	151.14	156.35	208.46
	次数/万次			94.33	41.9	59.52	27.12
	疲劳源			轨头	轨头	轨头	轨头

表 3-4-6　$N = 200$ 万次时的疲劳极限

试样号	回归方程	相关系数	疲劳极限/MPa	碳含量/%
A-A	$\sigma = 415.11 - 151.031 \lg N$	$\gamma = 0.9958$	67.61	0.68
A-B	$\sigma = 295.31 - 73.73 \lg N$	$\gamma = 0.9985$	125.68	0.76
B-C	$\sigma = 307.40 - 82.18 \lg N$	$\gamma = 0.9647$	118.29	0.79
B-D	$\sigma = 355.87 - 112.69 \lg N$	$\gamma = 0.8558$	96.57	0.71

　　上述结果与 60 kg/m 钢轨相比，在碳含量近似的条件下，75 kg/m 钢轨的疲

劳极限与 60 kg/m 钢轨（108.37 MPa）是近似的，并没因断面增大而降低。

4.7   75 kg/m 钢轨残余应力研究

钢轨的残余应力对钢轨的使用和安全有重大影响。为进一步了解 75 kg/m 钢轨的残余应力情况，对两种不同钢种的 75 kg/m 钢轨的残余应力进行测定，结果见表 3-4-7。

表 3-4-7   两种不同钢种的 75 kg/m 钢轨的残余应力 （MPa）

测量位置	1	2	3	4	5	6	7	8	9	10	11	12
A 厂轨	228.34	163.66	14.7	−78.4	−79.38	−91.13	−112.7	−46.06	−49	−78.4	−28.42	−50.96
B 厂轨	9.26	49.39	0.20	−50.86	−52.92	−38.12	−64.59	−78.99	−160.13	−106.62	5.19	189.92
测量位置	13	14	15	16	17	18	19	20	21	22	23	24
A 厂轨	212.66	182.28		−103.88	−104.86	−77.42	−125.44	−101.92	−101.92	−30.38	88.2	195.02
B 厂轨	241.86	122.70	−42.83	−98	−123.48	−59.49	−53.9	−44.49	−8.04	−8.43	−36.06	39.89

测点位置如图 3-4-2 所示。

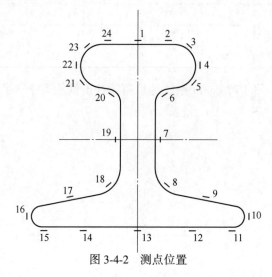

图 3-4-2   测点位置

从表 3-4-8 可以看出，75 kg/m 钢轨的残余应力水平与 60 kg/m 钢轨基本相当，略有升高。这主要是 75 kg/m 钢轨的矫直压力比 60 kg/m 钢轨要大所致。

表 3-4-8   两种钢轨残余应力比较 （MPa）

轨 型	轨头残余应力	轨底残余应力
60 kg/m 轨	155.0~227.7	184.3~215.6
75 kg/m 轨	92.6~228.34	212.66~241.86

4.8　75 kg/m 钢轨落锤实验研究

实验条件是锤重 1 t，简支梁支距 1 m，下落高度 7.5 m。进行落锤的试样化学成分及强度见表 3-4-9。实验结果见表 3-4-10。

表 3-4-9　落锤实验所用试样的化学成分及强度

试样号	化学成分/%					强度/MPa
	C	Mn	Si	S	P	
A	0.79	1.28	0.23	0.029	0.01	970、970、970
B	0.76	1.26	0.26			985、984、987

表 3-4-10　落锤实验结果

试样号	锤击方向	锤击次数/次					备注
		1	2	3	4	5	
		钢轨弯曲的挠度/mm					
A	轨底朝下	25	断				2 锤断
B	轨底朝下	22	35				2 锤未断
A	轨头朝下	21	37	51	62	80	5 锤未断
B	轨头朝下	22	38	56	71	87	5 锤未断

初步判断，B 厂的 75 kg/m 钢轨的抗落锤冲击性能高于 A 厂的。

5　钢轨热处理工艺研究

随着铁路运输的发展和冶金技术的进步，通过大量的科学实验研究，使人们对金属材料的成分、组织和性能之间的关系有了深刻认识，为提高钢轨的使用性能指出了方向。采用金属热处理可以改善金属的强度和韧性，热处理技术一直是伴随着冶金技术的发展而进步的。据有关资料介绍，钢轨的热处理最早可以追溯到 19 世纪中叶，但真正具有工业规模的钢轨热处理是从 20 世纪初才开始的。

5.1　钢轨热处理简史

大约在 1903 年英国首先开始对轧后的钢轨进行热处理。当时是采用水作为淬火介质。由于轧后钢轨的断面冷却温度不均，造成热处理后钢轨硬度波动很大而且钢轨弯曲很大，需要对钢轨进行矫直后才能使用。1922 年人们又实验用蒸汽作为淬火介质，改善了钢轨原来淬火容易造成裂纹等缺陷的状况。

苏联是从 1931 年开始进行工业性钢轨热处理实验研究的，1938 年着手采用油进行钢轨整体淬火实验，经历了约 20 年的时间才摸清钢轨索氏体化的热处理工业参数和装备设计，1958 年在下塔吉尔厂生产出第一批整体油淬火热处理钢轨。普通碳素轨经过热处理后，其硬度达到 HB360，抗拉强度达到 1150 MPa，屈服强度达到 800 MPa，伸长率为 8%。1964 年亚速厂进行电加热全长淬火热处理工业试验，采用双频加热、喷雾淬火，淬火机组速度为 218 m/min。其主要工艺过程为：使用 6 组感应加热器，采用 1500 kW、2500 Hz 中频电流，经过 120 s加热后使钢轨轨头温度达到 980~1020 ℃；在空气中冷却 30 s 后，待轨头温度达到 880~960 ℃时进行喷雾淬火，约经 70 s 后轨头温度降到 400 ℃；再利用其轨头内部热量进行回火，回火温度大约为 450 ℃；在淬火中对钢轨进行反向预弯，使钢轨淬火后弯曲很小，基本不用再矫直。苏联共有库钢、亚速、下塔吉尔、捷尔任斯基 4 个钢轨热处理厂，其热处理能力约为 150 万吨，热处理钢轨的力学性能可达到：硬度 HB330~380、抗拉强度 1340 MPa、屈服强度 950 MPa、伸长率13%、断面收缩率 34%。

日本生产钢轨的主要厂家有日本钢管的福山厂和新日铁的八幡厂。这两个厂生产钢轨的历史已近百年，对钢轨热处理的研究也有 40 多年。日本早在 1950 年就开始试验端头淬火轨，1954 年开始生产热处理轨。1964 年日本八幡厂开始采用高频加热、喷雾淬火工艺生产全长淬火轨。1976 年又开发出欠速（SQ）淬火热处理新工艺。20 世纪 80 年代初，为降低成本、节约能源，日本又开发出在线热处理技术。从 90 年代开始其在线热处理技术已大量投入生产，不仅供应其国内，而且该技术出口世界。

美国生产钢轨的主要厂家是美国钢铁公司的格力厂、伯里恒钢铁公司的斯提尔顿厂。格力厂生产淬火轨已有几十年历史，从 1976 年开始生产欠速淬火轨，它采用的是感应加热、喷压缩空气冷却，对钢轨进行强化处理。斯提尔顿厂是采用煤气加热、整体油淬火工艺，经淬火后钢轨的硬度可达 HB340~360，抗拉强度为 1200 MPa，屈服强度为 800 MPa，断面收缩率为 45%。

此外，还有德国的克虏伯厂、法国的萨西洛厂、加拿大、意大利、西班牙等国均可生产淬火轨。

我国的钢轨热处理是从 1966 年开始的，首先在重庆大型厂建设了第一条钢轨全长热处理生产线，它是采用工频对钢轨预热，中频对轨头加热，喷雾冷却和自回火，经热处理后钢轨的抗拉强度可达 1120 MPa，屈服强度达 798 MPa，伸长率达 16%。1976 年攀钢建成双频感应加热钢轨全长淬火生产线。它采用工频对钢轨全断面预热，中频对轨头加热，喷压缩空气，淬火速度 1.2 m/min，淬火轨的抗拉强度为 1200 MPa，屈服强度为 900 MPa，伸长率为 12%。

1996 年铁道科学研究院与呼和浩特铁路局建成一条 500 m 焊接长轨全长热处理生产线，也是采用感应加热、喷压缩空气、自热回火工艺。1970 年包钢建成一条工业试验性钢轨热处理生产线，采用煤气整体加热、喷雾淬火自回火工艺。钢轨经热处理轨头淬火，轨腰和轨底得到强化，其淬火组织为索氏体。攀钢在 1980 年建成我国第一条在线全长余热淬火生产线。

5.2　钢轨热处理工艺

钢轨的热处理工艺按其原理可分为三大类。

5.2.1　淬火加回火工艺（QT 工艺）

淬火加回火工艺是把钢轨加热到奥氏体化温度，然后喷吹冷却介质，让钢轨表面层急速冷却到马氏体相变温度以下，然后进行回火。其组织为回火马氏体（也称索氏体）。这是一种传统的金属热处理工艺，它可以提高钢轨硬度和强度，改善钢轨的抗疲劳和耐磨耗性能。但这种工艺存在如下缺点：淬火后钢轨弯曲大，需要对钢轨进行补矫直；在淬火的轨头断面上有时出现因贝氏体而引起的硬度塌落。这种淬火加回火工艺按加热方法又可分为以下两种：

（1）感应加热轨头淬火工艺。如美国钢铁公司的格力厂、新日铁的八幡厂、乌克兰的亚速厂等均是采用上述工艺。通过电感应加热，使钢轨加热到 A_{c3} 以上 50 ℃，然后空冷到 750 ℃，通过向钢轨喷吹压缩空气，使钢轨冷却到 500 ℃ 左右，进行自回火。这种工艺生产稳定，对环境无污染，生产方式灵活。缺点是设备一次性投资大、能耗高。

（2）整体加热整体淬火工艺。如苏联的下塔吉尔厂、库兹聂次克厂，美国伯利恒的斯蒂尔厂都是采用这种工艺。采用煤气对钢轨整体加热，然后在油中或温水中进行整体淬火，淬火后的钢轨要在 450~500 ℃ 进行回火。这种工艺特点是产量高，淬火硬度均匀，可提高钢轨全断面的强韧性。

5.2.2 欠速淬火工艺（SQ 工艺）

欠速淬火工艺是把钢轨加热到奥氏体化温度后，用淬火介质缓慢冷却进行淬火，直接淬火成淬火索氏体（不进行回火），即细微珠光体，其力学性能、抗疲劳性能、耐磨耗性均比 QT 工艺得到的回火索氏体要好。这种工艺按加热方法可分为三种：

（1）感应加热欠速淬火工艺。中国的攀钢就是先用工频电流对钢轨的全断面进行预热，再用中频电流将轨头加热到奥氏体化温度，然后喷吹压缩空气将钢轨淬火，淬火速度 1.2 m/min。该工艺直接得到淬火索氏体，即细片状珠光体。

（2）煤气加热欠速淬火工艺。采用煤气先将钢轨预热到 450 ℃，然后快速加热到奥氏体化温度，喷吹压缩空气将钢轨直接淬火成淬火索氏体，即细珠光体。日本钢管的福山厂就是采用这种工艺。

（3）利用轧制余热进行热处理的欠速淬火工艺。日本的新日铁八幡厂、卢森堡的阿尔贝特-罗丹厂均采用这种工艺。它是充分利用钢轨在轧制后有 800~900 ℃ 的高温，直接对钢轨在专门的冷床上进行喷雾或压缩空气。这是目前世界上最先进的热处理工艺，其最大优点是降低成本、节约能源，但增加了生产技术管理难度，也存在淬火质量均匀性问题。

5.2.3 控制轧制+在线热处理工艺（形变热处理）

该工艺从日本新日铁八幡厂、苏联的库钢等厂的实验结果看，效果显著，其主要工艺特点是：把钢坯加热到 960~1100 ℃，降温到 850~960 ℃ 进行轧制，其终轧和预终轧均是在万能轧机的孔型中进行，这种万能孔型给轨头很大的变形量，变形率为 14%~16%，在轧制后用水雾快速冷却到 550~600 ℃，然后在空气中最终冷却。其轨头的金相组织是比普通热处理还要细的珠光体，其力学性能为：屈服强度 900~980 MPa，抗拉强度 1280~1330 MPa，伸长率 10%~11%，断面收缩率 33%~46%。但这种形变热处理要求有高刚度轧机、高水平的微机和先进的在线检测设备。目前这种形变热处理主要用于棒材生产，尚未在钢轨热处理上应用。其技术经济指标是相当先进的，代表着钢轨热处理技术的发展方向。

5.3　钢轨热处理工艺的选择

5.3.1　钢种

钢轨钢的种类很多，但真正适合进行热处理的钢种主要有两类：一类是高碳钢，另一类是微合金钢。众所周知，碳是可以显著提高钢的强度和硬度的元素，因为具有珠光体结构的钢轨钢，其性能取决于组织的几何参数，即珠光体团尺寸、渗碳片厚度和珠光体片间距，这三者又与碳含量的多少密切相关。从技术经济角度看，碳是相对便宜的，因此，世界大多数国家都选择碳素钢作为热处理用钢。各国对热处理用碳素钢的碳含量要求比轧制的要高，一般碳含量控制在0.75%~0.82%，即以高碳钢为佳。为获得比碳素钢更好的韧性和更深的淬透性，不少国家在碳素钢基础上开发了微合金钢用于热处理。即在碳素钢中添加适量的V、Nb、Cr、Mo等元素，利用这些元素的固溶强化、弥散强化和细化晶粒，来提高钢的强度和硬度。

5.3.2　钢轨热处理基本原理

根据铁碳平衡图可知，对碳含量在0.6%~0.8%的碳素钢而言，从高温轧制状态，靠自然冷却，尽管也能得到珠光体组织，但这样的珠光体是粗大的，强度和韧性的匹配也是不理想的。人们从电镜观察得知：具有细微结构的珠光体比粗大的珠光体具有更高的强度、韧性和耐接触疲劳特性，因此细化珠光体微观结构是获得高强度高韧性钢轨钢的有效途径。尤其是对具有片层状的珠光体钢轨钢，通过热处理可以显著改善其组织的微观结构，即减小珠光体片间距、渗碳片厚度和珠光体团尺寸。这三者的综合效应提高了珠光体钢轨钢的强度和韧性。珠光体钢的微观几何参数又是与加热温度、冷却速度有直接关系的，也就是说控制好热处理工艺参数，即可以获得具有优良力学性能的钢轨。如图3-5-1所示，钢轨钢从高温下经过慢慢冷却首先变成奥氏体，随后继续冷却，奥氏体变成铁素体，在温度降到723 ℃以下时，奥氏体则转变为铁素体和渗碳体，也叫珠光体，这就是钢在加热后经非常缓慢冷却时其组织变化

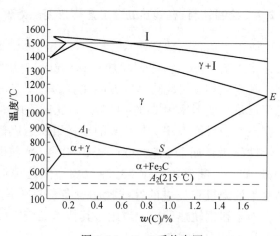

图 3-5-1　Fe-C 系状态图

的全过程。如果冷却速度加快，其组织来不及转变，则将高温状态下的组织保留下来。由图 3-5-2 中的连续冷却曲线看出，当奥氏体从高温快速冷却并降到某一温度时就会全部转变成马氏体，若冷却速度缓慢些，就要产生贝氏体或马氏体。

5.3.3　钢轨钢热处理工艺参数选择原则

为得到高强韧性的细珠光体组织，所需条件是钢轨的内部温度和表面温度都必须达到 900 ℃以上，同时，要以 3～10 ℃/s 的冷却速度进行冷却，而冷却是从钢材表面向内部扩散，内部冷却能力是不足的。热处理钢轨的质量受冷却速度的影响很大。许多的实验研究表明，加热的温度梯度是主要影响因素。温度梯度越大，冷却速度越大，即温度梯度意味着钢轨内部热扩散量的大小。充分利用这种热扩散特点进

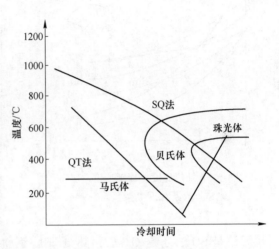

图 3-5-2　C 曲线和冷却曲线

行冷却，可以让钢轨从表面到内部都能得到所需的冷却速度。无论是采用喷雾冷却还是采用喷压缩空气冷却，都可以保证钢轨所需的冷却速度，图 3-5-3 为加热温度、冷却速度与淬火层深度的关系。曲线Ⅰ是采用快速加热，得到较大的温度梯度分布，但淬火层浅；曲线Ⅱ淬火层深，但在增加热量时，钢轨表面易出现过烧；曲线Ⅲ延长加热时间（即缓慢加热），可以保证淬火层深度，但由于没有温度梯度，不能保证内部冷却速度，也就不能得到细珠光体组织。对曲线Ⅰ和Ⅱ而言，均为一次加热。而曲线Ⅳₐ、Ⅳᵦ、Ⅳ𝒸是一种二次加热中的预热曲线，它可以调整淬火层深度，即先将钢轨头部预热到 500 ℃，然后再进行快速加热，这种快速加热在钢轨表面有较大的温度梯度，而且在钢轨内部又有 900 ℃以上的高温区，这样既可得到细珠光体组织，又可保证较深的淬透性，理想的二次加热曲线是Ⅳᵦ。

冷却曲线与组织的关系可以从图 3-5-4 看出。对碳素钢轨钢在从 900 ℃以上温度冷却时，在 800～550 ℃范围内，只要把冷却速度控制在 3～10 ℃/s 范围内，都可以得到细珠光体，若冷却速度大于 15 ℃/s，则得到马氏体；在冷却速度低于 3 ℃/s 时，则得到粗大的珠光体组织。

对于低合金钢轨钢的冷却速度一般应控制在不大于 5 ℃/s，否则会出现贝氏

体组织。对 Si-Mn-Cr 系列钢轨钢宜采用 2~3 ℃/s 的冷却速度；对含 Nb、V、Ti 钢轨钢，宜采用 3~4 ℃/s 冷却速度，可防止生成马氏体；对含 Mo 的钢轨钢宜采用 1~2 ℃/s 的冷却速度；对含 Cu、Ni 的钢轨钢，宜采用 1~3 ℃/s 的冷却速度。

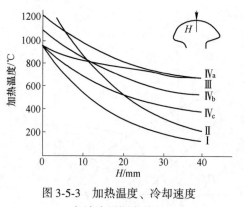

图 3-5-3　加热温度、冷却速度
与淬火层深度关系

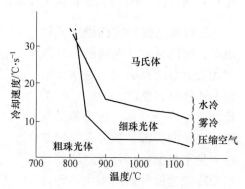

图 3-5-4　冷却曲线与组织的关系

　　无论是 SQ 法还是 QT 法，热处理后钢轨的淬火层形状都是由三层构成的，即淬火层、过渡层和基体。各层的组织和厚度随着热处理方法的不同而异。如 SQ 法，第一层为细珠光体，其厚度随着奥氏体化温度和冷却速度的变化而变化；第二层是在不完全奥氏体区加热，由于快速加热而产生部分粗大珠光体；第三层是在 A_c 点以下加热，其不发生相变，仍保留轧制中产生的原珠光体。

5.3.4　SQ 法典型工艺参数

　　一次预热温度为 450 ℃，二次快速加热的供热值为 4.18 MJ/(m² · h)，采用压力为 100 kPa 的压缩空气冷却。冷却超过相变点 A_{r3}，淬透深度为 25 mm。在保证钢轨淬火温度为 900 ℃情况下容易得到距表面 12.5 mm 的细珠光体，其冷却速度为 4.5 ℃/s。

　　SQ 法采用感应加热的典型工艺为：采用工频电流将钢轨预热到 500~650 ℃，然后用中频电流加热到 800~1050 ℃，采用压力为 150 kPa 的压缩空气冷却，淬火温度为 720~800 ℃，二次冷却采用喷雾，具体见图 3-5-5。

5.3.5　对热处理钢轨钢性能的评价

　　(1) 世界各国钢厂热处理钢轨钢的化学成分和热处理后性能见表 3-5-1。

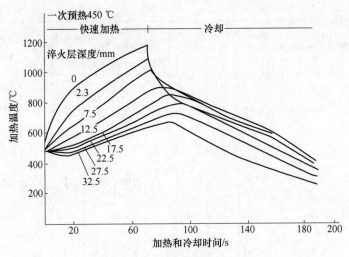

图 3-5-5 二次火焰加热的 SQ 法

表 3-5-1 世界各国钢厂热处理钢轨钢的化学成分和热处理后性能

厂家	热处理工艺	钢种	化学成分/%						屈服强度/MPa	抗拉强度/MPa	伸长率/%	断面收缩率/%	硬度(HB)	显微组织	备注
			C	Si	Mn	Cr	V	Nb							
中国A厂	整体加热离线QT法	U74	0.80	0.2	0.90				823	1205	13	37	370	回火马氏体	1970年
中国B厂	感应加热离线SQ法	U74	0.80	0.3	0.92				906	1263	12	36	380	珠光体	1980年
加拿大悉尼厂	感应加热离线SQ法		0.80	0.38	0.92	0.49			860	1310	13.8	38	388	珠光体	1990年
新日铁八幡厂	轨头淬火离线SQ法		0.75	0.22	0.80				857	1231	12	34	370	细珠光体	1990年
	在线余热淬火SQ法		0.79	0.60	0.99	0.2	0.05		907	1311	14		350~388	细珠光体	

厂家	热处理工艺	钢种	化学成分/%						屈服强度/MPa	抗拉强度/MPa	伸长率/%	断面收缩率/%	硬度(HB)	显微组织	备注
			C	Si	Mn	Cr	V	Nb							
美国伯利恒	整体淬火离线SQ法		0.80	0.20	0.90				870	1220	13	30	365		1970年
美国钢公司	轨头淬火离线SQ法		0.80	0.20	0.90				910	1260	12	33	380		1980年
苏联库钢	整体淬火离线QT法		0.75	0.30	0.80				820	1250	14	40		细珠光体	1990年
英钢联	在线余热淬火SQ法		0.75	0.27	0.91				925	1203	14		370	细珠光体	1990年
法国联合金属	离线感应加热SQ法		0.80	0.60	0.90	0.50			920	1347	18.5	46.5	385	细珠光体	1990年
日本JFE	在线余热淬火SQ法	SP4	0.80	0.31	1.14				1000	1500	12		420	超细珠光体	2015年
中国	在线余热淬火或离线SQ法	U71Mn	0.7~0.76	0.15~0.35	1.20~1.40					1180	10		321~391	细珠光体	1995年
		U75V	0.71~0.80	0.50~0.80	0.70~1.05		0.04~0.12			1180	10		341~401	细珠光体	1995年
		U76Nb-RE	0.72~0.80	0.60~0.90	1.00~1.30		RE 0.02~0.05	0.02~0.05		1230	10		341~401	细珠光体	2000年
		U20Mn2SiCr-NiMo	0.16~0.25	0.70~1.20	2.10~2.45	0.6~1.2	Ni 0~0.70	Mo 0.15~0.6	1000	1280~1350	12	40	360~430	马贝复相组织	2013年

从表 3-5-1 可以看出，采用 SQ 工艺热处理钢轨钢性能比传统的 QT 工艺优异，处理后的钢轨强度提高，韧性仍保持良好。这主要归功于 SQ 工艺可使钢轨钢的珠光体片间距细化，其结果不仅提高了钢的强度，而且改善钢的韧性。理论上和实际检测均可以看出，到目前为止采用 SQ 工艺生产的钢轨综合力学性能最佳。

（2）同一支钢轨经不同热处理工艺后性能见表 3-5-2。

表 3-5-2　同一支钢轨经不同热处理工艺后性能

项　目	轧态	QT 法热处理	SQ 法热处理
显微组织	粗珠光体	回火马氏体	细珠光体
硬度（HB）	238	336	362
屈服强度/MPa	503	818	838
抗拉强度/MPa	893	1175	1281
伸长率/%	14.5	19.0	16.8
断面收缩率/%	18.7	45.7	37.8

6   高速铁路用钢轨的研究

为了尽快发展我国的高速铁路，根据国务院对《中长期铁路网规划》的批复，我国通过建设客运专线，摸索高速铁路建设的经验。当时将客运专线的车速确定为两个等级，最高车速为 350 km/h 和 250 km/h。根据对国外高速铁路系统的考察，发现国外对线路的要求很高，为满足旅客对行车安全舒适度的要求，要求线路和钢轨要具有很高的可靠性和平顺性。考虑到客运专线车速高、轴重小的特点，对钢轨的要求主要是高的安全性，这就要求高速铁路的线路必须具有高的平直度、小的坡度和大的弯道半径。同时还要求钢轨必须具有高的几何尺寸精度、良好的表面质量、高的强韧性和优良的焊接性能。为了发展我国的高速铁路，在研究和借鉴国外高速铁路建设经验的基础上，研究适合我国高速铁路需要的钢轨。

6.1   国外高速铁路用钢轨的基本情况

根据查阅有关资料和考察国外高速铁路钢轨基本情况如下：

（1）轨型：日本的东海道新干线在建设初期是采用的 50T（53.2 kg/m）钢轨，后来更换成 60 kg/m 钢轨。轨距是 1435 mm。钢轨焊接成 1500 m 的长轨后铺设在线路上。其他几个国家的高速铁路吸收了日本的经验，都是直接铺设 60 kg/m 钢轨。轨距也是采用 1435 mm。

（2）钢种：日本采用的是 JIS E1101 标准规定的普通碳素轨。欧洲国家则采用 UIC860 标准规定的 900A 轨。其化学成分和性能见表 3-6-1。

表 3-6-1   国外高速铁路钢轨的化学成分和性能

钢种	化学成分/%					σ_b/MPa	δ/%
	C	Si	Mn	S	P		
900A	0.6~0.80	0.1~0.5	0.8~1.3	<0.035	<0.035	880	10
E1101	0.63~0.75	0.15~0.3	0.7~1.1	<0.025	<0.03	800	10

（3）钢轨的平直度见表 3-6-2。

表 3-6-2　钢轨的平直度

弯曲度		TGV	JIS E1101	UIC860	EN
轨端	上	<0.4/2 m	<0.7/1.5 m	<0.7/1.5 m	<0.4/2m，<0.3/m
	下	<0.2/m	0	0	<0.2
	水平	<0.5/m	<0.5/1.5 m	<0.7/1.5 m	<0.6/2 m，<0.4/m
本体	垂直	<0.3/3m，<0.2/m			<0.3/3m，<0.2/m
	水平	<0.45/1.5m			<0.45/1.5 m
全长	上下	<5	<10/10 m		<0.3/2 m
	水平	R>1000 m	<10/10 m		<0.6/2 m

（4）钢轨几何尺寸公差见表 3-6-3。

表 3-6-3　钢轨几何尺寸公差　　　　　　　　（mm）

项　目	TGV	JIS E1101	UIC860	EN
轨高	±0.5	+1.0 -0.5	±0.6	±0.5
头宽	±0.5	+0.8 -0.5	±0.5	±0.5
底宽	±1.0	±0.8	±1.0	±1.0
底凹	<0.3	<0.4		<0.3

（5）钢的纯净度见表 3-6-4。

表 3-6-4　钢的纯净度　　　　　　　　（%）

项　目	TGV	JIS E1101	UIC860	EN
P	<0.035	<0.030	<0.040	<0.030
S	<0.030	<0.025	<0.040	<0.030
Al	<0.04			<0.04
H				<2.5×10^{-4}
O				<10×10^{-4}

6.2　我国高速铁路用钢轨的选择建议

　　根据对国外高速铁路钢轨标准和实物的研究，认为国外高速铁路钢轨选择 800 MPa 以上强度等级的钢种是合适合理的，我国也可参照。

　　国外高速铁路用钢轨基本是采用 800~880 MPa 强度等级的钢轨。该等级的钢轨与我国普通线路用的钢轨等级基本相同。高速铁路所用钢轨主要要求是高速行车的安全性和旅客乘坐的舒适性。目前我国生产的 U74、U71Mn、PD3 和 BNbRE 轨的强度性能是能满足高速铁路行车需要的，我国时速 250 km 的高速铁路线路用钢轨，建议可以选用强度级别 800 MPa 的钢种。对时速 350 km 的高速线路用钢轨，建议可以选择强度级别 980 MPa 的钢种。具体见表 3-6-5。

表 3-6-5　我国生产的钢轨化学成分及性能

钢种	化学成分/%						R_m/MPa	A/%	硬度 (HB)
	C	Si	Mn	S	P	其他			
U71Mn	0.65 ~ 0.76	0.15 ~ 0.35	1.10 ~ 1.40	0.008 ~ 0.025	<0.025		>880	>10	260 ~ 300
U75V	0.70 ~ 0.78	0.50 ~ 0.70	0.75 ~ 1.05	0.008 ~ 0.025	<0.025	V 0.04 ~ 0.08	>980	>10	280 ~ 320
U76NbRE	0.72 ~ 0.79	0.60 ~ 0.90	1.0 ~ 1.30	0.008 ~ 0.025	<0.025	Nb 0.02 ~ 0.05	>980	>10	280 ~ 320
En260	0.65 ~ 0.75	0.10 ~ 0.50	0.80 ~ 1.30	0.008 ~ 0.025	<0.025		>880	>10	260 ~ 300

考虑到高速铁路的轴重较轻，日本的高速铁路轴重为 11 ~ 14 t，法国的高速铁路轴重为 19 ~ 21 t。我国未来的高速铁路的轴重也是在这样的范围。

但是，还应看到即使是同一强度等级的钢轨，我国生产的与国外生产的钢轨在许多性能和实物内在质量上还存在不小的差距，我们必须力争在短时间内缩小这种影响钢轨安全和使用的差距，才能保证我们生产的高速铁路钢轨的安全性和舒适性。

6.3　我国钢轨与国外钢轨在质量上的差距

（1）钢轨的几何尺寸精度：我国的轧机都是横列式、开口式机架，轧机弹跳大，无法精确控制钢轨的几何尺寸，特别是头宽、底宽、腰厚、轨高、不对称、弯曲等超差，合格率不高。

（2）钢轨的表面质量：由于铸坯质量、加热温度控制、轧机导卫装置、轧辊光洁度等因素影响，造成钢轨表面出现结疤、裂纹、刮伤等缺陷，这些缺陷都是高速铁路钢轨所不容许存在的。

（3）钢轨的内部质量：受炼钢、连铸工艺控制的影响和钢轨检测手段设备精度的限制，存在钢轨内部钢的洁净度差、主要夹杂物分布不均等问题，严重影响钢轨的安全性和使用寿命。

造成上述差距的原因是：

（1）我国现行钢轨标准落后，不能满足高速铁路用轨的需要。

（2）我国现行的钢轨冶炼、轧制、检查工艺设备落后，不能满足高速铁路钢轨的生产质量要求。

6.4 发展高速铁路钢轨必须做好几件基础工作

根据国外的高速铁路用钢轨标准，制订我国的高速铁路用钢轨标准。可以借鉴日本、法国、德国、欧盟等国的高速铁路钢轨标准，尽快制定我国的高速铁路标准。

抓紧我国几大钢轨生产厂的技术改造和设备引进工作，具体包括：

（1）为提高钢轨钢的纯净度，要对入炉前的铁水预处理，进行脱硫、脱磷。

（2）对钢水进行炉外精炼和真空脱气。引进 LF 精炼炉和真空脱气 VD 装置，在 LF 精炼炉和钢包中对钢水成分进行精确调整，减少夹杂，控制成分；还要对钢水进行真空脱气处理，降低钢水中有害气体含量，特别是氧、氢、氮含量。

（3）采用连铸大方坯工艺，在连铸过程中要采取保护浇铸，防止钢水二次被氧化。提高钢的纯净度，减少钢轨的表面和内部缺陷。

（4）引进步进式加热炉，提高钢坯加热均匀性，控制炉内气氛，减少钢坯的氧化。

（5）引进万能法孔型设计核心技术和高精度万能轧机，提高钢轨实物几何尺寸精度。

（6）引进平-立联合矫直机，提高钢轨外观平直度。

（7）引进钢轨长尺冷却、矫直新工艺，对钢轨在矫前进行反向预弯，降低钢轨的残余应力。

（8）引进高精度钢轨检测技术和设备，包括多探头钢轨内部超声波缺陷探伤仪、涡流钢轨表面缺陷探伤仪、激光尺寸检测仪等。

通过上述对炼钢、轧钢的技术改造并引进先进的设备和检测装置，可以从根本上提高我国钢轨的生产实物质量，使我国的钢轨综合性能达到国际 20 世纪 90 年代先进水平。

（9）加强对钢轨钢组织、成分和性能之间机理研究，积极开发适合我国资源条件的钢轨钢。这是一项长期任务，也是钢铁行业的发展战略要求，必须引起有关部门的高度重视，列入国家科技规划实施。

7　马贝复相钢轨钢的研究

7.1　世界各国对贝氏体钢的研究历史

　　自学者 Davenport 和 Bain 1930 年首先发现钢中的中温相变产物、1934 年命名为贝氏体至今，人们对贝氏体钢及贝氏体进行了广泛深入的研究。早期的贝氏体钢碳含量较高，贝氏体板条之间通常有碳化物，其强度、韧性和焊接性能都不是很好。虽然在贝氏体的相变机制、低碳贝氏体的形态及命名等方面尚存在争议，但在贝氏体转变是受扩散和切变共同控制以及贝氏体的基本形态等方面基本达成共识。贝氏体的形态一般可分为上贝氏体、下贝氏体、粒状贝氏体及无碳贝氏体等，在电镜下可观察到贝氏体板条内部存在高密度位错。ULCB 钢由于低的碳含量，贝氏体板条之间无碳化物，板条内亦无碳化物析出，板条内存在大量的位错，而板条的边界由位错墙构成，板条之间存在一些尺寸非常细小的 M-A 岛。

　　贝氏体钢的研究始于 20 世纪 40 年代末，早先由英国开发的贝氏体钢由于碳含量高而使其低温冲击韧性很低，从而影响了它的推广和使用。在 60 年代，人们又开展了低碳贝氏体钢中 Ni、Mo、Mn、Cr 等元素的合金化和 Nb 的微合金化的研究，并开发了一系列的钢种。这些钢种具有良好的低温韧性，但由于 Ni、Mo、Mn 等元素含量高，它们又非常昂贵，并需要热处理后使用，因此无法推广使用。70 年代初，人们认识到通过控制轧制和微合金化能充分细化贝氏体组织，并可综合利用组织细化、微合金元素的析出强化和位错的强化效应来提高超低碳贝氏体钢的强度和韧性。70 年代的研究发现：细化贝氏体组织关键在于充分细化相变前的原奥氏体晶粒，因为贝氏体钢的解理断裂面的有效尺寸为贝氏体束的尺寸。进入 80 年代，随着冶金水平的提高和为了北极石油、天然气和海洋的开发，日本和美国都致力于超低碳控轧贝氏体钢的研制，主要有以美国为代表的 Cu-Nb 系和日本为代表的 Mn-Nb-B 系，这类钢中的碳含量一般控制在 0.02% ~ 0.06% 之间。由于大幅度降低碳含量，因此钢的可焊性很好。当钢中的碳含量降到 0.05% 以下时，这种钢在高温奥氏体化后的冷却过程中不再发生奥氏体向铁素体和渗碳体的两相分解，过冷奥氏体直接转变成各种形态的贝氏体，并留下少量富碳的残留奥氏体。

　　由于 ULCB 钢中常用的微合金元素，如 Nb、Ti、V、Mo 等都是强碳化物形成元素，当这些元素固溶于钢中时，对变形奥氏体的再结晶有一定阻碍作用，而且它们一旦与碳氮结合，形成细小弥散的析出相时，对位错和晶界的移动产生强烈的钉扎作用，可大大推迟再结晶。

由于贝氏体本身具有良好的强度和韧性，贝氏体钢也具有了优异的综合力学性能，尽管贝氏体研究还存在诸多分歧，但贝氏体以其组织结构、处理工艺简单、高韧性等优越性和扎实的基础研究而得以不断扩大应用，这也促进了贝氏体钢的发展和应用。

贝氏体钢是 21 世纪的新钢种之一。按碳含量分为低碳贝氏体钢、中碳贝氏体钢和高碳贝氏体钢。低碳贝氏体钢既可满足高韧性调质件的使用要求，也可用于需焊接的工程构件和其他汽车零件比如汽车前轴、连杆等。中高碳贝氏体钢合金成分比较简单，成本低，节约能源，同时具有高的硬度，该钢已在塑料和橡胶模具、电厂和矿山耐磨钢球、衬板、截齿等产品上使用，而且贝氏体钢也在航空上得到应用。

世界各国重载铁路钢轨伤损情况参见第 1 篇第 11 章，世界各国贝氏体钢轨钢现状参见第 1 篇第 12 章。

7.2 贝氏体钢相变机理研究

钢铁在热处理过程中的转变主要有三类：（1）在较高温度范围内的转变是扩散型的，即通过单个原子的独立无规则运动，改变组织结构，其转变产物称为珠光体，强度低，塑性好；（2）钢从高温激冷到低温（M_s 温度以下）的转变是切变型的，即原子阵列式地规则移动，不发生扩散，其转变产物称为马氏体，具有高强度，但很脆，一般通过回火进行调质；（3）介于上述二者之间，在中间温度范围内的转变，以其发现者贝茵（Bain）命名称为贝氏体相变，钢中的贝氏体相变是发生在共析钢分解和马氏体相变温度范围之间的中温转变，具有贝氏体组织的钢称为贝氏体钢。很多重要的有色合金，如铜合金、钛合金等都具有和钢铁相似的贝氏体相变。

关于贝氏体相变时铁原子的运动方式，最初由柯俊教授等在 20 世纪 50 年代开展了相关研究。认为铁原子是以阵列式切变位移方式（与马氏体相似）转变成新的原子排列的，而溶解的碳原子则发生了超过原子间距的长程扩散进入尚未转变的残留相或在新结构中析出碳化物。上述切变位移机制已被欧洲、日本和美国这一领域的主要学者所接受，形成了"切变学派"。但是这个观点，从 60 年代起受到了美国卡内基麦隆大学学派的挑战，后者认为贝氏体是依靠铁原子扩散和常见的表面台阶移动方式生成的。当时，由于实验研究手段的限制，问题一直未能解决，两个学派陷于相持不下的局面。

鉴于贝氏体转变机制是国际上两大学派的争论焦点，澄清这一争论不仅对贝氏体转变及相变理论是一次重大突破，对贝氏体钢及合金的应用也起到重要的指导作用。为此，从事相变基础研究的我国科学家们，在国家自然科学基金的支持下先后开展了贝氏体相变及贝氏体钢的应用基础研究，从 1983 年到 1989 年共计资助 12 项（批准号为 5860248、5860264、5860293、5860312、5860306、5870039、5850301、5830306 等）。自 1986 年起将当年资助的 6 个项目，即清华大学方鸿生、西南交通大学刘世楷、上海交通大学俞德刚、天津大学刘文西、西北工业大学康沫狂和北京科技大学柯俊等教授组织起来，成为重点项目"低合金钢贝氏体转变机制及其影响因素研究"，在四年内召开了两次全国贝氏体相变讨论会，开展了不同学术观点与学派之间的自由讨论与争论，从而推动了全国贝氏体研究的进展。

奥氏体化的钢过冷到 B_s（约 550 ℃）至 M_s 温度范围等温，将产生贝氏体转变，也称中温转变。它是介于扩散性珠光体转变和非扩散性马氏体转变之间的一种中间转变。在贝氏体转变区域没有铁原子的扩散，而是依靠切变进行奥氏体向铁素体的点阵重构，并通过碳原子的扩散进行碳化物的沉淀析出。一般贝氏体转变会形成 3 种贝氏体组织：上贝氏体、下贝氏体、粒状贝氏体。上贝氏体的形成温度较高，呈羽毛状，性能较差；下贝氏体的形成温度低，其中铁素体片较细，且是位错亚结构，碳化物的弥散度也大，呈针状，性能优良；粒状贝氏体的形成温度最高，是由块状铁素体和岛状的富碳奥氏体所组成，性能优良。

我国国内高强度钢的发展比国外落后数十年，鞍钢、武钢、舞钢、济钢和宝钢等企业均生产过低碳贝氏体钢板。总体上讲，国内钢铁企业基本上是跟踪国外的技术，采用与国外类似的合金化体系，技术上主要采用微合金化和控轧控冷技术。

我国在贝氏体钢研究方面有独创性的清华大学方鸿生教授等在研究中发现，Mn 在一定含量时，可使过冷奥氏体等温转变曲线上存在明显的上、下 C 曲线分离，发明了 Mn_2B 系空冷贝氏体钢。他突破了空冷贝氏体钢必须加入 Mo、W 的传统设计思想，研制出中高碳、中碳、中低碳、低碳 Mn_2B 系列贝氏体钢。

西北工业大学康沫狂等通过多年的研究提出了由贝氏体铁素体（即低碳马氏体）和残余奥氏体组成的准（非典型或无碳化物）贝氏体，并成功研制了系列准贝氏体钢。与一般结构钢相比，新型准贝氏体钢具有更好的强韧性配合，其力学性能超过了典型贝氏体钢、调质钢和超高强度钢。

7.3　马贝复相钢轨钢研发的预期目标

我国重载铁路发展的目标和重载铁路运行中出现的钢轨伤损问题：

（1）曲线上股侧磨严重。对发生严重侧磨的曲线，重新进行超高的计算和设置，设置 10% ~ 15% 的欠超高。采取涂固体润滑油脂方法控制钢轨的磨耗速度。通过预防性小区段、小部位打磨钢轨，减小轮轨作用力和提高钢轨疲劳抗力，从而提高钢轨使用寿命。

（2）钢轨的剥离掉块。钢轨轨面的剥离及掉块属于钢轨滚动接触疲劳伤损，主要采取以下措施来减少钢轨的剥离掉块：钢轨预防性打磨应该是解决此问题的最有效方法，但由于维修天窗紧张，很难定期进行钢轨预防性打磨工作；目前主要采取铺设热塑体弹性胶垫、补充道床道砟等手段提高轨道弹性，改善轨道平顺性，以减少车轮的冲击对轨道的作用，改善轮轨接触，减少接触性疲劳伤损的发生和发展。

（3）减少钢轨疲劳核伤。钢轨核伤产生原因是钢轨内部在制造或使用中的缺陷，在机车负载作用下产生应力集中，疲劳源不断扩大而成。针对钢轨制造中的缺陷，已经通过铺设纯净性指标更高的钢轨来试验，目前总体情况较其他钢轨较好。

（4）根据大秦线为代表的重载线路运量大、轴重大的运输要求，根据对我国重载铁路出现的钢轨伤损情况分析，研发适合我国重载铁路运输的高强度、高韧性、抗磨耗、抗疲劳的钢轨钢新钢种，是一项紧迫任务。

7.4　马贝钢轨钢研究的基本思路

根据对我国重载线路上出现的伤损钢轨的检验分析发现：

（1）出现在曲线上股钢轨侧磨，除铁路工务部门要合理设置曲线的超高和采用适合的轮轨润滑外，提高钢轨抗疲劳寿命是重要措施之一；

（2）对于钢轨轨头出现的剥离掉块，除铁路工务部门要对钢轨采取预防性定期打磨外，必须提高钢轨抗轮轨接触疲劳性能；

（3）对于出现的钢轨核伤问题，主要是钢轨钢中夹杂物引起的，减少钢轨钢中夹杂物含量、提高钢的纯净度也是当务之急。

总之，针对上述我国重载铁路存在的伤损问题，不能沿用传统思路，即通过改善珠光体组织、成分和性能关系解决。国内外大量的研究表明：传统珠光体钢轨钢其性能已无法满足重载铁路运行的需要。我们必须研究出一种具有高强度、高韧性、抗磨耗的新钢轨钢，根据20世纪世界各国对件数材料的研究成果看，马贝复相钢轨钢是最优选择。而后来的研究发现马贝复相钢的综合性能比贝氏体钢更好，应是我们研究的首选，其极具良好的研究前景。因此，研究的大方向是：研究适合重载铁路需要的马贝复相钢轨钢。主要解决如下问题：

（1）合理确定马贝复相钢轨钢的强度和韧性指标，特别是其抗疲劳强度指标。

（2）根据其性能指标要求，设计钢轨钢的成分。

（3）根据性能和成分，设计钢轨钢的最佳组织比例。

（4）根据性能要求，制定钢轨钢的冶炼、轧制、热处理最优工艺。

7.5　马贝复相钢轨钢成分、性能设计与创新

根据对我国重载线路珠光体钢轨钢存在的核伤、剥离、磨耗问题的分析研究，参照国外重载铁路钢轨出现的伤损问题研究，经材料力学实验验证，得出以下结论意见：

(1) 轧态珠光体钢轨钢已达其强度极限，已不能满足重载铁路运输的需要，必须研制强度更高的新钢种，解决钢轨抗疲劳问题。

(2) 传统珠光体钢轨钢的硬度低，不能解决重载铁路钢轨的磨耗严重问题，必须提高钢轨的硬度。

(3) 传统珠光体钢轨钢的屈服强度低，无法克服重载铁路存在的因金属塑变引起的压溃，必须提高钢轨钢屈服强度。

(4) 根据 (1)~(3) 可以看出，解决重载铁路钢轨存在的不耐用问题，大方向是提高钢轨钢抗疲劳强度，而欲提高抗疲劳强度，就必须提高钢的抗拉强度和屈服强度。在提高强度的同时还必须保证其具有良好的韧性。在这样的条件下，研究提出了钢轨钢的性能设计指标，必须使其抗拉强度大于 1200 MPa，同时其伸长率应在 12% 以上。

要能同时满足上述条件，从钢种上看，只有含 Si-V 的合金钢，普通碳素钢是不易达到的。从钢的显微组织及目前的研究成果看只有贝氏体和马氏体钢能达到要求。

7.6　新型马贝复相钢轨钢研究的技术路线

随着我国经济快速发展，加快铁路运输现代化建设已成当务之急，特别是随着铁路运量和车速的提高，传统的碳素钢轨已不能满足高速和重载列车的需要。众所周知，钢轨是铁路线路的重要组成部分，钢轨及辙叉、尖轨、护轨和曲线轨等已不能满足铁路提速重载的要求。特别是我国铁路使用的高锰钢整铸辙叉，由于存在难以杜绝的铸造缺陷，使其因磨耗而提前失效下道，再加上其与钢轨的焊接性能不同，使其无法满足跨区间无缝线路的需要。根据对重载线路实际考察和对损伤轨的理化检验分析，造成损伤的原因与道岔、尖轨的材质有关，特别是与其强韧性不足有直接关系。

为满足重载铁路发展要求，迫切需要研发一种具有高强度、高韧性、良好可焊性、长寿命的新型钢轨钢和能适应高速重载要求的辙叉、尖轨、护轨、曲线轨。根据对国内外大量文献和技术资料的分析，要满足重载对钢轨及辙叉、尖轨性能要求，必须提高材料的抗拉强度，实现这一目的主要有三个途径：一是采用热处理；二是合金化；三是把两者结合。而珠光体钢轨钢的强度水平已接近极限，很难通过上述办法提高其强度。

从 20 世纪开始，世界各国通过对钢的微观组织研究发现：贝氏体钢在强度和韧性方面比珠光体钢具有更大的优势和潜力，德国、英国、日本等国先后开发出高强度高韧性的贝氏体钢轨，但这些国家开发的贝氏体钢轨基本属于 MO-B 系列空冷贝氏体，由于其淬透性低和贝氏体相变点高，必须复合合金化，生产成本高而发展受到限制。研发了 MN-B 系及 MN 系贝氏体钢，其不仅价格低，而且贝氏体相变温度低，不需要特殊复合合金化，这就为其推广使用创造了条件。特别应指出的是：对贝氏体/马氏体复相钢的超精细结构及其形成的研究发现了前人未见的贝氏体超精细结构，这种结构的最小结构单元之间以奥氏体薄膜相分割，使裂纹形成和扩张需更多能量，显著提高了钢的韧性。

7.7　新型马贝复相钢轨钢——U20Mn2SiCrNiMo 材料研究

在设计贝氏体钢轨钢化学成分时，不考虑加入强碳氮化物形成元素，以廉价的 Mn 为主设计了贝氏体的成分，降低了贝氏体转变温度，提高钢的强韧性，不需多量复合合金化。同时加入少量中强碳化物形成元素 Cr，进一步降低贝氏体转变温度，易获得下贝氏体组织。并加入少量的 Si，抑制在贝氏体转变中渗碳体析出，在一定冷却速度范围内冷却时，有可能形成无碳化物贝氏体，改善钢的延迟断裂性能。在合金设计中，不加入强碳氮化物形成元素 V、Nb、Ti，按照上述设计思想所设计合金钢空冷后获得下贝氏体/马氏体或无碳化物贝氏体/马氏体复相结构。

7.7.1　新型马贝复相钢轨钢的成分设计

根据对新型马贝复相钢轨钢性能的设计要求，该钢成分的最初设计见表 3-7-1。

表 3-7-1　最初的成分设计

牌号	化学成分/%							
	C	Ni	Si	Mn	P	S	Mo	Cr
BT15	0.15~0.22	0.4~0.7	0.60~0.90	2.1~2.4	≤0.025	≤0.015	0.2~0.4	0.7~1.1

后来又根据性能情况和资源的合理利用要求进行了多次成分的调整，调整后的成分设计见表 3-7-2。

表 3-7-2　调整后的成分设计

化学成分/%									
C	Si	Mn	P	S	Cr	Ni	Mo	Al	V
0.16~0.25	0.7~1.2	1.6~2.45	≤0.022	≤0.015	0.6~1.2	0~0.7	0.15~0.6		

7.7.2　马贝钢性能成分设计

马贝钢性能成分设计见表 3-7-3。

表3-7-3 马贝钢性能成分设计

编号	钢种代号	力学性能指标				成分指标/%									
		R_m	$R_{0.2}$	A	硬度(HB)	C	Si	Mn	P	S	Cr	Mo	Ni	V	Nb
1	BT15	1300~1600	1000~1200	9~16	380~450	0.15~0.22	0.60~0.90	2.1~2.4	≤0.025	≤0.015	0.7~1.1	0.2~0.4	0.4~0.7		
2	20Mn2SiCrNiMo 暂行技术条件	≥1280	≥1000	≥12	360~430	0.16~0.25	0.70~1.20	1.6~2.45	≤0.022	≤0.015	0.6~1.2	0.15~0.6	0~0.7		
3	1380 MPa 专利1	≥1380		≥12	400~480	0.16~0.25	0.7~1.2	1.6~2.45	≤0.022	≤0.015	0.6~1.2	0.15~0.6	0~0.7		
4	曲线专用 专利2	1360~1500	980~1400	12~15	HRC 36~45	0.15~0.25	0.6~1.2	1.8~2.3			0.5~1.0	0.25~0.45	0.4~0.8	0.001~0.02	0.001~0.02

7.7.2.1　新型马贝复相钢轨钢的力学性能

通过使用降碳、增加铬、锰、钼等合金元素的方法研制的贝氏体钢，由于合金元素的作用使钢的 C 曲线明显右移，在自然冷却状态下即可形成贝氏体组织，合金元素的加入保证了钢的强度，而碳的含量大大降低（减少 2 倍以上），保证了钢轨具有良好的塑韧性，从而使钢轨的综合性能有了很大提高。贝氏体轨热轧态性能：抗拉强度≥1200 MPa（比 U75V 提高 20%）、伸长率 9%（与 U75V 相当）、钢轨硬度≥HB360、轨腰冲击值≥35 J/cm²（比轧态轨提高 5 倍以上）；通过热处理后贝氏体轨的抗拉强度≥1350 MPa、伸长率≥12%、硬度≥HB420、冲击值大于 70 J/cm²，尤其是低温（-40 ℃）冲击值≥35 J/cm²，强韧性均有较大幅度提高，已经达到了超高强度钢的水平。

7.7.2.2　新型马贝复相钢轨钢焊接性能

贝氏体轨的碳当量（0.46%~0.60%）比珠光体型钢轨低较多（0.76%~0.88%），贝氏体钢轨具有较好的焊接性能。为此，委托铁科院分别进行了贝氏体轨之间同材质的和不同钢种的工艺试验。铁科院按照铁道部焊接标准要求，分别进行了焊接接头的落锤、疲劳、静弯、力学性能、金相组织等项检验，各项检验结果完全满足标准规定和使用要求。

新型贝氏体钢轨与珠光体钢轨（U75V）基本指标对比见表 3-7-4。

表 3-7-4　新型贝氏体钢轨与珠光体钢轨（U75V）基本指标对比

序号	指　标	贝氏体轨	珠光体轨（U75V）
1	热轧态抗拉强度/MPa	1200~1280	980~1080
2	热轧态屈服强度/MPa	900~1000	500~600
3	热轧态冲击值/J·cm⁻²	30~50	3.5~10
4	热轧态踏面硬度（HB）	350~380	260~300
5	热处理抗拉强度/MPa	1350~1600	1150~1350
6	热处理屈服强度/MPa	1000~1200	600~900
7	热处理冲击值/J·cm⁻²	70~100	8~17
8	热处理硬度（HB）	380~450（全断面）	340~380（轨头）
9	焊接性（碳当量）/%	0.46~0.60	0.76~0.88

通过对大量新型马贝复相钢轨钢性能检验，证明其综合水平优于碳素淬火轨：屈服强度为 800~1000 MPa，抗拉强度为 1250~1400 MPa，整体硬度为 HRC37~43，踏面硬度为 HB385~398，轨腰冲击功大于 301 J，-20 ℃断裂韧性 K_{IC} 为 52~64 MPa·m$^{1/2}$。

经过热处理工艺其金相检验组织为 50% 的贝氏体、20%~35% 的马氏体和少量的残余奥氏体。

　　研发设计的马贝复相钢是一种无碳化物的复相钢，由于无碳化物，就减少了因碳化物引起的裂纹源，提高了钢的韧性和抗疲劳性能。同时，由于无碳化物贝氏体片条分割原奥氏体晶粒、细化马氏体组织，贝氏体板条的精细亚结构和残余奥氏体薄膜形成超细化的复相组织，提高了钢的强韧性匹配。

　　根据用户的不同要求，通过不同的热处理工艺，可以提供抗拉强度从 1180~1380 MPa、屈服强度从 880~1200 MPa，不同强度级别不同运输条件下使用的马贝复相钢轨钢。

　　多年对马贝复相钢的研究、生产及应用，对马贝复相钢有了较为清晰的认识，尤其是通过对辙叉和尖轨的对比试验看出马贝组织比珠光体组织具有显著的优势。马贝复相轨的强度、韧性及焊接性等指标均比珠光体轨（U75V）更为可靠。

7.7.2.3　不同热处理工艺马贝复相钢轨显微组织研究

　　为了解不同热处理工艺对马贝复相钢轨显微组织的影响，选取了 1280 MPa 和 1380 MPa 两种马贝复相钢轨进行研究（见表 3-7-5）。1280 MPa 钢轨是采用热轧+回火工艺生产的。1380 MPa 钢轨是采用余热淬火+回火工艺生产的。

表 3-7-5　两种马贝复相钢轨的化学成分和显微组织

钢级	化学成分/%											显微组织
	C	Si	Mn	Cr	Mo	V	Nb	Ni	P	S	Al	
1380 MPa	0.18	0.85	2.17	0.67	0.43	0.007	0.007	0.56	0.004	0.002	0.001	下贝氏体+马氏体
1280 MPa	0.19	0.85	2.24	0.85	0.42			0.55	0.007			粒状贝氏体+马氏体/奥氏体岛

　　从上述两钢级的显微组织看：

　　（1）1380 MPa 级的马贝复相钢轨主要由下贝氏体+马氏体复相组织组成，组织相对均匀，随着距踏面距离的增加，马氏体含量逐渐增加。

　　（2）1280 MPa 级的马贝复相钢轨主要由粒状贝氏体+马氏体/奥氏体岛组成，随着距踏面距离增加，其显微组织中马氏体含量增加，开始出现偏析条带，在正偏析的条带区域以马氏体为主，负偏析的条带处以贝氏体为主。

　　（3）经过在线控冷（余热淬火+在线碳配分）+回火处理的 1380 MPa 级马贝复相钢轨组织更细小、更均匀，残余奥氏体的稳定性也更优。

7.7.3　马贝复相钢钢质洁净度对其疲劳性能的影响

　　从几条重载线路发现的钢轨伤损看，有很大一部分伤损是由于钢的洁净度问题引起的疲劳核伤。为进一步验证这一问题对马贝复相钢轨进行疲劳试验，试验的结果也验证了这一结论。正是由于钢中存在的夹杂物，大大降低了钢轨抗疲劳强度，使钢轨在早期出现核伤，随着核伤的发展，最终使钢轨发生破坏性损伤。

通过对钢轨断口用扫描电镜观察，发现钢轨的疲劳裂纹起源方式基本为钢轨内部夹杂和钢轨表面夹杂。通过对夹杂物的能谱分析，夹杂物的组成为 Al_2O_3（MgO）·（CaO）·（SiO_2），夹杂物的长度为 $12 \sim 40~\mu m$，还发现有直径超过 $50~\mu m$ 的球状夹杂。对夹杂物的分类看，主要是 B、C、D 类夹杂，即氧化铝夹杂、硅酸盐夹杂和球状氧化物夹杂，在这几类夹杂中，对疲劳影响最大的是 C 和 D 类夹杂，这两种夹杂在钢的基体内，由于其线膨胀系数很小，即使在高温下也很难变形，但在室温下特别是受到外力时就极易产生微裂纹，形成核伤，最后导致钢轨发生疲劳断裂。从研究的疲劳试样发现：马贝复相钢轨的夹杂主要分布在钢轨踏面和踏面下 $3.5 \sim 6.5~mm$ 处，以 Ds 类夹杂物超标为主，集中在 1.5 级。

7.7.4 马贝复相钢开发的主要产品

马贝复相钢轨钢铁路工务产品种类已达 4 大项 9 个品种，其中包括采用马贝复相钢生产的组合辙叉、尖轨、基本轨、护轨及整组道岔等。生产的铁路工务产品涵盖 43 kg/m 钢轨、50 kg/m 钢轨、60 kg/m 钢轨、75 kg/m 钢轨 4 大类中各个型号。其中包括：43 kg/m、50 kg/m、60 kg/m、75 kg/m 4 种马贝复相钢轨；50AT、60AT、75AT 3 种非对称断面钢轨；75 kg/m 等高心轨；33 kg/m 槽型护轨等。

十几年来，在边研究边改进边生产马贝复相钢轨钢的基础上，加大了马贝复相钢轨钢产品的开发。主要开发了两大类产品：

（1）铁路道岔及配件；

（2）重载铁路用各种重型钢轨，主要品种有 50 kg/m、60 kg/m、75 kg/m、50AT、60AT、75AT 等。

7.8 产品开发的历史经历

在理论研究的基础上，对马贝复相钢轨钢的性能经过理论优化和成分设计。实验室试验后，从 2002 年 3 月开始，首先研究设计了电渣复合熔铸马贝复相钢化学成分 BT15 和工艺路线，在北京特冶公司的生产基地进行工业性试验，通过 16 炉次的试验摸索，进一步优化了该钢的化学成分，使该钢种的性能取得令人满意的成果；并利用电渣熔铸复合工艺、热处理工艺，用马贝复相钢试验生产了复合心轨组合辙叉产品，当年就通过了北京铁路局组织的技术审查，开始上道试铺。

2004 年 3 月又研发了采用自由锻工艺生产贝氏体钢拼装组合辙叉锻造心轨，经粗加工、热处理后，供配件厂生产合金钢组合辙叉。经检验，该产品的力学性能疲劳试验、探伤检验均达到使用要求，从 2008 年开始批量生产供货。

2003 年 10 月开始了采用大规模工业生产方式生产贝氏体钢轨钢的研究和工业试验。成立了由包钢、清华大学、北京特冶公司等单位组成的课题组。通过 8 年的共同努力，先后开发出贝氏体 60 kg/m、75 kg/m 钢轨，50AT、60AT 道岔轨和曲线轨。

大规模工业生产是在包钢进行的。该公司采用的是世界最先进的技术工艺：转炉冶炼—LF 炉精炼—VD 真空脱气—大方坯连铸—万能法轧制。通过对大规模工业生产马贝复相钢轨钢性能检验，其综合水平优于珠光体钢淬火轨。金相检验组织为下贝氏体，晶粒度 7 级；夹杂物为 A 类 2 级、B 类 1 级、C 类 0.5 级、D 类 1 级，均满足 TB/T 2344—2003 要求。上述数据说明，采用大规模工业化生产马贝复相钢轨钢的工艺合理可行。工业生产的成功，为大批量生产推广马贝复相贝氏体钢和以该钢为基材来生产辙叉、尖轨、曲线轨等系列产品创造了条件。从数据看，马贝复相钢轨可在 30 t 轴重的重载线路上使用。

7.9　马贝复相钢轨铺设使用跟踪

自 2012 年以来，贝氏体钢轨先后在朔黄线、中南通道、大秦线（迁安和蓟县）、侯月线等进行了试铺，曾出现核伤、磨耗严重等问题。通过系统地梳理不同阶段、不同工艺生产的贝氏体钢轨的性能指标、显微组织和服役性能，发现之前存在的诸如钢轨强度级别争议、显微组织争议、残余应力争议均不能完全解释贝氏体钢轨出现伤损尤其是核伤的原因。通过对比分析，发现疲劳裂纹扩展速率是影响核伤伤损率的关键指标，但是影响疲劳裂纹扩展速率的工艺和组织因素还需要进一步的分析。

经过研究分析，初步发现：回火工艺、矫直、夹杂物等因素是影响疲劳裂纹扩展的关键因素。回火之前，疲劳裂纹扩展速率值（$\Delta K = 13.5$ MPa·m$^{1/2}$）为 28~67 m/Gc，而回火之后可以降低至 18~24 m/Gc。再例如，实验室模拟不同热工艺处理的钢轨（没有矫直）的疲劳裂纹扩展速率在相同 ΔK 时均低于 20 m/Gc。因此，百米贝氏体钢轨相对于 25 m 钢轨带来的诸如矫直、回火均匀性的问题需要重视。

在分析过程中还发现了一些问题，例如：钢轨夹杂物的离散性大，虽然检验报告中夹杂物水平均在标准范围内，全氧含量也低于 10×10^{-6}，但仍在核伤的分析中发现了大尺寸的夹杂物，如何合理地评价夹杂物的水平是需要解决的问题。需要进一步整理相关研究成果，包括贝氏体钢轨的伤损分析、贝氏体钢轨的夹杂物统计与分析、疲劳裂纹扩展速率的影响因素分析，以及在线热处理工艺、组织、性能优化等内容，以期更客观、更全面地认识贝氏体钢轨的工艺—组织—服役性能之间的关系，提出更合理的工艺方案。

7.10 对马贝复相钢轨钢的评价和今后改进意见

7.10.1 对马贝复相钢轨钢的评价

马贝复相钢轨钢是我国面对 21 世纪铁路客运高速、货运重载发展需要，综合国内外研究钢铁材料成果，经过多年努力开发出的一种适合我国铁路需要的新型钢轨钢，也是世界各国都在努力研究探索的主要方向。经过大量的实验、工厂规模化生产和在我国铁路运输条件最苛刻的线路上试铺，证明马贝复相钢轨钢是具有良好使用潜力的新型钢铁材料，具有超高强度、良好韧性。与传统珠光体钢轨钢相比，其无论是常规力学性能如抗拉强度、屈服强度、伸长率、断面收缩率、硬度，还是断裂力学性能能如断裂韧性、裂纹扩展速率等多项指标都有很大提高，能满足铁路重载运输的需要；由于其成分设计采用降碳提锰，使其具有比珠光体钢轨钢更好的焊接性能；由于其具有 1380 MPa 抗拉强度和 1000 MPa 屈服强度和 HB400 以上的表面硬度，使其具有比珠光体钢轨钢更高的抗疲劳断裂和耐磨性；其具有马氏体和贝氏体复相显微组织，这种复相马贝钢的性能比单一珠光体钢、单一贝氏体钢或单一马氏体钢综合性能更优。综上所述，马贝复相钢轨钢优于目前使用的传统珠光体钢轨，被世界材料界推举为 21 世纪最有研发前景的轨道交通新材料。

马贝复相钢是在工程结构上推广的新型材料，具有广泛的使用前景，既可以作为建筑用钢，也可以作为工程结构用钢，还可以作为工具刀具和武器装备用钢，可以用其生产线棒材、管材、板材等不同断面形状的各种钢材，应大力推广。为满足不同用户的不同需求，马贝复相钢轨钢可以按照用户的不同需求，按高、中、低碳设计成分性能；也可按照用户对强度的不同需求，设立不同档次的钢种，如 1280 MPa 级、1380 MPa 级和 1500 MPa 以上级几个钢种。

还需指出的是：马贝复相钢轨钢属于超高强度钢，其特点是强度高，弱点是对裂纹敏感性强。为使其既具有超高强度又具有良好韧性和抗磨耗性，不仅需要成分设计、性能设计和组织设计准确，而且需要其生产工艺技术能满足这些设计要求。对马贝复相钢轨钢的生产必须严格按照超纯净钢的生产工艺操作，尤其是关系其质量的冶炼、连铸、轧制、矫直、冷却、热处理关键工序控制要精细化，才能保证钢的纯净度。在长流程工艺的普钢生产线上生产马贝复相钢轨钢，特别需要加强精炼、脱气、连铸等工序的操作。

7.10.2 对线路试铺中发现问题的评估

必须指出的是进行试铺的几条线路，都是我国运行条件最差的线路，无论是轴重还是货运总量在世界上都是名列前茅的。在这样的线路上铺设，可以更好地检验钢轨的使用性能。

通过近十年在这些线路上使用可以发现：未出现冶金缺陷或焊接缺陷的马贝复相钢轨其疲劳寿命和抗磨耗性能比珠光体钢轨均有大幅提高，钢轨服役期大大延长，不少钢轨年货运总量达 4 亿吨以上，不少目前仍在使用。

在试铺使用过程中发现的伤损轨，经检测发现主要分为两大类：一类是因钢轨存在冶金缺陷的造成的伤损；另一类是因焊接缺陷造成的伤损。因冶金缺陷造成的钢轨伤损主要是：剥离、掉块和因氢裂或夹杂造成的核伤引起的疲劳断裂。因焊接缺陷造成的钢轨伤损主要是：固定焊主要出现轨头内部焊缝水平裂纹，铝热焊主要出现轨头内部熔合线处裂纹、接头的夹砂、溢流飞边和轨底角外侧气孔。

7.11　对今后改进其质量的建议

（1）对马贝复相钢轨钢这样超高强度钢的性能检测需要改进检测方法。传统的力学形式检验，已无法准确判断其实际强度与性能，为此根据其在线路上受力情况，应增加轨头抗压试验和轨底抗拉检验，同时要做全断面的断裂韧性和裂纹扩展速率的检测；目前对钢中夹杂物的检测仅是抽检，没有代表性，应增加检测密度，从每批取样改为每炉取样；对残余应力的检测，应改为每调整一次矫直机后取样检测；对显微组织的检测，应改为每改变热处理参数后取样检测。

（2）进一步研究改进钢的纯净度，减少钢轨因夹杂引起的核伤伤损，提高钢轨的疲劳强度。从现场大量对伤损轨的取样分析可知，引起钢轨疲劳失效的主要原因是钢中 B、C、Ds 类夹杂，这些夹杂物主要分布在轨头表面或距表面 3 ~ 5.5 mm 处。该处也正是在火车运行过程中处于轮轨接触应力最大处附近，再加上钢轨存在的残余应力的叠加，使钢轨的实际强度大大降低，从而引发钢轨的早期疲劳损伤。

（3）在检验中发现的氧化铝、硅酸盐、球状氧化物和单个球状氧化物夹杂，初步分析主要来自冶炼过程。如何改进冶炼过程中精炼、浇铸等工序的精准操作是关键，尤其是如何改进脱氧制度问题需要专题研究。

（4）对线路上出现的钢轨早期疲劳伤损问题，经多次取样检验发现主要是四大问题引起：其一是在钢轨轨头存在大尺寸夹杂所引起的疲劳裂纹萌生发展成延伸开裂。这需要从提高钢轨钢的纯净度来加以解决。其二是在钢轨轨头沿长度方向存在很大的残余拉引力，其与列车通过时产生的轮轨接触应力相叠加，超过钢轨的屈服强度时会使钢轨轨头的踏面下发生塑性变形，包括压溃、掉块所形成的微裂纹，逐步延伸渗透，导致钢轨出现早期疲劳伤损。其三是钢轨焊接缺陷所引起的伤损造成钢轨发生早期疲劳。其四是轮轨接触应力过大，尤其是在小半径曲线上这种现象更为严重，过大的接触应力导致钢轨的疲劳强度大大降低，使钢轨发生早期疲劳损伤。

（5）钢轨的残余应力是因钢轨经冷却、组织转变和矫直产生的，其中主要是矫直所引起的。随着钢轨长尺生产工艺的需要，目前所用的长尺矫直工艺所带来的问题，通过调整矫直工艺参数是无法根本解决钢轨残余应力过大问题的，必须专题研究。

对马贝复相钢轨钢的综合评价：马贝复相钢轨钢是一种新型超高强度材料。超高强度材料的特点是对裂纹敏感性高。引起钢轨发生疲劳伤损的四大问题中两大问题是与钢轨冶金生产工艺控制有关的，必须采取严格的工艺制度和操作，保证钢质的纯净度，减少钢轨因矫直产生的残余应力，从而提高钢轨的疲劳极限。同时，需要改进摸索超高强度钢轨的焊接工艺，减少焊接缺陷；改善钢轨的使用条件，即降低轮轨接触应力，包括采取改善轮轨间的工艺润滑、改进线路半径、合理设计曲线内外轨高差等。

总之，马贝复相钢轨钢是具有发展潜力的新型材料，必须严格其生产工艺，按照纯净钢生产的质量要求，制定冶炼、脱气、连铸、轧制、冷却、矫直、检查等工序质量和操作规范，才能让其发挥强度高、韧性好、耐磨耗优势，为我国重载铁路事业的发展发挥作用。

8　新型钢轨短流程生产工艺研究

8.1　概述

新型钢轨短流程生产工艺是一种生产高纯净度、高强度、高韧性钢轨的生产工艺。采用该工艺可以生产热轧态钢轨，还可以生产各种热处理钢轨，包括热处理珠光体钢轨、贝氏体钢轨、复相钢钢轨等。其生产的钢轨抗拉强度为 1200～1600 MPa，屈服强度为 1000～1300 MPa，伸长率为 15%～20%，残余应力小于轧态轨。系统研究钢轨生产工艺演变后发现按目前钢轨生产工艺生产钢轨不能满足高速、重载铁路对钢轨性能的使用要求，主要是钢轨的纯净度和抗疲劳性能不能满足高速重载铁路的使用要求。经过实验室研究和对钢轨伤损原因的分析，找到了造成问题的原因，除有人为工艺控制问题外，主要是现行钢轨生产工艺存在先天缺陷和不足所造成。

为解决上述问题，本研究从钢轨生产工艺的两个重要环节进行改进。

（1）炼钢：采用电炉+LF+VD+真空水平连铸+近终形连铸异形坯工艺，替代目前的长流程，即高炉+转炉+LF+VD（RH）+立式连铸+大方坯工艺。

（2）轧钢：采用多机架万能轧机轧制+全万能精轧+在线热处理+拉伸矫直+喷丸强化轨头工艺。

炼钢采用真空水平连铸主要是解决目前钢轨钢存在的纯净度问题，可以大幅度提高钢轨钢的纯净度。采用的连铸坯不是用传统的矩形坯，而是采用与钢轨成品形状近似的近终形连铸坯，这样可以减少轧制道次，缩短轧线长度，减少投资。轧钢采用多机架万能轧制一次成型，最后一架万能轧机采用全万能机架。全万能轧制可以同时加工钢轨的轨头和轨底，可以提高钢轨尺寸精度和外形的精度。采用在线热处理工艺，生产需要热处理强化的淬火或回火要求的珠光体、贝氏体等金相组织钢。采用拉伸矫直钢轨工艺，该工艺可大大降低因矫直产生的残余应力，提高钢轨疲劳寿命。采用喷丸强化轨头工艺，该工艺可提高钢轨轨头抗疲劳性能和耐磨耗性能。

采用这样全新工艺生产的钢轨，具有高强度、高韧性、高纯净度、高抗疲劳性能。这样的工艺是钢轨生产史上最新工艺流程。

8.2　新型钢轨生产工艺流程详细介绍

（1）钢轨钢的生产方法采用短流程工艺，即电炉+LF+VD（RH）生产工艺。

短流程生产工艺为钢轨生产提供了一种全新的生产流程。它是一种高效节能环保的低碳冶金。不仅可以用来生产钢轨钢，也可以冶炼各种合金钢和纯净钢。

（2）采用真空水平连铸工艺。真空水平连铸工艺可以大大减少钢中夹杂物，提高钢轨抗疲劳性能。采用真空水平连铸可以使钢轨中的 A、B、C、D 类夹杂控制在小于 1 级水平，使钢的纯净度达到纯净钢级别。

（3）采用近终形连铸异形坯工艺。采用近终形连铸坯，省去传统的开坯工艺，避免了开坯过程中因不均匀变形造成钢轨形状不对称、未充满等缺陷产生，确保钢轨尺寸精度、断面的对称性和头部轮廓的准确性。

（4）采用近终形连铸坯，直接送万能轧制机组轧制。万能轧制机组由万能初轧机组+万能中轧机组+万能精轧机组组成。

（5）精轧采用全万能轧机，可以获得轨头轨底精准的尺寸和形状。

（6）经过万能精轧后的钢轨，在经热锯切头切尾打印后，直接送往热处理炉进行淬火或回火处理。

（7）采用拉伸矫直工艺对钢轨进行矫直，使钢轨因矫直造成应力降低到热轧水平，从而提高钢轨的屈服强度和疲劳寿命。

（8）在矫直的同时对钢轨头部进行喷丸强化处理，经过喷丸后可以使钢轨轨头表面硬化提高，不易剥离掉块，延长钢轨使用寿命。

（9）采用在线自动检测设备对钢轨的表面和内部进行自动检查，对检查出有表面或内部缺陷的钢轨进行自动标记。

（10）整个工艺生产线采用大数据人工智能，根据合同要求，对生产作业各工序进行监控，包括从原料到成品、从生产作业计划编制到各工序作业计划的执行、从炼钢到轧制到加工，对生产全过程的质量、成本进行监控管理。对装车发货后的钢轨使用情况进行跟踪，以确保生产者和使用者获得钢轨全生命周期的完整信息。

8.3 新型钢轨生产工艺研究的技术依据

新型钢轨生产工艺是在钢铁工业钢轨生产冶金轧制技术领域的一项重要发明。其涉及钢铁冶金、钢材轧制与加工、材料力学、金属学等诸学科核心技术，该工艺节能、环保、低碳，对未来改造现有长流程冶金工艺和进一步提高钢轨质量有重大意义。

此项研究的背景及技术依据为：

（1）钢轨是铁路交通所需的重要基础材料。其质量和性能的好坏直接关系到铁路运输的安全。特别是随着高速重载铁路的发展，对钢轨的质量和性能的要求也越来越严格，不少铁路事故就是因为钢轨的质量问题造成的。为此，从铁路诞生到现在，世界各国一直在研究和改进钢轨的性能。特别是连铸技术的进步和万能法工艺的推广，使钢轨的生产技术获得飞速进步，不断采用最先进技术和工艺，改造传统工艺是使钢轨质量性能提高的唯一途径。

（2）目前世界各国钢轨生产工艺大多是采用长流程工艺，即高炉—转炉—精炼—真空脱气—连铸大方坯—开坯轧机开坯—万能轧机中轧制—半万能轧机精轧—平立联合矫直机矫直—超声波探伤—机械加工。这种工艺存在的主要问题是：

（1）流程长，能耗高，对环境污染严重。

（2）冶炼浇铸过程中，钢水受到污染和二次氧化，造成钢中夹渣，使钢轨疲劳寿命降低，并因缺陷造成钢轨伤损。特别是随着钢轨强度的提高，钢轨的伤损对钢轨钢的纯净度越发敏感，提高钢轨钢质纯净度是改善钢轨性能的紧迫任务。目前普遍采用的立式连铸很难解决钢水在连铸过程中被污染的问题，而水平真空连铸则可以较好地解决这一难题。

（3）目前开坯轧机孔型设计是采用不对称不均匀变形，即使后部采用万能孔型设计，可以对从开坯轧机出来的钢坯的不对称进行矫正，但仍很难保证钢轨断面对称性和轮廓的完整性，影响钢轨几何尺寸精度。

（4）目前普遍采用平-立联合矫直工艺矫直钢轨，由于其是采用反复弯曲对钢轨进行矫直，这种工艺因矫直压力大，造成钢轨残余应力大，使钢轨的抗疲劳性能降低，影响钢轨的使用寿命。

8.4　新型钢轨生产工艺的主要特点

新型短流程钢轨生产工艺是针对目前工艺存在的问题提出的全新钢轨生产工艺流程，它包括冶炼、轧制和加工诸方面技术创新，将全面提升钢轨性能。主要的创新点有：

（1）采用电炉+LF+VD+真空异形坯水平连铸新工艺。包括：真空水平连铸技术、近终形连铸异形坯技术。

（2）采用全万能轧机轧制新工艺。包括：由万能粗轧机组、万能中轧机组和万能精轧机组组成万能孔型系统和轧机，特别是万能精轧机组是采用全万能设计。

（3）采用拉伸矫直钢轨的新工艺。其矫直原理与目前平立联合矫直原理是根本不同的，是一种全新的钢轨矫直工艺。

（4）提出了对钢轨轨头及全断面进行喷丸强化工艺。

（5）提出了利用大数据技术在线对钢轨进行热处理工艺。

（6）提出了对整个生产过程采用计算机进行人工智能监控和管理系统。该系统可以对整个钢轨生产过程从炼钢、连铸、万能轧制和机械加工、几何尺寸、表面质量、内部缺陷检查到钢轨发货、线路铺设和钢轨更换，对钢轨一生管理进行系统设计。

特别要说明以下几点：

（1）真空水平连铸技术与常规立式连铸、弧形连铸和立弯形连铸相比，其优点是：

1）真空水平连铸的钢水静压力低，避免了铸坯出现鼓肚等连铸缺陷。

2）真空水平连铸的二冷段、拉坯机和冷床是在水平位置，铸坯不受弯曲应力，不易产生裂纹，故可浇铸裂纹敏感的钢种。

3）真空水平连铸是在真空条件下进行的，再加上水平连铸的中间罐和结晶器是密封连接，这样可以有效防止钢水被二次氧化，大大降低钢水因二次氧化和结晶器内卷渣生成的夹杂物含量。经实验对比，夹杂物含量水平连铸仅为立式连铸的 $1/16 \sim 1/8$，有利于浇铸易氧化且对钢的纯净度要求高的纯净钢种。

4）真空水平连铸的二冷段可以取消喷水，不仅节约大量冷却水，而且可提高钢坯等轴区域。

5）真空水平连铸全过程可采用微机闭环控制，自动化程度高。

（2）近终形连铸技术是近 10 年才发展起来的新工艺，目前主要应用在板坯、管坯和 H 型钢方面，在钢轨方面还未见报道。近终形连铸技术简化生产流程，具有质优、节能、环保的优势，成为国际冶金技术的发展趋势。国内外近终形异形坯连铸技术还处于发展阶段。

（3）全部采用万能法轧制技术轧制钢轨的工艺，目前世界还没有报道。现在世界多数钢厂仍采用普通开坯轧机+万能轧制。这种工艺的缺点是钢轨的尺寸精度不高，尤其是断面对称性差，轨头容易出现充填不满等问题。采用全万能法孔型设计和轧制，可使连铸异形坯在孔型中均匀变形。由于是采用对称设计，使初具轨形的连铸异形坯，在万能孔中腰部承受万能轧机上下辊的切楔作用，其头部和腿部承受万能轧机立棍的侧压垂直作用。同时还要在轧边机对轨头和轨底的宽度和侧面形状进行立轧加工。这样的孔型系统可以保证钢轨从粗轧到成品的变形均匀、对称，使钢轨各部金属的延伸基本相同，提高了钢轨断面的尺寸精度，保证外形规范。

（4）采用电炉+LF+VD+真空水平连铸+近终形连铸异形坯+全万能轧制+拉伸矫直+喷丸强化处理+在线热处理+在线自动检测钢轨几何尺寸和缺陷+机械加工+入库+发货+人工智能生产管理系统（从原料到成品、从质量到性能、从成本到财务结算对钢轨生产全过程进行管理监控）。这套完整的钢轨短流程新工艺（图 3-8-1），目前在世界尚未有企业采用，是目前最有发展前景的新型钢轨生产工艺。它不仅可以用来生产高质量钢轨，也适用生产各种特殊钢，这种工艺不仅对钢铁行业降低能耗、减少环境污染有重要意义，而且也是改造传统长流程冶金工艺的必然趋势，这是 21 世纪最有发展前景的钢铁生产新工艺。

近终形连铸异形坯断面与连铸矩形坯断面与成品断面对比如图 3-8-2 所示。

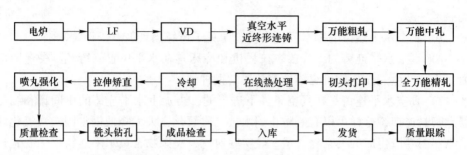

图 3-8-1　高纯净度、高精度、低残余应力钢轨短流程生产工艺

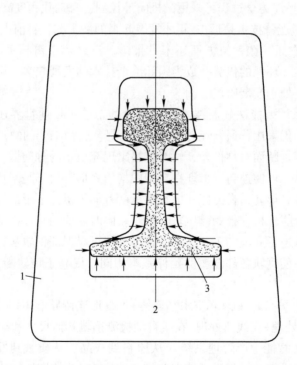

图 3-8-2　近终形连铸异形坯断面与连铸矩形坯断面与成品断面对比

1—连铸矩形坯断面；2—近终形连铸坯断面；3—成品钢轨断面

　　全万能孔型系统如图 3-8-3 所示。半万能孔型系统如图 3-8-4 所示。万能机组轧制工艺如图 3-8-5 所示。拉伸矫直装置如图 3-8-6 所示。真空水平连铸如图 3-8-7 所示。

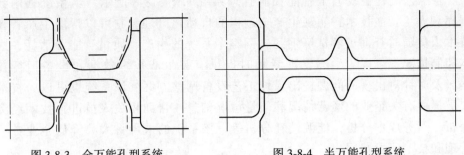

图 3-8-3　全万能孔型系统　　　　　　图 3-8-4　半万能孔型系统

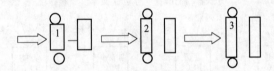

图 3-8-5　万能机组轧制工艺示意图

1—万能粗轧机组（由一架万能轧机+轧边机组成）；2—万能中轧机组（由一架万能轧机+轧边机组成）；

3—万能精轧机组（由一架全万能精轧机+轧边机组成）

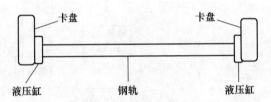

图 3-8-6　拉伸矫直装置示意图

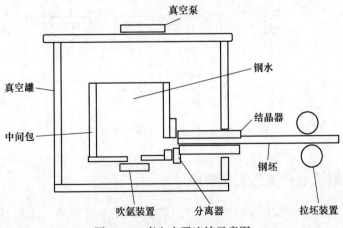

图 3-8-7　真空水平连铸示意图

全工艺流程在线人工智能控制管理系统如图 3-8-8 所示。本系统利用数据库和人工智能技术，实现生产全过程的自动化管理。它可以帮助生产者和技术人员随时查询了解从炼钢到轧钢整个系统的生产、质量、能源消耗、成本控制情况，可以为生产管理者随时提供有关生产技术数据和设备运行数据，及时针对出现的问题提出最佳工艺设备调整方案。该系统也可以为技术人员提供有关企业的经营情况和质量情况信息，帮助相关人员进行技术经济分析、财务成本分析、能源消耗分析等。该系统的采用将大大降低企业各项管理和技术研发费用。

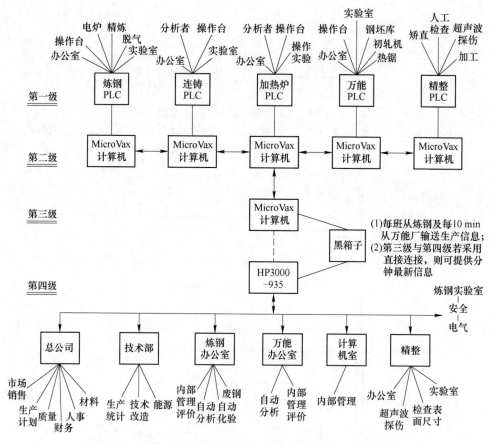

图 3-8-8   在线人工智能控制管理系统

8.5   新型钢轨生产工艺实施条件

（1）要实现短流程炼钢生产工艺，需要采用（超）高功率电炉、LF 精炼炉、VD、真空水平连铸机等设备。

（2）要求炼钢采用优质废钢为原料，为保证钢水质量的稳定和提高炼钢的效率，要对废钢进行分选和预热，预热使用电炉高温炉气。经预热后的废钢送到电炉装炉。

（3）要求采用（超）高功率电炉，根据钢轨的设计产能和经济效率，一般应选 150 t 以上级别的炉容，年产量在 60 万~100 万吨为宜。该电炉还应具备专门用来喷吹石灰或碳粉的喷嘴和供氧烧嘴，用于吹氧熔化废钢、降碳。该电炉出钢和出渣的倾动装置应具备留钢操作功能。同时还应设有钢包预热器和带称重传感器的钢包运输车。

（4）要求采用的精炼炉 LF 要具有对钢水加热吹氩和成分微调等功能，为此其顶盖有喂丝孔，炉底有透气砖，用于对钢水吹氩搅拌。

（5）要求采用真空脱气 VD 罐。该罐在盖上盖后，经多级蒸汽喷射泵使罐内真空度达到小于 60 Pa 的真空，对钢水进行脱气。在脱气的同时还可对钢水进行调温和喂丝调整成分。经真空处理后的钢水，其氢含量应小于 1.5×10^{-6}，氮含量应小于 50×10^{-6}，氧含量应小于 15×10^{-6}，同时其钢水内的夹杂物数量减少 90% 以上。钢水成分波动控制在 0.01%~0.02%。

（6）要求采用真空水平连铸工艺和设备。该设备在工作时的真空度要达到 60 Pa。其内的中间包容积应采用大容量中间包，中间包应具备底部吹氩功能。在中间包和结晶器之间采用密封连接，并在两者之间设有分离环，以控制钢水流动。结晶器采用整体铜套段与水雾冷却，并是采用近终形铸坯断面长型多级设计，在结晶器出口安装表面喷丸装置。在二冷段设电磁搅拌装置。拉坯采用液压伺服系统控制。铸坯采用火焰切割成定尺。

（7）要求切割后的铸坯经辊道送往冷床，在冷床检查后，送往加热炉加热。加热炉加热能力要与轧机产能匹配。要求加热炉采用无氧化气氛加热炉设计，确保铸坯表面质量。

（8）要求采用全万能机组轧制。铸坯在轧制前和轧制中要经过多次高压水除鳞。首先在万能粗轧机组粗轧，轧出所需的轨型初步形状。经切头切尾后，送到万能中轧机组，轧出更接近成品形状的钢坯；最后送到万能精轧机组精轧。经过万能轧机水平轧辊的碾压和立辊的垂直碾压，轧边机水平轧辊规整轨头轨底，最终使钢轨的尺寸和外形均达到标准要求。整个全万能轧制由计算机在线控制实现。

（9）经过热轧后的钢轨，在打印机打印后，对需要热处理的钢轨直接送到热处理线进行淬火或回火处理。热处理生产线能够对不同材质的钢轨所需的显微组织进行在线处理。这条生产线具备可控加热、冷却功能。

（10）经过热处理的钢轨或不需要热处理的钢轨，均要由拉伸矫直机矫直，使钢轨的平直度达到标准要求。

（11）经过矫直的钢轨进入检测中心，在检测中心钢轨将接受如下自动检测：

1）采用激光尺对钢轨全长进行水平和垂直方向的平直度检测；

2）采用涡流检测装置对钢轨进行表面质量检查；

3）采用超声波对钢轨进行内部缺陷检查。

（12）对检查合格的钢轨进行最后加工。用硬质合金锯钻机床进行铣头和钻孔。

（13）对机械加工后的钢轨进行出厂前的最后检查，合格者开具质量保证书。

（14）整个生产线的管理、操作和各种检测均需在人工智能和大数据的控制下，实现在线的计算机管理和调控。该系统应具备自学习、自适应、自控制功能，完成从合同签订，生产计划编制、生产各工序协调、生产原料大型工具准备、生产指令下达、原材料准备、燃料存储、炼钢、轧钢到成品发货整个生产和经营系统的协调统一，全部实现自动化智能控制。

9 钢轨矫直工艺研究

9.1 概述

钢轨经过缓冷后，由于断面各部厚度不同，其冷却速度也不同，再加上金属从奥氏体向珠光体转变引起的体积变化，均会引起钢轨的弯曲。一般生产过程中，钢轨从终轧温度 1000 ℃ 左右冷却到室温，钢轨经历几次弯曲过程。在最终的冷却过程中，钢轨呈现向轨头弯曲状态。弯曲的钢轨无法加工，也无法使用。各国对铺设在线路上的钢轨平直度有严格要求，钢轨要达到平直必须进行矫直。尤其是随着高速铁路车速的提高，对钢轨的平直度要求也越来越严。铁路对钢轨平直度的要求提高，进一步推动和促进了钢轨矫直工艺的不断发展和创新。

9.2 钢轨矫直基本原理

材料力学的研究认为：钢轨的矫直工艺是一个弹塑性变形的复杂过程。这一过程可以看作两个阶段，即反向弯曲阶段和弹性恢复阶段。在反向弯曲阶段，钢轨受到外力和外力矩作用，产生弹塑性变形；在弹性恢复阶段，钢轨在存储于自身内的弹性变形能的作用下，力图恢复到原来的平衡状态。钢轨的矫直就是要经过多次的反向弯曲和弹性恢复的抗争，克服其内部反弹力矩，最后因屈服而达到平直。

在矫直过程中，钢轨断面各部分受力不同，产生不同程度的变形。以其断面中性轴为界，在靠近中性轴附近多为弹性变形，在远离中性轴处则产生塑性变形。

具体塑性变形深透程度是受矫直压力决定的。钢轨矫直的数力条件为：

$$1/R_{反} = 1/R_{弹} + 1/R_{残}$$

式中，$R_{反}$ 为反弯曲率半径；$R_{弹}$ 为弹性恢复曲率半径；$R_{残}$ 为残余曲率半径。

只有在满足 $1/R_{残} = 0$ 条件下，才能实现 $1/R_{反} = 1/R_{弹}$，钢轨才能被矫直。

钢轨矫直应力应满足 $\sigma_s < \sigma_矫 < \sigma_b$，即矫直应力最小要等于被矫直钢轨的屈服强度，否则不可能产生永久变形。但矫直应力也不能过大，必须小于钢轨的抗拉强度，否则钢轨将被矫断。

钢轨矫直工艺有 4 种，即压力矫直工艺、辊式水平矫直工艺、辊式平-立联合矫直工艺和拉伸矫直工艺。

压力矫直工艺速度低，目前仅用于对钢轨的端头弯曲进行补矫。压力矫直靠人工控制矫直压力，很大程度上取决于操作者的经验和技能。如控制不好，往往会对钢轨造成损伤。

辊式水平矫直工艺是过去世界各国通用的，其特点是生产效率高，可连续作业。缺点是对钢轨存在的水平弯曲矫直效果不理想，不能满足高精度钢轨平直度要求。

为了改进辊式水平矫直工艺的不足，研发的平-立联合矫直工艺可以较好地对钢轨存在的水平弯曲和垂直弯曲进行矫直，是目前世界各国主要采用的钢轨矫直工艺。该工艺存在的主要问题是钢轨经矫直后，存在很大残余应力，这种残余应力与车轮经过所产生的接触应力结合，是造成钢轨发生早期疲劳损伤的重要原因。实践证明现代辊矫工艺存在两种弊病：一是矫后造成钢轨残余应力大，过大的残余应力会降低钢轨寿命，不利铁路行车安全；二是辊矫工艺无法矫直钢轨两端，为保证钢轨平直度，必须对钢轨两端用压力矫进行补矫，或将未能矫直的两端切掉，一般每端要切掉 0.5 m 左右，造成很大浪费。即使这样也很难满足高速铁路对钢轨平直度的要求。为什么要这样高的平直度呢，这是因为在高速条件下，在机车车轮振动作用下，钢轨和轨枕之间产生振动，这种振动会造成行车事故。为此高速铁路用钢轨要具有很高的平直度和较小的残余应力。

9.3　辊式矫直工艺

现今世界大多数的钢轨生产厂均先采用平立联合矫直机对钢轨进行水平方向和垂直方向的矫直，然后再用压力矫对钢轨两端进行补矫。平立联合矫直机主要设备参数如下。

水平辊式矫直机：矫直辊数量 7~9 辊；矫直辊直径 900~1200 mm；矫直辊节距 1600~2000 mm。

垂直辊式矫直机：矫直辊数量 7~8 辊；矫直辊直径 750~1200 mm；矫直辊节距 1100~1300 mm。

矫直速度：0.5~2 m/s。

通常采用的矫直压下量：水平各辊 15~17 mm、11~13 mm、3~6 mm，-1~3 mm；垂直各辊 6~11 mm、7~12 mm、1~2 mm。

矫直前在冷床上还要对钢轨径行反向预弯，其弦高控制在 500~800 mm。尽管如此，矫后热轧钢轨的残余应力轨头在 262~356 MPa，轨底在 274~385 MPa。经过回火处理后，轨头残余应力为 180~295 MPa，轨底残余应力为 240~290 MPa。

同时，钢轨经过矫直后几何尺寸也发生变化。经测量，轨高缩短 0.4~0.6 mm，轨头宽度增加 0.1~0.2 mm，轨底宽度增加 0.1~0.3 mm。

9.4 拉伸矫直工艺的研究

法国从 1976 年开始研究新的钢轨矫直工艺，历经 5 年在 1981 年获得了钢轨拉伸矫直工艺的专利。采用这种工艺，可以保证钢轨具有最佳平直度和最小的残余应力。众所周知，钢轨在使用时要承受巨大的长度方向的拉力，正是这个拉力往往造成钢轨的早期疲劳和加速裂纹扩展。法国钢铁研究院国家钢轨实验室专门进行了拉伸矫直与辊式矫直的钢轨疲劳性能对比。实验是采用 UIC60 钢轨，一是抗拉强度为 900 MPa 的 136RE 合金轨，二是抗拉强度为 1100 MPa 的碳素轨。对这两个不同强度级别的钢轨，分别进行拉伸矫直和辊式矫直，发现：拉伸矫直的钢轨比辊式矫直的钢轨裂纹扩展时间要延长 40%～60%，且具有低的疲劳裂纹扩展速度，使用寿命拉伸矫直比辊式矫直增加30%～50%。其疲劳表面积增加 50%以上。这就使钢轨的寿命延长 40%，大大提高了钢轨的安全系数。不仅如此，拉伸矫直还提高了钢轨的屈服强度，UIC 耐磨级钢轨的屈服强度提高 70 MPa，136RE 合金轨屈服强度提高 90 MPa。这对于辊矫工艺是根本不可能的。钢轨屈服强度的提高对曲线上低轨抗压溃和高轨抗剥离都有重要作用。

9.4.1 关于钢轨的平直度要求

对钢轨所有方向的弯曲而言，特别是端头硬弯和全长的波浪弯曲，为行车安全和焊接的需要，所有弯曲必须控制在公差之内。如定尺 36 m 的钢轨弯曲挠度大约为 150 mm，无法进入焊接机。端头的硬弯是钢轨经热锯切和辊矫时造成的，对于硬弯需要用压力矫切除，而压力矫又会引起钢轨新的硬弯。若铺设到线路上会导致钢轨的快速损耗和行车事故。为此，铁路规程明确规定：对用于高速铁路的钢轨的弯头其任意平面测量均不能超过 0.3 mm/3 m。对可以引起振动的波浪弯曲则限制在 0.3 mm/1.6 m。

9.4.2 钢轨的残余应力问题

若仅对于弯曲，只要正确使用辊式矫直和压力矫直即可以基本满足规程要求。但对铁路部门提出的要控制矫直后钢轨的残余应力要求，普通的矫直工艺是无法满足的。铁路部门通过对现场钢轨伤损的检测发现，不少钢轨的伤损是由于钢轨存在很大的残余应力，特别是拉应力，其与轮轨接触应力叠加后将加速钢轨的疲劳，使其发生脆断。经过测定，采用辊式矫直的钢轨在其长度方向上轨头、轨底存在拉应力，轨腰存在压应力。其数值可以从 100 MPa（普通强度钢轨）到 300 MPa（用于重载铁路的高强度钢轨）。

9.4.3　拉伸矫直钢轨的特点

目前为止，没有矫直应力的钢轨是不可能的。由法国萨西洛开发的拉伸矫直工艺，给我们提供了一种新型钢轨矫直方法。其原理是在钢轨的两端施加拉力，当这种拉力超过钢轨的屈服强度时就可以使其沿着长度方向原来不同长度的"纤维"变成相同长度，使钢轨平直。经这样矫直的钢轨的残余应力仅仅为辊式矫直的十分之一，它释放出辊矫后钢轨的内应力。这对提高钢轨的寿命是非常有利的。

采用不同矫直工艺同一支 UIC60 钢轨（抗拉强度 950 MPa）沿长度方向残余应力分布见表 3-9-1。

表 3-9-1　不同矫直工艺钢轨残余应力分布　　　　　（MPa）

位　置	热轧钢轨	辊式矫直	拉伸矫直
轨头踏面	+37	+282	+10
轨腰 A 面	−15	−113	−17
轨腰 B 面	+10	−143	−21
轨底中心	+61	+22.5	0

注：+拉应力；−压应力。

为了取得更多数据，又对一支 136RE 合金轨进行实验测定。该支轨的化学成分为：C 0.72%，Mn 0.90%，Si 0.75%，Cr 0.90%，V 0.10%。经过不同矫直工艺后，该轨的残余应力（沿长度方向）见表 3-9-2，有关残余应力的测定采取了两种不同方法：钻孔法和缺口法。

表 3-9-2　矫直 136RE 合金轨的残余应力　　　　　（MPa）

取样部位	测定方法	热轧残余应力	辊矫残余应力	拉伸残余应力
轨头	缺口法	−30	+300	+45
	钻孔法	+38	+410	+89
	差值	68	110	44
轨腰	缺口法	−120	−100	+12
	钻孔法	−45	−120	+77
	差值	75	20	65
轨底	缺口法	+20	+260	+40
	钻孔法	+87	+327	+92
	差值	67	67	52

从表 3-9-2 可以看出，采用钻孔法比缺口法测的数值要高，平均高 70 MPa。综合比较，拉伸矫直和辊式矫直在轨头和轨底的残余应力都是处于低水平状态。

有关两种矫直工艺残余应力的比较见图 3-9-1~图 3-9-4。

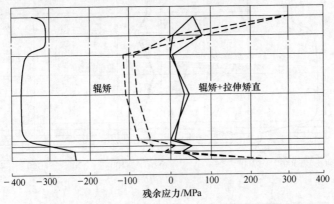

图 3-9-1 136RE 钢轨采用辊矫和拉伸矫直工艺后钢轨头部和轨底残余应力水平

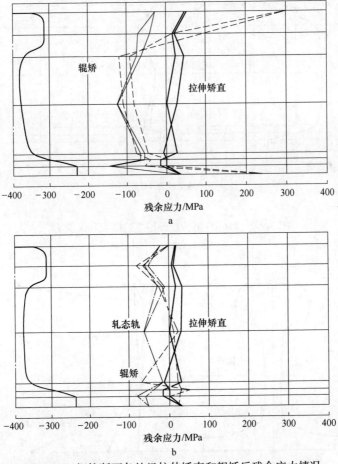

图 3-9-2 钢轨断面各处经拉伸矫直和辊矫后残余应力情况

a—辊矫与拉伸矫直比较；b—轧态轨、辊矫与拉伸矫直比较

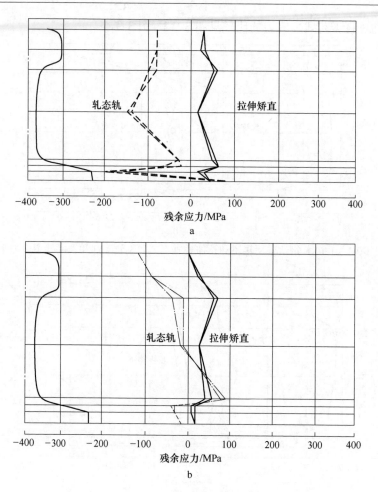

图 3-9-3　136RE 钢轨拉伸矫直后断面残余应力

a—轨头硬化轨；b—轧态轨

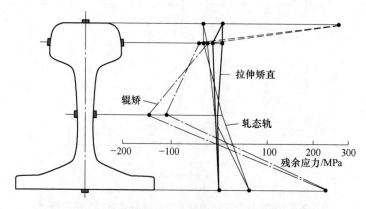

图 3-9-4　UIC60 钢轨辊矫与拉伸矫直断面残余应力分布

9.4.4　疲劳问题

　　为了比较拉伸矫直与辊式矫直对钢轨性能的影响，法国钢厂和铁路部门共同对钢轨进行疲劳性能测定。实验选取了 UIC60 耐磨级抗拉强度大于 900 MPa 钢轨和 68 kg/m 耐磨级抗拉强度为 1100 MPa 合金轨进行实验对比。两个钢种拉伸矫直形成裂纹孕育期开始时间延长了 40%~60%，并且都显示出低的疲劳裂纹扩展速率 20%~60%，疲劳表面面积增加了 50% 以上，故使钢轨整体寿命在相同条件下拉伸矫直比辊式矫直延长了 30%~50%。图 3-9-5 显示辊矫与拉伸矫直工艺后钢轨的疲劳断面，经测定拉伸矫直的疲劳区域面积是辊矫的 1.55 倍。对 136RE 轨再次进行几种工艺疲劳测定，结论与 UIC60 轨一致。这也为提高钢轨的安全性创造了条件，为铁路部门检查钢轨早期萌生裂纹增加了时间。

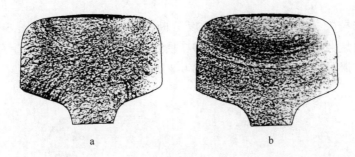

a　　　　　　　　　　　　　　b

图 3-9-5　辊矫（a）与拉伸矫直（b）疲劳断裂断面情况

　　同时发现拉伸矫直还可以提高钢轨的屈服强度。如 UIC60 耐磨级钢轨的屈服强度提高了 17%，约 70 MPa，见表 3-9-3。而辊矫的屈服强度比热轧轨降低了 5%。对 136RE 合金轨其屈服强度可以提高 90 MPa 以上。辊式矫直则不可能提高其屈服强度。钢轨屈服强度的提高对减少曲线低轨裂纹的发生和高轨剥离的发生是大有好处的。

表 3-9-3　热轧、辊矫、拉伸矫直钢轨的强度比较

部位	热轧屈服强度/MPa	热轧抗拉强度/MPa	热轧屈强比	辊矫屈服强度/MPa	辊矫抗拉强度/MPa	辊矫屈强比	拉伸矫直屈服强度/MPa	拉伸矫直抗拉强度/MPa	拉伸矫直屈强比
轨头	512	960	0.533	483	965	0.511	596	9567	0.622
轨腰	522	960	0.543	505	945	0.534	624	985	0.633

部位	热轧屈服强度/MPa	热轧抗拉强度/MPa	热轧屈强比	辊矫屈服强度/MPa	辊矫抗拉强度/MPa	辊矫屈强比	拉伸矫直屈服强度/MPa	拉伸矫直抗拉强度/MPa	拉伸矫直屈强比
轨底	548	992	0.552	510	980	0.520	641	996	0.644
平均	527	971	0.543	499	957	0.521	620	979	0.633

通常，要提高钢轨的屈服强度需要添加合金。计算表明，欲提高高强度合金钢的屈服强度 80~100 MPa，必须添加 0.7% Cr、1%Mn、0.25% Mo 或 0.12%V。

通过力学方法提高钢材的屈服强度，相比之下是一种经济的方法。特别是对于碳素钢而言，可以减少 Mn 的用量。一般来讲，减少合金量还有利于改善钢轨的焊接性能。

辊矫与拉伸矫直后 UIC60 钢轨疲劳断裂裂纹萌生情况如图 3-9-6 所示。136RE 钢轨疲劳实验断口分析如图 3-9-7 所示。UIC60 钢轨不同矫直工艺后钢轨断面各处屈服强度和伸长率分布如图 3-9-8 所示。

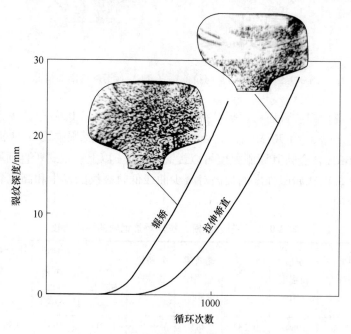

图 3-9-6　辊矫与拉伸矫直后 UIC60 钢轨疲劳断裂裂纹萌生情况

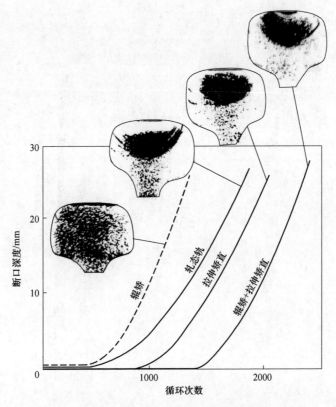

图 3-9-7　136RE 钢轨疲劳实验断口分析

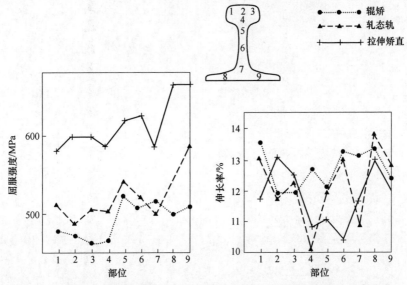

图 3-9-8　UIC60 钢轨不同矫直工艺后钢轨断面各处屈服强度和伸长率分布

第 4 篇 我国主要钢轨生产企业生产技术工艺介绍

1 鞍钢大型厂

1.1 概述

鞍钢大型厂始建于 1933 年，是中国钢轨和大型材生产历史最为悠久的生产厂家。自 1953 年 12 月 26 日作为鞍钢历史上著名的"三大工程"之一重建复工至今已有 70 多年，生产技术有了很大进步，产品质量不断提高，为国家生产和提供优质重轨以及大型材近 5000 万吨。70 多年来，大型厂经过了多次扩建和改造，尤其是 2001 年精整加工线改造、2002 年万能生产线的建成、2014 年钢轨全长热处理生产线建设、2021 年新增万能 UF2 轧机提升钢轨实物质量改造，标志着鞍钢大型厂装备水平和轧制技术已达到世界一流水平，处于国内领先地位。

1.2 产品大纲

生产线年设计规模 70 万吨。主要钢轨产品有：铁标 43 ~ 75 kg/m、60N、75N、60AT1；欧标 54E1、60E1、60E2；英标 BS90A、BS100A；美标 115RE、136RE；澳标 AS60；日标 50 kgN；有轨电车用槽型钢轨 59R2、60R2；起重机钢轨 QU80、QU100、QU100。原料由四流连铸机直接供料热装，铸坯断面为 280 mm×380 mm、320 mm×410 mm 两种，长度为 5~8 m。

1.3 工艺概况

由炼钢厂生产的无缺陷铸坯，在 850 ℃ 左右装入步进式加热炉，加热到 1250 ℃ 的钢坯经高压水第一次除鳞后，由 BD1 轧机、BD2 轧机轧制，再经第二次除鳞后经万能机组和单独布置的 UF2 轧机轧制成百米钢轨；通过轨形仪热态测量钢轨尺寸规格，热打印机在轧件上打印标识，需要在线全长热处理的钢轨通过热处理机组进行淬火后，上步进式冷床前进行预弯、冷却。冷却后的轧件经过平-立复合矫直机矫直后，通过检测中心进行平直度检测、涡流检测、超声波探伤，再送入加工线加工，经检查合格后入库、发出。

工艺流程如图 4-1-1 所示。

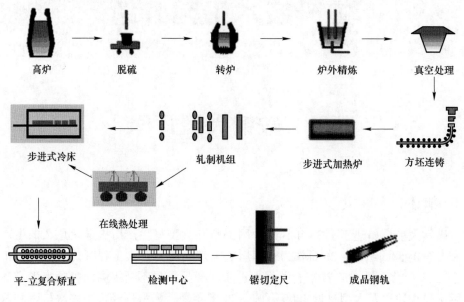

图 4-1-1　鞍钢大型厂钢轨生产工艺流程

1.4　主要生产设备概况

1.4.1　加热炉

炉前装料机采用适合四流连铸坯直接热装需要的硬钩式吊车；加热炉为步进式加热炉，其步进机构采用双轮斜轨高刚度框架，配合预应力炉梁安装，冷态试车跑偏量不大于 2 mm，计算机控制烧钢，操作画面直观逼真，操作简单易学。

主要技术参数：

（1）炉子有效尺寸：36295 mm×8600 mm；

（2）炉子能力（热坯）：170 t/h。

1.4.2　BD1 轧机

BD1 轧机为二辊可逆式，具有电动压下、自动快速换辊、自动轧制功能。

主要技术参数：

（1）最大轧制力：10000 kN；

（2）主电机功率：5000 kW。

1.4.3　BD2 轧机

φ1100 mm 粗轧机是二辊可逆式轧机，由德国西马克公司设计，具有保持板锁紧、防卡钢、上辊液压平衡、快速自动换辊和自动轧钢功能。

主要技术参数：

（1）最大轧制力：6500 kN；

（2）主电机功率：4500 kW。

1.4.4　万能机组 UR-E-UF、UF2

万能机组是德国 SMS 公司设计制造，由三架轧机即万能粗轧机 UR、轧边机 E、万能精轧机 UF 组成。其整机装备代表了当今世界型钢轧机的最高水平，具备多项先进功能，例如，全程自动轧钢，水平辊及立辊辊缝自动调整（AGC），液压辊系平衡以及压上、压下系统，轧边机整机架在线横移，下辊轴向液压自动调整，轧辊轴承油气润滑系统，全自动快速换辊系统等。

主要技术参数：

（1）最大轧制力。水平辊：UR 为 5000 kN、E 为 2500 kN、UF 为 5000 kN、UF2 为 5000 kN；立辊：UR 为 3000 kN、UF 为 3000 kN、UF2 为 3000 kN；

（2）主电机功率。UR 为 3900 kW、E 为 2500 kW、UF 为 3000 kW、UF2 为 3000 kW。

1.4.5　轨形仪

轨形仪用于热态在线测量钢轨尺寸规格，如轨高、头宽、底宽、腰厚、腿长、对称度、饱满度、腹腔等尺寸，测量精度达到 ±0.1 mm。

1.4.6　打印机

打印机用于在钢轨腰部打热印，包括炉号、流号、顺序号、段号。

1.4.7　热处理机组

热处理机组利用在线余热对钢轨进行全长热处理，提高硬度、抗拉强度等力学性能。

1.4.8　平-立复合矫直机和四面压力矫直机

平-立复合矫直机采用水平辊在前的布置形式，入口设有翻钢机，出口设两台四面压力矫直机作为平-立复合矫直机的补充矫直手段，解决了重轨两端部的不平度问题。

水平辊矫直机的主要技术参数：

（1）形式：8+1 辊旋臂式；

（2）驱动辊数量：8 个。

立辊矫直机的主要技术参数：

（1）形式：7+1 辊立式；

（2）驱动辊数量：4 个。

四面压力矫直机的主要技术参数：

（1）形式：液压式压力机；

（2）矫直力：垂直：2×350 kN，水平：2×2000 kN。

1.4.9 检测中心

钢轨通过检测中心在线自动检测，确保尺寸规格、平直度、表面质量以及内部质量达到高速铁路用钢轨标准，减少人工检测产生的误差。引进奥地利 Nextsense 公司生产的钢轨冷态规格检测设备，检测精度为±0.07 mm；平直度检测仪检测精度为±0.05 mm。鞍钢自主研发钢轨轨底在线涡流检测系统，在国内首创涡流静态探头检测轨底 0~360° 各方向、各类型的开闭口缺陷，检测准确率 100%，轨底涡流系统已替代 12 名检查员在线检测，漏检率为零，各项技术指标均领先于国内外同类系统。鞍钢自主研发钢轨超声波检测系统，检测灵敏度、信噪比和检测稳定性均领先于国内外同类设备。利用超声波反射原理，对钢轨内部质量进行在线自动检测，可以发现和定位存在于钢轨内部的各种冶金缺陷，并利用标识枪对缺陷进行标记。

主要技术参数：

（1）探头耦合方式：直接接触水膜法；

（2）通道数量 24 个。

1.4.10 钢轨检查

三条百米钢轨检查线，对钢轨尺寸、表面质量、平直度、扭转进行测量检查。

1.4.11 锯钻组合机床

改造后钢轨加工线共有 6 台锯钻组合机床，6 钻头组合机床可以进行重轨切分操作，并使切分操作方便、效率高。

2　包钢轨梁厂

2.1　主要生产发展历程

第一阶段：1991~2003 年，包钢轨梁厂主要经济技术指标跨入国内同行业先进水平，轨梁厂已发展成为全国最大的型钢生产厂、全国三大钢轨生产基地之一。1993 年总产量达到 120 万吨，超过了国内同类工厂最高水平，1996 年突破 140 万吨大关，超设计年产量 30 多万吨。轨梁厂积极面向市场，不断优化品种结构，加快了新产品的研制和开发速度。在原有钢轨、型钢、方圆钢等系列产品的基础上，又开发成功了 QU100、QU120、QU80 起重机钢轨，65 mm×180 mm 电极扁钢，310 乙字钢，M10、H10 轨枕，63 号工字钢，UIC54 出口钢轨，AT50 道岔轨，普型 25 号工字钢，43 kg/m 钢轨，以及稀土轨和 PD3 钢种的钢轨，产品远销日本、韩国、加拿大、印度尼西亚、中国香港等国家和地区。60 kg/m 钢轨、50 kg/m 钢轨和工字钢、槽钢系列产品先后获得国家冶金产品实物质量"金杯奖"。

第二阶段：2004~2008 年，轨梁厂 1 号中型万能轧钢生产线建成投产，使钢轨产量迅速攀升，2008 年钢轨产量达到 98 万吨，位居国内同行业之首，产品质量也达到国际先进水平，能够分别按照国内时速 250 km、350 km 客运专线 60 kg/m 钢轨标准、国际 UIC860 标准、日本 JIS 标准、美国 AREA 标准、欧洲 EN 标准生产系列钢轨，产品质量具备高纯净度、高精度和高平直度等优点。2006 年，轨梁厂万能轧机生产的高速钢轨荣膺"2006 全国企业最具知名度创新产品"奖。2008 年，年设计能力为 37 万吨的 H 型钢加工线竣工投产，使轨梁厂具备了批量生产 H 型钢的能力，结束了包钢不产 H 型钢的历史。包钢轨梁厂能够生产 25 m、50 m、100 m 长的钢轨，满足时速 200~350 km 铁路钢轨的需求，产品质量达到国际先进水平。

第三阶段：2009~2013 年，轨梁厂经历了钢轨市场的低谷，也抓住了国内铁路建设大发展的历史机遇。轨梁厂积极应对形势变化，始终以效益为中心，通过加大新产品开发力度、开辟增利产品市场、最大限度生产高效产品等多措并举，使两条生产线产能迅速提升，装备优势得到了充分发挥，钢轨产量连续领跑国内和世界。在生产组织上，为提高生产效率，强化了调度系统的组织协调，保证了生产的连续性和顺畅性。选派专人成立市场营销组，积极开拓新的品种和市场，多渠道化解产品销售压力。强化了对标升级和目标分解,以国内同行业先进企业指标为目标采取有效措施,使各产品吨材加工费及人工成本大幅度降低,钢轨达到了行业领先水平,H 型钢达到了专业型钢生产厂水平。

第四阶段:2014 年以后,在两条生产线组织开展了产能提升攻关,在 1 号中型万能轧钢生产线恢复并理顺了小号 H 型钢生产工艺,2 号大型万能轧钢生产线通过将 H500 mm×300 mm 以下 H 型钢 CCS 轧机由 7 道次改为 5 道次,提高了小时产量,使 H 型钢班产逐月攀升。此外,轨梁厂调试成功了世界上唯一一条采用风、水混合方式的在线余热淬火生产线,实现了几代轨梁人为之追求的夙愿,为轨梁厂开拓和占领钢轨高端产品市场提供了有力保障。另外,H 型钢产品顺利通过了欧标 CE 认证、俄罗斯和哈萨克斯坦标准认证;60 kg/m U75V 热处理钢轨通过了上道试铺的技术评审和开发确认;贝氏体钢轨完成了上线试铺准备工作;配合公司顺利通过了"全国质量奖"现场评审。

2.2 产线概况

经过几个阶段的技术改造,包钢轨梁厂现拥有两条世界上先进的生产线,一条是 2006 年 9 月投产的 1 号中型万能轧钢生产线,另一条是 2013 年 1 月投产的 2 号大型万能轧钢生产线,年生产能力为 210 万吨。这两条生产线是包钢为提升轨梁材产品档次和加快产品升级换代步伐而建设的精品线,CCS 万能轧机、矫直机等主要设备从德国西马克·梅尔(SMS Meer)公司引进。两条线相继投产,使包钢的钢轨、型钢在品种、规格上实现了全覆盖,可生产国内外铁路用系列钢轨、道岔轨、起重机钢轨、在线余热淬火轨和 310 乙字钢、150~1000 mm 大中型 H 型钢,以及工字钢、角钢、方钢、扁钢、圆钢、钢板桩等系列产品,能够分别按照国内铁道行业标准生产 43~75 kg/m 系列钢轨、道岔轨和高速铁路用钢轨,国际 UIC860 或 EN13674 标准生产 UIC54、UIC60、BS75A、BS90A、BS100A 等系列钢轨,日本 JIS 标准生产 50N、60N 等系列钢轨,美国 AREMA 标准生产 90RE~140RE 系列钢轨等。其中,铁路用 60 kg/m、75 kg/m 重型钢轨、AT60 道岔轨均为国内首先轧制成功。生产的百米钢轨具有高纯净度、高精度和高平直度等优点,产品质量达到国际先进水平。60 kg/m 钢轨、50 kg/m 钢轨、热轧 28~45 号工字钢、24~40 号槽钢、310 乙字钢先后被国家授予冶金产品实物质量"金杯奖""全国用户满意产品"。2005 年,钢轨荣获"中国名牌产品";2006 年,万能轧机高速钢轨生产线荣膺"2006 全国企业最具知名度创新产品"奖;2012 年,高速铁路用钢轨以其卓越的品质,被中国钢铁工业协会评为冶金产品实物质量"特优质量奖",43~75 kg/m 铁路用热轧钢轨被中国质量协会冶金分会评为冶金行业"品质卓越产品奖"。

2.3　生产工艺流程

2.3.1　1号线钢轨生产工艺流程

连铸坯→步进式加热炉加热→一次高压水除鳞→BD1二辊开坯机轧制→BD2二辊轧机轧制→二次高压水除鳞→CCS万能轧机轧制→钢轨热打印→尺寸检测（取样）→钢轨预弯→冷床冷却→复合矫直→超声波探伤→外观检查→锯切、加工→入库。

（1）钢坯上料加热：钢轨坯料断面为280 mm×380 mm、320 mm×415 mm连铸坯，坯料长度4.9~7.8 m。钢质为U71Mn、U75V、U20Mn、U76CrRE、900A、SS等。用步进式加热炉进行加热，保证了加热质量，钢坯加热温度均匀，脱碳层不超0.5 mm标准。

（2）轧制：钢坯出炉后由辊道送到高压水除鳞装置除去氧化铁皮后，再送到BD1开坯机轧制，BD1轧机轧制7~9道次、BD2轧制3~5道次后，送CCS万能轧机轧制2道次，经二次高压水除鳞，除掉再生氧化铁皮，进CCS万能轧机精轧1道出成品。

（3）打印：钢轨热打印机结构灵巧、换号方便快捷，可以在钢轨轨腰处清晰地打上熔炼号、流坯号、钢轨顺序号。

（4）预弯：采用钢轨冷却预弯工艺，在钢轨上冷床时进行预弯，减小矫前弯曲度。

（5）矫直：采用长尺矫直工艺，在8+1水平矫直机和7辊垂直矫直机中进行矫直，矫后钢轨切除矫直盲区，提高了钢轨端头的稳定性。

（6）检测及加工：检测中心可以自动测量平直度、内部质量，并记录钢轨的质量情况。钢轨在锯钻联合机床进行加工，采用硬质合金锯片，断面加工精度高且稳定，断面光洁度好。

2.3.2　1号线型钢生产工艺流程

连铸坯→步进式加热炉加热→一次高压水除鳞→BD1二辊开坯机轧制→BD2二辊轧机轧制→CCS万能轧机轧制→尺寸检测（取样）→冷床冷却→矫直→外观检查→编组→锯切→码垛打捆→收集、入库。

（1）钢坯上料加热：钢轨坯料断面为280 mm×380 mm矩形坯以及350 mm×290 mm×90 mm异型坯，坯料长度4.9~7.8 m。钢质为Q235、Q355、YQ450NQR1等。用步进式加热炉进行加热。

（2）轧制：钢坯出炉后由辊道送到BD1开坯机，BD1轧机轧制7~9道次、BD2轧机轧制1~3道次后，送CCS万能轧机轧制1道或5道次出成品。

(3) 冷却：采用步进式冷床进行冷却。

(4) 矫直：采用长尺矫直工艺，在 10 辊水平矫直机上矫直。

(5) 锯切：用冷锯将型钢切成用户需要的长度。

(6) 码垛、包装：将型钢进行码垛后送到打包机处打包入库。

2.3.3　2 号线钢轨生产工艺流程

连铸坯→步进式加热炉加热→一次高压水除鳞→BD1 二辊开坯机轧制→BD2 二辊轧机轧制→二次高压水除鳞→CCS 万能轧机轧制→钢轨热打印→尺寸检测 (取样)→钢轨预弯→冷床冷却→复合矫直→超声波探伤→外观检查→锯切、加工→入库。

(1) 钢坯上料加热：钢轨坯料断面为 280 mm×380 mm、320 mm×415 mm 连铸坯，坯料长度 6~9.5 m。钢质为 U71Mn、U75V、U20Mn、U76CrRE、900A、SS 等。用步进式加热炉进行加热，保证了加热质量，钢坯加热温度均匀，脱碳层不超 0.5 mm 标准。

(2) 轧制：加热好的钢坯出炉后由辊道送到 BD1 开坯机轧制，BD1 轧机轧制 7~9 道次、BD2 轧制 3 道次后，送 CCS 万能轧机轧制 2 道次，经二次高压水除鳞，除掉再生氧化铁皮，进 CCS 万能轧机精轧 1 道出成品。

(3) 打印：钢轨热打印机结构灵巧、换号方便快捷，可以在钢轨轨腰处清晰地打上熔炼号、流坯号、钢轨顺序号。

(4) 预弯：钢轨进入冷床后先进行预弯，同时在冷床上进行冷却。

(5) 矫直：采用长尺矫直工艺，在 9 辊双支撑水平矫直机和 7 辊垂直矫直机上进行矫直，矫后切除矫直盲区，提高了钢轨端头的平直度。

(6) 检测及加工：采用超声波探伤仪对钢轨内部质量进行探伤。用锯钻联合机床对钢轨进行加工，采用硬质合金锯片，断面加工精度高且稳定，断面光洁度好。

2.3.4　2 号线型钢生产工艺流程

连铸坯→步进式加热炉→一次高压水除鳞→BD1 二辊开坯机轧制→BD2 二辊轧机轧制→CCS 万能轧机轧制→尺寸检测 (取样)→冷床冷却→矫直→外观检查→编组→锯切→码垛打捆→收集、入库。

(1) 钢坯上料加热：型钢坯料断面为 350 mm×290 mm×100 mm、555 mm×440 mm×105 mm、730 mm×370 mm×90 mm、1024 mm×390 mm×120 mm 连铸异型坯，坯料长度 5.8~13.6 m。钢质为 Q235、Q355、YQ450NQR1、Q390、Q420 等。用步进式加热炉进行加热。

(2) 轧制：钢坯出炉后由辊道送到 BD1 开坯机轧制，BD1 轧机轧制 7~11 道次、BD2 轧制 0~5 道次后，送 CCS 万能轧机轧制 5~9 道次出成品。

（3）冷却：采用步进式冷床进行冷却。

（4）矫直：采用长尺矫直工艺，在 9 辊双支撑复合矫直机上进行矫直。

（5）锯切：用冷锯将型钢切成用户需要的长度。

（6）码垛、包装：将型钢进行码垛后送到打包机后打包入库。

2.3.5　2 号线在线余热淬火线工艺流程

连铸坯→步进式加热炉加热→一次高压水除鳞→BD1 二辊开坯机轧制→BD2 二辊轧机轧制→二次高压水除鳞→CCS 万能轧机轧制→钢轨热打印→尺寸检测（取样）→翻钢→热调直→感应加热→淬火→返回→冷床→矫直→探伤→表面质量检查→定尺加工→尺寸检查→入库。

（1）钢坯上料加热：钢轨坯料断面为 280 mm×380 mm、320 mm×415 mm 连铸坯，坯料长度 6~9.5 m。钢质为 U71Mn、U75V、U20Mn、U76CrRE、900A、SS 等。用步进式加热炉进行加热，保证了加热质量，钢坯加热温度均匀，脱碳层不超 0.5 mm 标准。

（2）轧制：加热好的钢坯出炉后由辊道送到 BD1 开坯机轧制，BD1 轧机轧制 7~9 道次、BD2 轧制 3 道次后，送 CCS 万能轧机轧制 2 道次，经二次高压水除鳞，除掉再生氧化铁皮，进 CCS 万能轧机精轧 1 道出成品。

（3）打印：钢轨热打印机结构灵巧、换号方便快捷，可以在钢轨轨腰处清晰地打上熔炼号、流坯号、钢轨顺序号。

（4）翻钢—热调直：钢轨进入翻钢辊道后通过液压翻转装置使钢轨翻转 90° 轨头朝上，送调直机调直。

（5）感应加热—淬火：调直后的钢轨用感应加热炉加热，对钢轨头尾的温差进行补偿后淬火。

（6）矫直：淬火后的钢轨返回冷床后运到矫直机进行矫直。

（7）检测及加工：采用超声波探伤仪对钢轨内部质量进行探伤。用锯钻联合机床对钢轨进行加工，采用硬质合金锯片，断面加工精度高且稳定，断面光洁度好。

2.4　产品开发情况

包钢轨梁厂生产的产品广泛运用于铁路、桥梁、高层建筑、电站锅炉、衡器、起重设备、港口、煤矿、机车制造等各个行业。钢轨方面：为世界最高速京沪高铁（全长 1318 km）提供了 62% 的钢轨；为世界运营里程最长（2298 km）的京广高铁提供了全线超过 50% 的钢轨；为全球海拔最高（5072 m 是青藏铁路最高点，也是世界铁路最高点，青藏铁路穿越海拔 4000 m 以上地段达 960 km）

的青藏铁路提供了全线近三分之二的钢轨；向连接内地与西部边境的兰新铁路提供了全线 58.9 万吨的百米钢轨；此外，大秦铁路、京九铁路、哈大铁路、北京地铁、广州地铁等都广泛使用该厂的钢轨，国内市场占有率超过 30%。型钢方面：南京长江大桥、毛主席纪念堂、葛洲坝水电站、三峡水利工程、火箭发射架等许多国家重点工程和著名建筑都使用了包钢轨梁厂的型钢产品。

包钢轨梁厂生产的钢轨、型钢等产品在不断满足国内（包括我国香港、台湾地区）市场需求的同时，还出口到美国、加拿大、墨西哥、巴西、阿根廷、西班牙、伊朗、泰国、越南、韩国、马来西亚、印度尼西亚、孟加拉国、沙特阿拉伯、澳大利亚等国家，截至目前，轨梁厂产品出口国家达到了 25 个。

2.5　包钢轨梁厂主要设备参数

1 号线主要设备参数见表 4-2-1。

表 4-2-1　1 号线主要设备参数

序号	设备名称	设备主要参数	设计生产能力	制造厂名称	购进时间
1	步进梁式加热炉	有效长度 45970 mm、内宽 8700 mm、最大步距 500 mm、步进周期 50 s	200 t/h	烟台工业炉厂	2005 年
2	BD1 轧机	上辊压下行程约 900 mm、压下精度约 0.2 mm、轧辊直径 950 ~ 1100 mm、辊身长度 2600 mm、最大轧制力 8000 kN、电机功率 5000 kW	90 万吨/年	上海重型机械厂	2005 年
3	BD2 轧机	上辊压下行程约 480 mm、压下精度约 0.2 mm、轧辊直径 750 ~ 850 mm、辊身长度 2300 mm、最大轧制力 4500 kN、电机功率 4000 kW	90 万吨/年	上海重型机械厂	2005 年
4	CCS 轧机	UR、UF 轧机：水平辊直径 970~1120 mm、最大辊身长度 800 mm，立辊直径 640 ~ 740 mm、辊身长度 285 mm，水平辊最大轧制力 5000 kN，立辊最大轧制力 3000 kN，UR 电机功率 3500 kW、UF 电机功率 2500 kW；E 轧机：水平辊直径 680~800 mm、辊身长度 1200 mm、最大轧制力 2500 kN、电机功率 1500 kW；轧制速度 1.25~10 m/s	90 万吨/年	德国西马克	2005 年

序号	设备名称	设备主要参数	设计生产能力	制造厂名称	购进时间
5	平-立复合矫直机	水平矫直辊数 8+1 个（8 个独立驱动）、水平矫直辊直径 1100～1200 mm、水平矫直辊间距 1600 mm、单辊最大矫直力约 3600 kN； 立矫辊数 7+1 个（5 个独立驱动）、立矫辊直径 700～750 mm、立矫辊间距 1300 mm/1200 mm/1100 mm、单辊最大矫直力约 1700 kN； 矫直速度 0.1～1.5 m/s/2.25 m/s	90 万吨/年	德国西马克	2002 年
6	超声波检测站	检测探头为水膜探头、探头正常工作距离 0.5 mm、检测钢轨长度范围 9～105 m、重复频率 2 kHz/通道、检测通道 24 个、使用通道 20 个	90 万吨/年	四川曜诚	2015 年
7	四面液压矫直机	最大矫直力：垂直方向 3500 kN、水平方向 2000 kN； 最大行程：垂直方向 200 mm、水平方向 270 mm	90 万吨/年	德国	1994 年

2 号线主要设备参数见表 4-2-2。

表 4-2-2 2 号线主要设备参数

序号	设备名称	设备主要参数	设计生产能力	制造厂名称	购进时间
1	步进梁式加热炉	有效长度 36500 mm、内宽 14600 mm、最大步距 500 mm、步进周期 60 s	280 t/h	烟台工业炉厂	2012 年 10 月
2	BD1 轧机	上辊压下行程约 900 mm、压下精度约 0.15 mm、轧辊直径 950～1100 mm、辊身长度 2600 mm、最大轧制力 12000 kN、电机功率 6000 kW	120 万吨/年	中国一重	2012 年 6 月
3	BD2 轧机	上辊压下行程约 900 mm、压下精度约 0.15 mm、轧辊直径 950～1100 mm、辊身长度 2600 mm、最大轧制力 12000 kN、电机功率 8100 kW	120 万吨/年	中国一重	2012 年 6 月

序号	设备名称	设备主要参数	设计生产能力	制造厂名称	购进时间
4	CCS 万能轧机	UR、UF 轧机：水平辊直径 1200~1400 mm、最大辊身长度 1000 mm，立辊直径 880~980 mm、辊身长度 340 mm，水平辊最大轧制力 10000 kN、立辊最大轧制力 6000 kN、电机功率 5500 kW； E 轧机：水平辊直径 850~1000 mm、辊身长度 1300 mm、最大轧制力 4000 kN、电机功率 2500 kW； 轧制速度 1.2~8 m/s	120 万吨/年	SMS	2012 年 10 月
5	平-立复合矫直机	水平矫直辊数 9 个（独立驱动）、水平矫直辊直径 1100~1200 mm、水平矫直辊间距 2000 mm、单辊最大矫直力约 4000 kN、矫直钢轨最大抗拉强度 1400 MPa； 立矫辊数 7+1 个（7 个独立驱动）、立矫辊直径 700~750 mm、立矫辊间距 1300 mm/1200 mm/1100 mm、单辊最大矫直力约 2100 kN； 矫直速度 0.1 m/s~1.5 m/s/2.25 m/s	120 万吨/年	SMS	2012 年 12 月
6	超声波检测站	检测探头为水膜探头、探头正常工作距离 0.5 mm、检测钢轨长度范围：9~105 m、重复频率 2 kHz/通道、检测通道 24 个、使用通道 20 个	120 万吨/年	四川曜诚	2012 年 10 月
7	四面液压矫直机	最大矫直力：垂直方向 4000 kN、水平方向 3000 kN； 最大行程：垂直、水平方向均为 250 mm	120 万吨/年	中国重型院	2013 年 10 月

3　攀钢轨梁厂

攀钢轨梁厂于 1971 年 3 月动工兴建，1974 年 8 月建成投产，经过两次大规模的万能生产线技术改造，现具备钢轨、型钢、方钢三大系列近百个不同规格品种，年产钢材 150 万吨，其中钢轨 140 万吨、型钢和方钢 10 万吨的综合生产能力，是国内重要的铁路用钢生产基地和蜚声中外的顶级钢轨制造厂。

3.1　工艺流程

攀钢轨梁厂工艺流程如图 4-3-1 所示。

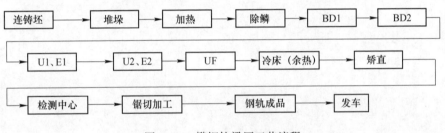

图 4-3-1　攀钢轨梁厂工艺流程

3.2　主要设备及参数

加热炉：120~156 t/h 的生产能力。

BD1：轧辊直径最大 1100 mm，辊环直径最大 1350 mm，辊身长度 2300 mm，主要轧制道次 5/7/9。

BD2：轧辊直径最大 1100 mm，辊环直径最大 1350 mm，辊身长度 2300 mm，主要轧制道次 3/5。

U1、E1：水平辊最大轧制压力 6000 kN，立辊最大轧制力 4000 kN，轧制速度 0~10 m/s，主要轧制道次 3 道次。

U2、E2：水平辊最大轧制压力 6000 kN，立辊最大轧制力 4000 kN，轧制速度 0~10 m/s，主要轧制 1 道次。

UF：水平辊最大轧制压力 6000 kN，立辊最大轧制力 4000 kN，轧制速度 0~10 m/s，主要轧制 1 道次。

打印机：轧件速度 0.5~5.0 m/s，打印轮字符个数共 22 个，更换 9 个字符时间 60 s，快速更换 1 个字符时间 0.8 s。

冷床：冷床宽 104 m，长 42.5 m，最大承载 500 t。

矫直机：水平矫直机 9 辊，垂直矫直机 7 辊，25 m 定尺钢轨（GB60）≥ 140 t/h，103 m 定尺钢轨（GB60）≥ 240 t/h。

检测中心：断面检测、平直度检测、涡流探伤、超声波探伤，适应品种 37.2~75 kg/m 钢轨，UIC54、UIC60、54E1、60E1，115RE、136RE，电车轨 35GP，道岔轨 60AT1、50AT，高速道岔 60AT2、60TY1，起重机轨 QU120、QU100、QU80、QU70 等。

百米锯钻床：锯钻能力 70~130 t/(h·台)。

百米吊车：净起重量 21 t、跨度 L_k = 28 m、工作级别 A7、起升速度 15/1.5 m/min、起升高度 5 m、大车运行速度 130/13.0 m/min、小车运行速度 55/5.5 m/min、大车轨道 QU80、轮压 36 t，吊车定位系统起升测距范围 8 m、小车测距范围 80 m、测距精度 ≤ 10 mm，百米重轨吊运能力 ≥ 1200 t/8 h。

4　武钢大型厂

大型厂是武钢在 20 世纪 50 年代自行设计建设的第一座大型型钢生产厂，2007 年进行设备改造，主体设备由德国引进，建设了一条万能轧机生产线，采用了多点除鳞、万能轧制、长尺冷却、长尺矫直、自动全面检测等先进的工艺和技术，主要生产高速铁路用百米轨、地铁轨、出口轨、全长热处理轨等重轨以及 H 型钢、工字钢、方钢、钢板桩等型钢类产品，此外开发了吊车轨、槽形钢轨、胶轮导轨、磁悬浮用 F 型轨、高导电电极钢等城市轨道用轨。

武钢一直是我国重轨生产基地之一，已累计生产钢轨超 610 万吨，产品供应了京广客专、石武客专、京石客专、宁杭客专、广珠城际、京沪高铁、汉宜铁路、向莆铁路、龙厦铁路、兰渝铁路等众多重点线路，并出口东南亚、南美、中东等地区的国家。

4.1　工艺流程

工艺流程如图 4-4-1 所示。

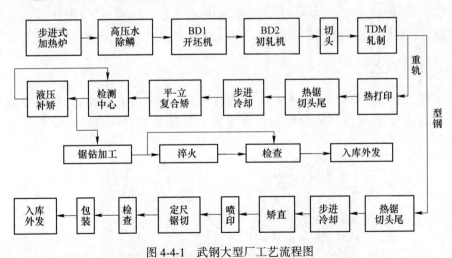

图 4-4-1　武钢大型厂工艺流程图

4.2　主要产品

轨梁线主要产品如图 4-4-2 所示。

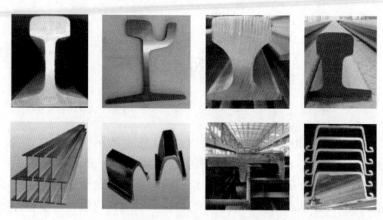

图 4-4-2　轨梁线主要产品

（1）重轨：33 kg/m 胶轮导轨 JD300；60、60N 百米轨、高速钢轨（60 kg/m）；地铁轨、50 kg/m、43 kg/m 等铁标轨；900A/R260/R320Cr/R370CrHT/R400HT 等 UIC54、UIC60 出口钢轨；U68CuCr 耐蚀钢轨（适用于沿海、隧道）；59R2 和 60R2 槽形钢轨（有轨电车用轨）；高强度热处理钢轨 U75VH、U71MnH、R350HT；起重机轨 QU80～QU120；道岔轨 60AT1。

（2）型钢：H 型钢（200 mm×200 mm、250 mm×250 mm、400 mm×200 mm 等）；方钢（160 mm×160 mm、200 mm×200 mm）；矿用 U 形钢（29U、36U）；热轧 U 形钢板桩（3 号、4 号）；大规格角钢（22 号、25 号）；CF235D（磁悬浮用轨枕）；F 形钢；电极扁钢 DJ008（170 mm×150 mm、180 mm×120 mm）。

4.3　主要设备

两座步进式加热炉（见图4-4-3），炉长约34 m，宽约9 m；钢坯加热到1200 ℃以上后出炉，经过高压水除鳞机，将钢坯表面氧化铁皮除掉，确保成品表面质量。

图 4-4-3　步进式加热炉

两架 BD 开坯轧机（见图 4-4-4），最大轧制力 8000 kN，轧件可来回往复轧制。

图 4-4-4 BD 开坯轧机

万能连轧机组（见图 4-4-5），机前有二次除鳞装置，除掉次生氧化铁皮。万能轧机由粗轧机、轧边机、精轧机三机架组成，采用三机架连轧的生产方式，最大轧制力 6000 kN，从万能连轧机组出去后轧件已成型，完成热轧部分工序。

图 4-4-5 万能连轧机组

重轨热打印机（见图 4-4-6），可在钢轨腰上打印出钢轨炉罐号和轧制顺序号，每支钢轨打印的号如同每个人的身份证号一样，唯一不重复，便于跟踪该支轨整个生命周期的使用情况，还可追溯当时的生产时间、操作者和生产工艺参数。

百米步进式冷床（见图 4-4-7），冷床规格为 41 m×106 m，可容纳 60 余支钢轨，将钢轨由 700 ℃左右冷却到 60 ℃以下。

图 4-4-6　热打印机

图 4-4-7　步进式冷床

全长热处理机组（见图 4-4-8），通过自主开发绿色低碳喷风淬火工艺，利用自动智能的控制冷却模型，实现高效精准的生产控制。目前，淬火工艺已应用于 U75V、U71Mn 和欧标 R350HT、R370CrHT 和 R400HT 的生产。

平-立复合矫直机（见图 4-4-9），对钢轨水平和垂直方向进行矫直。钢轨出矫直机后平直度、尺寸均可达到成品要求。

重轨检测中心运用超声波检测系统（见图 4-4-10），对钢轨内部质量进行检测，检测无伤的钢轨再经过表面质量镜面检查，检查钢轨表面缺陷和尺寸是否合格。

图 4-4-8　全长热处理机组

图 4-4-9　平-立复合矫直机

图 4-4-10　超声波检测系统

通过检查合格的钢轨加工为百米定尺（见图4-4-11），就可以入库装车。

图4-4-11 百米定尺钢轨

5　邯钢大型厂

5.1　公司简介

邯郸钢铁集团有限责任公司（以下简称邯钢）于 1958 年建厂投产，历经半个多世纪的艰苦奋斗，已发展成为我国重要的钢铁产品生产基地，是河北钢铁集团的核心企业。

进入 21 世纪以来，邯钢加快用高新技术和先进适用技术改造提升传统产业步伐，相继建成投产了薄板坯连铸连轧生产线、国内第一条热轧薄板酸洗镀锌生产线、1780 mm 冷轧薄板生产线、2250 mm 热轧生产线、2180 mm 冷轧生产线、钢轨生产线等一大批具有国际先进水平的大型装备，产品结构实现了由"普通建材为主"向"以优质板材、型钢为主"的转变，综合实力产生了质的飞跃。

随着一系列现代化大型生产线的投产，邯钢形成了中厚板生产线、以 2250 mm 热轧生产线为代表的热轧卷板生产线、以 2180 mm 冷轧生产线为代表的冷轧深加工产品生产线和以钢轨生产线为代表的型棒线材生产线四大系列精品生产线。产品涵盖汽车、家电、建筑、铁路、造船、航天、机械制造、石油化工等国民经济各个领域，并出口到欧美、东南亚等地区。

5.2　生产设备

近年来，邯钢相继建成投产了一条异形坯/矩形坯连铸生产线和一条万能连轧钢轨生产线，采用了当今世界先进的技术装备及生产工艺，代表了钢轨产品生产的国际领先水平。

邯钢钢轨产品生产流程为：铁水预处理→转炉冶炼→LF 精炼→ RH 精炼→大方坯连铸→钢坯加热→高压水除鳞→开坯机 BD1 轧制→开坯机 BD2 轧制→万能可逆轧制→精轧→钢轨打印→热锯切头→（余热淬火→）冷床冷却→矫直→钢轨检测→锯钻加工→收集入库。

5.2.1　一炼钢生产线

一炼钢厂年设计产能 445 万吨，其中大方坯 145 万吨，为后续钢轨生产线提供优质坯料。一炼钢厂主体设备包括一座铁水倒罐站、两套铁水脱硫设施、三座 120 t 顶底复吹转炉、两座 120 t LF 钢包精炼炉、一座 120 t RH 真空脱气装置和一台大方坯/异形坯复合连铸机。

5.2.2　钢轨生产线

钢轨生产线设计能力 138 万吨/年，主要产品为钢轨、H 型钢、角钢、槽钢和方坯等，主体设备包括两座步进梁式加热炉、高压除鳞装置、两架开坯机、一套可逆式万能连轧机组、一架万能精轧机和一套平-立复合辊式矫直机，同时配有余热淬火生产线和钢轨检测中心，可进行钢轨在线淬火和平直度、断面尺寸、涡流探伤、超声波探伤等检测项目。

其中加热炉采用了当今最先进的数字化脉冲烧嘴，可满足各品种钢加热曲线要求，钢坯加热更均匀；万能轧机机组从德国西马克梅尔公司引进，该设备采用了全液压压下系统，并且液压压下系统的所有动态控制由 TCS 实时监控，主传动采用 ABB 公司的控制系统；车间采用了 3+1 的轧机布置方式，即在原来三架万能串列轧机的基础上增加了独立的精轧机 UF，该布置方式可以避免因连轧时张力产生的尺寸波动，从而为生产出尺寸稳定的产品提供了条件。

5.2.3　先进的装备优势

一炼钢厂率先采用钢水成分全自动分析系统，转炉配有扭力杆平衡装置，减少转炉倾动期间的冲击，当转炉出钢和倒渣时自动减速；并配有具备测温、取样的副枪系统，快速定氧/定碳、测定液面等，实现了一键式全自动化炼钢；大方坯连铸机拥有全程保护浇铸系统、下渣检测系统、结晶器电磁搅拌、凝固末端电磁搅拌、结晶器液面自动控制、动态轻压下等先进控制技术，大容量、深液面的中间包冶金技术可保证浇铸过程稳定与夹杂物充分上浮，钢质洁净度满足高速铁路用钢轨技术要求。钢轨生产线装备优势明显，在国内 5 条钢轨生产线中独占鳌头，突出表现在 5 个"率先"：(1) 率先采用数字化脉冲烧嘴技术，加热炉实现铸坯均匀加热的基础上可实现铸坯长度方向温度曲线控制；(2) 率先采用 3+1 的轧机布置方式，在万能轧机后增加一架 UF 精轧机，进一步提高了钢轨产品尺寸控制精度；(3) 率先采用 1800 mm 节距的双支撑式矫直机，有效降低钢轨产品残余应力；(4) 率先引进加拿大 NDT 技术公司在线自动检验和测量工作站，整体技术水平国际领先，可实现钢轨尺寸、表面缺陷和内部质量的在线自动检测，进一步保障出厂产品质量；(5) 率先引进在线余热全长淬火生产线，通过电感均温、水压调节及在线控制等技术，提高了淬火轨通长性能稳定性。

5.3　钢轨开发历程

在 2009 年钢轨生产线筹建之初，邯钢就开始了钢轨产品的技术储备工作。

2011 年 5 月，与钢铁研究总院签订了《高强轨 U75V 的研制与开发技术合同》及《高强轨 U75V 的研制与开发技术协议》，正式启动了邯钢钢轨产品技术研究工作。2012 年 5 月，与钢铁研究总院签订了《高速轨 U71Mn 的研制与开发技术合同》，开始迈进高品质钢轨产品的生产行列。

2012 年 3 月 12 日，邯钢首炉高速轨 U71Mn 冶炼成功，到 2012 年 8 月完成了高速轨 U71Mn 钢 22 炉 3300 t 的冶炼-连铸生产试制和现场工艺试验，并在德国 SMS Meer 公司的万能轧机安装完毕后，从 2012 年 7 月 25 日开始热轧机组设备调试和 U71Mn 钢轨钢工艺参数调整，进行了热轧和预弯矫直现场试制和试验，在邯钢首次轧制出几何精度和力学性能合格的 U71Mn 钢轨。

2014 年 1 月 10 日，中国铁道科学研究院金属及化学研究所受中国铁路总公司运输局委托就邯钢钢轨上道试验综合评价工作召开了项目启动会，正式启动邯钢钢轨产品认证的工作。2015 年 1 月 9 日，中国铁路总公司运输局在邯钢主持召开了"邯钢钢轨试用评审"会议，同意通过邯钢 60 kg/m U71Mn、U75V 钢轨试用评审，可以上道试铺进行使用考核。2015 年 3 月，邯钢 60 kg/m U71Mn、U75V 钢轨陆续铺设到京九铁路、京沪铁路和津山铁路上。2016 年 4 月 19 日，中国铁路总公司运输局在北京主持召开了"邯钢钢轨扩大试铺评审会"，同意通过邯钢钢轨扩大试铺评审，可以在各路局正线扩大试用和在城市轨道交通、铁路专用线、厂矿铁路线推广使用。

2016 年 6 月 22 日，正式取得中铁检验认证中心颁发的 60 kg/m 规格 U71Mn、U75V、U1MnG 和 U75VG 四个产品的铁路产品认证证书（试用证书）。

2017 年 7 月 13 日，取得欧标 TSI 证书和 EN13674.1—2017 标准符合性证书，成为国内第一家具备欧盟钢轨市场出口资质的企业。

2018 年 4 月 9 日，正式取得中铁检验认证中心颁发的 60 kg/m 和 60N 规格 U75V 和 U75VG 铁路产品认证证书。这标志着河钢邯钢正式成为国内第五家中国铁路总公司钢轨产品供货企业，具备国铁钢轨批量供货资质。

5.4 产品及生产资质

5.4.1 钢轨产品

邯钢可生产钢轨产品目录见表 4-5-1。

表 4-5-1 邯钢钢轨产品目录

序号	标　准	规　格	代表钢种
1	GB 2585—2007	50 kg/m、60 kg/m、75 kg/m	U71Mn、U75V
2	TB/T 2344	50 kg/m、60 kg/m、75 kg/m	U71Mn、U75V

序号	标　准	规　格	代表钢种
3	EN13674.1	54E1、60E1、60E2	R200、R260Mn、R320Cr、R350HT、R350LHT
4	UIC860	UIC54、UIC60	700、900A、900B
5	BS-11-1985	BS100A	700、900A、900B
6	AREMA	115RE	SS、HH、LA、IH
7	YB/T 5055	QU100、QU120	U71Mn、U75V

5.4.2　生产资质

邯钢钢轨综合质量良好，产品获得中国铁道科学研究院和 SGS 通标标准技术服务有限公司认可，取得了中国铁路总公司 CRCC 钢轨产品证书，具备国铁供货资质。

另外，为提高国外钢轨市场竞争力，邯钢率先通过了欧盟钢轨 TSI 管理体系和 EN13674.1—2017 标准符合性认证，成为国内首家具备欧洲钢轨市场供货资质的企业。同时邯钢钢轨质量获得了泰国国家铁路局的充分认可，是泰国国家铁路局合格钢轨供应商。

5.5　产品业绩

自钢轨生产线投产以来，邯钢已批量稳定生产各规格、牌号钢轨 150 多万吨，产品广泛应用于铁路正线、地方专用线、铁路轨排、道岔及轻轨等领域。同时邯钢公司积极开拓国外钢轨产品市场，出口钢轨到巴西、泰国、印度尼西亚、沙特、马来西亚、芬兰、巴基斯坦和南非等多个国家，并与泰国、巴基斯坦铁路局签订战略供货协议。

6 永洋大型厂

6.1 轻轨线项目

6.1.1 产品

河北永洋特钢集团有限公司精品轻轨生产线建成后具有年产 50 万吨的能力，产品主要有轻轨、鱼尾板、矿用工字钢、小型 H 型钢，同时还具备生产角钢、槽钢、工字钢产品的能力。

产品大纲、各类产品的代表钢种及生产规模见表 4-6-1。

表 4-6-1 轻轨线产品大纲、代表钢种及生产规模

序号	产品名称		规　格	年产量/万吨	代表钢种
1	轻轨		12~30 kg/m	52	Q235、55Q、45SiMnP、50SiMnP
2	鱼尾板		38~43 kg/m、50 kg/m	0.3	YW52
3	矿用工字钢		KI9、KI11	5	20MnK、Q235
4	H 型钢	宽翼缘 HW	100 mm×100 mm、125 mm×125 mm	2.7	Q235、Q295NH、Q355NH、Q390、Q420、Q460NH
		中翼缘 HM	150 mm×100 mm		
		窄翼缘 HN	100 mm×50 mm、125 mm×60 mm、150 mm×75 mm、175 mm×90 mm		
总　计				60	

注：本生产线预留电梯导轨的生产能力。

6.1.2 技术特点

采用高产、低耗、自动化程度高、节能型蓄热步进梁式加热炉，两次高压水除鳞技术，双机架开坯轧机，7 机架连续布置精轧机组，长尺步进式+链式复合大冷床冷却技术，长尺矫直技术，现代化精整技术，高水平自动化控制系统。

6.1.3　工艺布置

工艺布置选用串列式布置模式，9 架轧机（BD1+BD2 二辊可逆式开坯机+7架万能精轧机组）纵向布置，整条生产线采用了先进的长尺矫直生产工艺，设备自动化程度高，是国内首条用万能轧机生产轻轨的生产线。

工艺流程简图如图 4-6-1 所示。

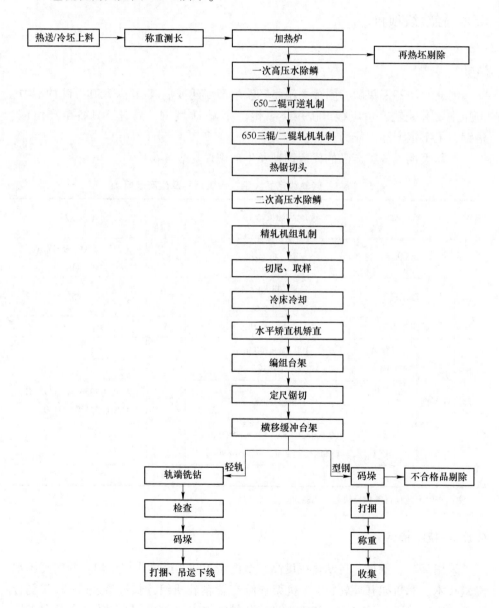

图 4-6-1　轻轨线工艺流程简图

6.2 大型线项目

6.2.1 生产规模及产品大纲

生产线建成后具有年产 90 万吨的能力。产品大纲、各类产品的代表钢种及生产规模见表 4-6-2。

表 4-6-2 大型线产品大纲、代表钢种及生产规模

序号	产品名称		规　格	年产量 /万吨	代表钢种
1	钢轨		38 kg/m、43 kg/m、50 kg/m	38	U71Mn、U75V、BNbRE
2	出口钢轨		54E1、60E1、115RE、 BS100A 等	5	R260
3	起重机钢轨		QU70~QU120	9	U71Mn、U75V
4	H 型钢	宽翼缘	HW150 mm×150 mm~300 mm×300 mm	21.7	Q390、Q420、Q235、 Q295NH
		中翼缘	HM200 mm×150 mm~600 mm×300 mm		Q355NH
		窄翼缘	HN250 mm×125 mm~600 mm×200 mm		Q460NH
5	矿用工字钢		KI12	4	Q235、Q390、Q420
6	矿用 U 形钢		U25、U29、U36、U40	10	20MnK、25MnK、 20MnVK
7	工字钢、角钢等		I25~I56、∠22、∠25、TI30	2.3	Q235B、Q345B、Q420B
	总计			90	

本车间还具备 220 mm×220 mm 方钢以及 100 mm×200 mm、100 mm×230 mm 货叉扁钢的生产能力。

6.2.2 本项目技术特点

（1）采用高产、低耗、自动化程度高、节能型蓄热步进梁式加热炉。运用步进梁交错技术，消除了传统直线型步进梁与钢坯接触点位置始终不变而形成较大水冷"黑印"的缺点，交错步进梁可使"黑印"温差降至 15~20 ℃，给最终产品的尺寸精度提供了先决条件。

（2）采用两次高压水除鳞的技术。主轧线上设置两套高压水除鳞装置，在加热炉出口 BD1 二辊可逆开坯机前设置一套高压水除鳞装置，操作压力 25 MPa，用以去除出炉后钢坯表面的氧化铁皮；在三架万能精轧机组前设置一套高压水除鳞装置，操作压力 27 MPa，用以在成品道次前将轧件表面在轧制过程中再次生成的氧化铁皮去除干净，提高产品的表面质量。

（3）采用先进的双机架可逆式开坯轧机。开坯轧机采用先进的液压防卡钢、过载保护、液压平衡、带负荷压下等先进技术，可有效地保证轧件的轧制质量；采用自动换辊，可保证在 30 min 内完成换辊，缩短换辊时间。

（4）采用三机架万能往复连轧机组。采用由 UR、E、UF 组成的三机架万能往复连轧机组，三机架串列紧凑式布置，可减少占地面积、节约投资、降低轧制周期时间，同时该机组在轧制钢板桩时还可以全部转换为二辊模式，生产组织灵活，产品范围较广，产品精度高。为保证产品的高尺寸精度，特别是重轨产品的高精度，机架上设置有全液压压下的 TCS 控制系统。三机架轧机可同时进行自动换辊，换辊时间小于 30 min。

（5）采用长尺步进式大冷床冷却技术。根据产品情况，采用带有预弯和翻钢装置的长尺复合式大冷床。对于钢轨产品，在冷床入口通过预弯装置进行预弯，以降低冷却后的轧件弯曲度；对于 H 型钢产品在冷床入口通过翻钢装置进行翻钢，以降低冷却后的轧件腹板弯曲度，提升了轧件冷却质量，提高了冷床效率，提高了成材率。

（6）采用平-立复合矫直机。在冷床出口设平-立复合矫直机，根据产品规格情况合理选择矫直机。钢轨产品：在进入矫直机之前，先由水平辊矫直机入口翻钢机将其翻转 90°（对于吊车轨，可以根据立辊矫直机能力，选择是否利用立辊矫直机），使钢轨的轨头向上然后送进平-立复合矫直机进行矫直，水平辊矫直机矫直钢轨上下弯曲，立辊矫直机矫直钢轨的侧弯。H 型钢、U 形钢、工字钢、角钢等其他产品：仅利用水平辊矫直机进行矫直，立辊矫直机和翻钢机均移出线外，不参与矫直。

（7）运用现代化精整技术。采用长尺冷却、长尺矫直、冷定尺等先进精整工艺，提高了产品的平直度、尺寸精度、断面质量、成材率等。同时设置在线人工检查台和不合格品剔除台架，能够在线实时对产品表面质量进行检查，确保最终产品质量。

（8）高水平的自动化控制系统。为充分保证最终产品的质量、提高轧线的有效作业率、降低工人劳动强度，新建轧线将采用一套完整的计算机控制系统对整条轧线进行控制。

6.2.3　工艺布置

工艺布置选用串列式布置模式，5 架轧机（BD1+BD2 二辊可逆式开坯机+3架万能精轧机组）纵向布置，整条生产线采用了先进的长尺矫直生产工艺，设备自动化程度高。

工艺流程简图如图 4-6-2 所示。

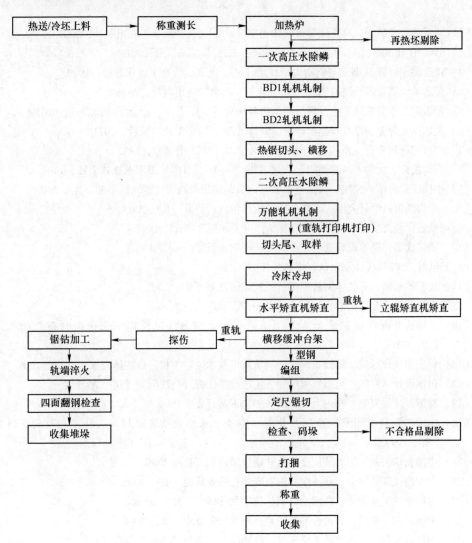

图 4-6-2 大型线工艺流程简图

参 考 文 献

[1] 刘宗昌, 任慧平. 贝氏体与贝氏体相变 [M]. 北京: 冶金工业出版社, 2009.

[2] Stone D H. Rail steels development, processing, and use [R]. ASTM.

[3] 董志洪. 世界 H 型钢与钢轨生产技术 [M]. 北京: 冶金工业出版社, 1999.

[4] 董志洪. 高技术铁路与钢轨 [M]. 北京: 冶金工业出版社, 2003.

[5] 董志洪. 中国钢铁工艺发展战略与市场研究 [M]. 北京: 冶金工业出版社, 2018.

[6] 董志洪. 合金钢棒线材生产技术 [M]. 北京: 冶金工业出版社, 2021.

[7] 都市交通研究会. 新しい都市交通システム [M]. 山海堂, 1997.

[8] 住田俊介. 世界の高速鉄道とスピ-アップ [M]. 日本鉄道図书株式会社, 1994.

[9] 中国铁道科学研究院. 大秦重载铁路钢轨的伤损及高强度钢轨的研制 [R]. 2007.

[10] 中国铁道科学研究院. 高强韧性贝氏体钢轨的研究 [R]. 2003.

[11] 铁道部经济规划研究院. 2010 年铁路网发展研究 [R]. 1998.

[12] 铁道部第三勘察设计院. 京沪高速铁路初步设计 [R]. 1998.

[13] 包钢. 75N 贝氏体钢轨试制报告 [R]. 2013.

[14] 沈阳铁路局. 贝氏体钢轨焊接试验及试铺计划 [R]. 2003.

[15] 攀枝花钢铁公司. PG4 75 kg/m 钢轨开发 [R]. 2007.

[16] 中国铁道科学研究院金属及化学研究所. 朔黄线贝氏体钢轨伤损分析总结报告 [R]. 2013.

[17] 重庆钢铁设计院. 攀枝花钢铁公司轨梁厂技术改造工程可行性研究报告 [R]. 2001.

[18] 包钢设计研究院. 包钢轨梁厂热轧工艺改造工程可行性研究 [R]. 2002.

[19] 鞍钢设计研究院. 鞍钢大型厂改造工艺方案 [R]. 1999.

[20] 中国铁道科学研究院金属及化学研究所. 长钢轨喷风冷却淬火新工艺及设备研究 [R]. 1999.

[21] 中国钢铁工业协会. 高精度钢轨轧制技术研究 [R]. 2006.

[22] 中国钢铁工业协会. 高洁净度钢轨产业化技术研究 [R]. 2006.

[23] 中国钢铁工业协会. 高速重载钢轨性能优化研究 [R]. 2006.

[24] 中国钢铁工业协会. 超长钢轨精整检测及相关技术 [R]. 2006.

[25] 钢铁研究总院, 铁道科学研究院. 高速铁路钢轨质量评估总报告 [R]. 2013.

[26] 钢铁研究总院. 高速铁路钢轨质量稳定性评价 [R]. 2013.

[27] 中国铁道科学研究院金属及化学研究所. 60 kg/m U76CrRE 钢轨性能综合评定 [R]. 2009.

[28] 中国铁道科学研究院. 重载铁路用 68 kg/m 钢轨可行性研究 [R]. 2007.

[29] 中国铁道科学研究院金属及化学研究所. 武钢 60 kg/m U71Mn 百米定尺钢轨焊接性能研究 [R]. 2008.

[30] 中国铁道科学研究院. 攀钢 75 kg/m PG4 钢轨型式检验及性能综合评定 [R]. 2007.

[31] 包头钢铁公司. 包钢 U76CrRe 高强钢轨 [R]. 2009.

[32] 中国铁道科学研究院. 武钢 60 kg/m 耐腐蚀试验钢轨性能研究 [R]. 2011.

[33] 中国铁道科学研究院金属及化学研究所. 武钢 60 kg/m U71Mn、U75V 百米定尺高速钢轨焊接性能研究和评定 [R]. 2008.

[34] 武汉钢铁公司. 耐海洋大气腐蚀钢轨的研究 [R]. 2011.

[35] 武汉钢铁公司. 时速 350 km 铁路用钢轨 U71MnM、U75V 试制总结 [R]. 2008.

[36] 中国台湾高铁公司. 中国台湾高速铁路工程计划 [R]. 2001.

[37] 中国台湾高铁公司. 中国台湾高速铁路线路设计 [R]. 2000.

[38] 包头钢铁公司. 包钢赴苏考察技术报告 [R]. 1988.

[39] 包头钢铁公司. 包钢赴卢森堡考察 CHHR 钢轨余热淬火技术报告 [R]. 1991.

[40] 中国铁道学会重载委员会. 重载铁路建设与安全研讨会论文集 [C]. 2014.

[41] 董志洪. 75 kg/m 钢轨轧制 [R]. 1989.

[42] 中国铁道科学研究院铁道建筑研究所. 75 kg/m 钢轨室内室外实验研究报告 [R]. 1990.

[43] 鞍钢钢铁研究所. ANbRE 重轨试制总结 [R]. 1993.

[44] 方华龙, 王栋材. 稀土处理高强度重轨工业实验总结 [R]. 1992.

[45] 方华龙, 王栋材. 稀土轨钢的实验室研究 [R]. 1992.

[46] 张慧岐, 李常靖, 王铁栋, 等. 稀土对钢轨钢接触疲劳性能的影响 [J]. 铁道学报, 1994 (2): 115-120.

[47] 中国铁道科学研究院, 铁道部工务局技术处. 焦柳线 NHH 钢轨使用及伤损情况调查分析 [R]. 1993.

[48] 中国铁道科学研究院金属及化学研究所. 日本 60U78 全长淬火钢轨接触焊焊后热处理研究 [R]. 1993.

[49] 翁绳厚. B4-500 钢板桩孔型设计和轧制 [R]. 1978.

[50] 董志洪. 60 kg/m 钢轨的轧制 [J]. 钢铁, 1983 (9).

[51] 范俊杰. 重载铁路钢轨断面与性能评估 [C] //中国铁道学会重载线路淬火钢轨学术研讨会, 1993.

[52] 董志洪. 短流程冶炼与万能法轧制相接合是当代钢轨生产的最新发展 [C] //中国金属学会提高钢铁企业经济效益研讨会, 2007.

[53] 董志洪. 21 世纪陆路运输与冶金工业 [R]. 1999.

[54] 董志洪. 国内外钢轨生产现状及今后发展趋势 [R]. 1999. (内部报告)

[55] 董志洪. 我国钢轨生产的白皮书 [R]. (内部报告)

[56] 董志洪. 21 世纪钢轨钢的展望 [J]. 钢铁, 1999 (8): 75-76, 59.

[57] Sydney Steel Corporation. Minimizing residual stressess through improved rolled straightening practice [R]. 1995.

[58] IHHA. Strategies beyond 2000 [R]. 1997.

[59] Nigris G, SPESSOT R. Profile sizing process for high-quality medium/heavy sections and rails [R]. 2002.

[60] Masaharu Ueda. Application of hypereutectold to heavy track rail [R]. 1997.

[61] Interational Iron and Steel Institure Association. Dimensional surface and internal inspection of long products [R]. 1990.

［62］包钢轨梁厂．包钢重轨超声波探伤总结［R］．1981.

［63］包钢钢研所．60 kg/m 重轨投产以来成分好性能数理统计［R］．1982.

［64］包钢钢研所．关于包钢 60 kg/m P74 钢轨"材质不均"问题的探讨［R］．1982.

［65］包钢钢研所．包钢 P74 钢轨中大型夹杂物分析［R］．1982.

［66］董志洪．从重轨低倍检验看钢质情况［R］．1981．（内部报告）

［67］董志洪．关于 60 kg/m 钢轨发生折断的情况报告［R］．1981．（内部报告）

［68］董志洪．围绕提高钢轨质量所做的研究与检验报告［R］．1982．（内部报告）

［69］琢本武之．最近钢轨动向［J］．八幡制铁研究，1963（9）．

［70］建山正则．轨条工厂の合理化について［J］．八幡制铁研究，1982（6）．

［71］木村熏．高碳素中 Mn 轨条の研究［J］．八幡制铁研究，1982（6）．

［72］合田进．轨条の残余应力力について［J］．八幡制铁研究，1982（6）．

［73］佚名．用稀土金属处理的钢轨钢力学性能［J］．国外钢铁，1981（4）．

［74］中国铁道科学研究院金属及化学研究所．铝热焊接钢轨［R］．1979.

［75］乌克兰冶金科学研究院．提高铁路钢轨的使用寿命和可靠性［R］．1977.

［76］肖忠敏．我国钢轨的生产使用概况和国外钢轨生产的发展动态［J］．武钢技术，1979（4）：62-77.

［77］福田耕三．高强度钢轨的研制［J］．铁と钢，1980，66（4）．

［78］兼沢胜彦．H 型钢轧制技术的发展［J］．塑性と加工，1980，21：234.

［79］小园东雄．钢轨万能轧制的经济轧制法［J］．铁と钢，1980，66（11）．

［80］刘宝昇．鞍钢重轨生产的改进［J］．鞍钢技术，1981（3）．

［81］刘宝昇．国内外重轨生产的发展［J］．钢铁，1982（6）：72-77.

［82］刘宝昇．鞍钢低合金钢轨的生产［J］．鞍钢技术，1979（6）：21-32.

［83］徐鼎钰．重轨钢的冶炼工艺与质量问题的探讨［R］．1983.

［84］伊藤梯二．高周波压接レールの各种实验结果につて［J］．八幡制铁，1988.

［85］合田进．最近の高周波热处理轨条について［J］．八幡制铁，1988.

［86］佚名．国内外铁路重载运输发展概述［EB/OL］．百度文库．

［87］候玉碧．重载铁路钢轨伤损形成分析及对策［J］．铁道建筑技术，2007（S2）：26-30，34.

［88］王金虎．大秦线运量逐年递增情况下的钢轨伤损分析及对策［J］．铁道建筑，2008（10）：98-100.

［89］包钢．贝氏体钢轨研究报告［R］．2014．（内部报告）

［90］北京特冶．贝氏体钢轨及道岔用贝氏体部件研发和应用［R］．

［91］周宏业．澳大利亚的重载铁路［J］．中国铁路，1990（4）：1-3.

［92］彭家先．澳大利亚铁路的重载运输［J］．铁道运输与经济，1986（11）：29-32.

［93］袁昊．城市铁路钢轨伤损状况分析及对策研究［J］．铁道标准设计，2005（12）：22-24.

［94］洪瑚．关于我国钢轨发展方向的探讨［J］．铁道标准设计通讯，1985（4）：13-15.

［95］董志洪．论提高珠光体钢轨钢性能的途径［J］．包钢科技，1983：73-78，72.

［96］卢祖文．铁路重载运输对钢轨机械性能的要求［J］．中国铁路，1993（7）：14-15，38.

[97] 刘怿，卢祖文. 中国铁路重载运输需要超高强度重型钢轨 [J]. 轧钢，1993（2）：34-37.

[98] 卢耀荣. 无缝线路的应用与发展 [J]. 铁道建筑，1989（3）：1-6.

[99] 卢祖文. 高速铁路钢轨材质选择 [J]. 中国铁路，2004（10）：35-38，10.

[100] 周清跃，张建峰，郭战伟，等. 重载铁路钢轨的伤损及预防对策研究 [J]. 中国铁道科学，2010，31（1）：27-31.

[101] 展红亮. 重载铁路钢轨伤损原因探析与预防措施 [J]. 铁道技术监督，2012，40（S1）：54-57.

[102] 郝世亮. 大秦万吨列车通道钢轨伤损发展分析及对策 [J]. 中国铁路，2004（12）：30-33.

[103] 习年生. 提高大秦重载铁路钢轨使用寿命的思考 [C] //中国铁道学会，2004年度学术活动优秀论文评奖论文集，2005.

[104] 陈朝阳，张银花，刘丰收，等. 朔黄铁路曲线下股热处理钢轨剥离伤损成因分析 [J]. 中国铁道科学，2008（4）：28-34.

[105] 钟文，董霖，王宇等. 高速与重载铁路的疲劳磨损对比研究 [J]. 摩擦学学报，2012，32（1）.

[106] 刘启跃，王文健，周仲荣. 高速与重载铁路钢轨损伤及预防技术差异研究 [J]. 润滑与密封，2007，32（11）：11-14，68.

[107] 郭火明，王文健，刘腾飞，等. 重载铁路钢轨损伤行为分析 [J]. 中国机械工程，2014，25（2）：267-271.

[108] 白向东，陈永军. 预防和减缓大秦线钢轨伤损的探讨 [J]. 太原铁道科技，2008，4（176）：6-8.

[109] 刘丰收，陈朝阳，张银花，等. 高强耐磨贝氏体道岔尖轨的研制 [J]. 中国铁道科学，2011，32（2）：139-143.

[110] 徐伟昌，陈志远. 高速铁路无砟轨道运营初期钢轨伤损分析及对策措施 [J]. 上海铁道科技，2014（3）：37-39.

[111] 李晓非，金纪勇，李文权. Si-Cr-Nb 高强钢轨钢的研制 [J]. 钢铁，2001，36（12）：46-50.

[112] 张银花，李闯，周清跃. 我国重载铁路用过共析钢轨的试验研究 [J]. 中国铁道科学，2013，34（6）：1-7.

[113] 苏迎辉. 钢轨波磨的成因和整治 [C] //铁路重载运输货车暨工务学术研讨会，2011.

[114] 丁韦，黄辰奎，高文会，等. 铁路车轮与钢轨的强度及硬度匹配 [J]. 铁路采购与物流，2003（6）：37-38.

[115] 陈炎堂，刘东雨，方鸿生，等. 钢轨钢的接触疲劳伤损及实验研究 [J]. 中国铁道科学，2001，22（1）：52-56.

[116] 刘启越，张波，周仲荣. 铁路钢轨损伤机理研究 [J]. 中国机械工程，2002，13（18）：1596-1599.

[117] 苏晓声. 巴西卡拉思佳矿山重载铁路 [R]. 2004.

[118] 郭利宏. 包钢轨梁厂技术报告 [R]. 2023.

[119] 王彦中. 攀钢轨梁厂技术报告 [R]. 2022.

[120] 张金明. 鞍钢大型厂技术报告 [R]. 2022.

[121] 董贸松. 武钢大型厂技术报告 [R]. 2023.

[122] 李钧正. 邯钢大型厂技术报告 [R]. 2022.

[123] 王立辉. 北京特冶公司技术报告 [R]. 2023.

[124] 孙秉云. 河北永洋特钢公司技术报告 [R]. 2023.

[125] 董志洪. 为了实现钢铁强国梦想 [N]. 中国冶金报, 2000-09-22.

[126] 董志洪. 关于组建中国钢铁工业航母的思考 [J]. 冶金管理, 2002 (4).

[127] 董志洪. 试论钢铁行业的竞争力 [C] //中国钢铁工业竞争论坛, 2007.

[128] 耿志修. 大秦铁路重载运输技术 [M]. 北京: 中国铁道出版社, 2009.

[129] 薛继连. 朔黄重载铁路轮轨关系 [M]. 北京: 中国铁道出版社, 2013.

[130] 张福成. 铁路轨道用钢 [M]. 北京: 冶金工业出版社, 2022.

[131] 方一兵, 董瀚. 中国近代钢轨: 技术史与文物 [M]. 北京: 冶金工业出版社, 2020.

后　记

　　人生短暂，转眼就是百年。回顾几十年走过的路，可以自豪地说，有幸生于这个伟大的时代，让我能为国家做点实事——一路追轨。

　　我毕业于北京钢铁学院（现北京科技大学）金属压力加工系轧钢专业。毕业后响应国家号召来到边疆内蒙古草原钢城包头，在我国最大的轨梁厂学习工作了 20 个春秋。现场艰苦生活和工作的磨难与锤炼，使我增长了才干。多年来一直从事铁道用钢的试制、生产、设计和研究工作。命运之神的光顾，使我有幸参加了我国第一支 60 kg/m 钢轨、第一支 75 k/m 钢轨和第一支钢板桩的研制，使我有机会和国内外的专家学者一起参与了我国钢轨的钢种开发和质量攻关等科研工作。

　　为了发展我国的高速铁路和重载铁路，打破国外对我国的技术封锁和垄断，受国家委派我先后到日本留学，到加拿大工作，到俄罗斯、德国、法国、乌克兰等国家考察学习有关钢轨生产技术。在国外学习和工作考察期间，曾受到不少歧视和限制，为了能学到技术，我卧薪尝胆、刻苦钻研，经过不懈的努力，学习掌握了当今世界钢轨最新技术。为了报答国家的培养，我谢绝了国外公司的高薪挽留，回到祖国，用自己掌握的技术帮助我国相关钢铁企业，将自己掌握的世界先进的钢轨生产核心技术和有关工艺、设备技术提供给这些钢轨生产企业，帮助企业完成了钢轨生产线的技术改造和新建，使我国彻底摆脱了国外的技术封锁。现在我国的铁路用钢轨生产技术一跃成为世界领先。

　　长期以来作为冶金工业部和铁道部铁路用钢协调发展委员会委员和铁道部特聘高速、重载铁路钢轨专家，参加了我国高速铁路钢轨和重载铁路钢轨标准制定；参与了我国高速铁路建设方案的研讨、对轮轨式高速和磁悬浮高速的国际考察和评估；直接参与了我国京津高速、京沪高速、京广高速和大秦重载铁路、中南通道重载铁路等用轨的上道审查；参与了我国真空管道运输的研究。我国的真空管道运输是采用真空永磁磁悬浮技术为动力+豆荚式车体设计，这种设计适合我国的地形和矿业发展的需要，对解决我国煤炭、铁矿石等大宗货物运输提出了一种全新、低成本、环保绿色的新思路。

　　20 世纪末，在铁道用钢学术会议和《钢铁》期刊上，最先提出了我国 21 世纪钢轨钢的研发方向是开发过共析珠光体钢轨钢、贝氏体钢轨钢和马氏体钢轨钢的技术建议。在 21 世纪初，还参加了贝氏体钢轨钢的研制和贝氏体钢轨钢标准的制定工作，成功研制出我国第一代贝氏体钢轨钢，铺设在我国重载铁路大秦线等重载铁路线上。

忆往昔峥嵘岁月，掐指一算从事钢轨研究已经五十多年了。五十多年来，为实现我国铁路交通的现代化，献出了自己的青春和年华。如今也已白发苍苍，令我欣慰的是：自己早年要让我们国家也能有自己的高速铁路的愿望实现了。如今，我国的铁路和钢轨技术已完成了从学习、模仿到创新，走在了世界的前列。

在我成长的过程中，得到了我国钢轨专家学者和同事的指导和帮助。在与这些老前辈一起工作、研究问题的过程中，使我受益良多。这些老前辈和同事对我国钢轨事业的进步做出了重大贡献。现在他们有的已离开了我们，但我们永远不能忘记他们，永远铭记他们对我国铁路尤其是钢轨技术进步的贡献。他们是：铁道系统老专家冯先霈、魏惟恒、梁健博、陈昂泽、卢祖文等；钢铁系统老专家白广任、赵坚、翁绳厚、张慧生等。

我在国外留学和工作期间，曾得到不少外国学者的精心指导，使我较快掌握了世界最先进的钢轨生产核心技术。我要特别感谢这些国外的老师，他们是我成长的良师益友。他们是：日本神户制铁所小林敏彦研究员、法国萨西洛公司德浩士专家、加拿大悉尼公司麦当劳总工程师和马根特总设计师、乌克兰冶金设计院塔拉塔依克总设计师等。

为更好地把自己掌握的技术传给下一代，我将多年技术工作经验和相关技术研究成果写成专著。这些年共出版专著5本，即《世界H型钢和钢轨生产技术》《高技术铁路与钢轨》《中国钢铁工业发展战略与市场研究》《合金钢棒线材生产技术》和这本即将出版的《世界钢轨生产技术研究与创新》，献给为我国的钢铁事业和铁路事业奋斗的同行，并以此纪念那些为我国铁路事业献身的前辈们，希望能为我国钢轨技术今后的研究创新提供一些历史的佐证和发展思路轨迹。

20多年来出版的5部专著，共有100多万字。这样大的工作量，我都是利用业余时间收集、整理、查阅文献资料，再汇编打印成文稿，编写过程中，除了得到领导和同事的支持，还得到我的家人的支持、帮助，没有他们的支持，我是不可能完成的；另外还要感谢冶金工业出版社的有关编辑，这些年来他们一直负责我的专著编辑工作，为了提高这些专著的质量，他认真审稿，付出大量心血，提出很多宝贵的建议，给这些专著润色不少。在此，向他们表示衷心的感谢和敬意。

老骥伏枥，志在千里。我现在虽然退休了，但还要继续发挥余热，积极参加我国铁路用轨的研制工作，为我国铁路走向世界再做贡献。

我的人生轨迹一二：

在包钢工作

在日本神户制铁留学考察

作为中国铁路特邀专家考察德国磁悬浮列车

参加国际铁路会议

董志洪

2024 年 10 月

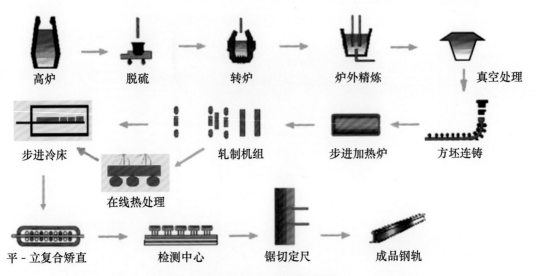

高炉　→　脱硫　→　转炉　→　炉外精炼　→　真空处理

步进冷床　←　轧制机组　←　步进加热炉　←　方坯连铸

在线热处理

平 - 立复合矫直　→　检测中心　→　锯切定尺　→　成品钢轨

鞍钢钢轨生产工艺流程

包钢三机架万能轧机机组

包钢 100 m 长尺钢轨装车

武钢三机架万能轧机机组

永洋钢厂七机架万能轧机机组

1767年 铸铁板长 1.52 m	1776~1793年 铸铁轨长0.91 m	1789年 铸铁道岔	1797年 鱼尾板	1802年 铸铁道岔	1808年 铸铁轨长1.4 m	1808年 铸铁轨	1808~1811年 可锻铸铁轨	1816年 铸铁道岔

1820年 热轧11.7 kg 铁轨	1830年四轮马车 用热轧14.9 kg 铁轨	1831年罗伯特 L.史蒂文 (Robert L.Steven) T形轨	1831年太平洋 地区铁路用 18.6 kg轨	1835年U形 或桥形 18.5 kg轨	1837年 锁形26.2 kg轨	1844年 牛头形轨

1844年 埃文斯(Evans) U形18.1 kg轨	1845年第一支 美国T形轨	1858年太平洋 地区铁路用 38.5 kg轨	1864年太平洋 地区铁路用 30.4 kg轨	1865年在美国用 贝塞麦转炉钢轧制 的第一支22.6 kg轨	1876年 27.2 kg轨	1900年 45.3 kg轨

1916年 58.9 kg轨	1930年 59.3 kg轨	1933年 50.7 kg轨	1946年 63.4 kg轨	1947年 52.1 kg轨	1947年 59.8 kg轨	1947年 60.2 kg轨	1947年70.2 kg轨 高203 mm 宽171 mm

钢轨断面的历史演变过程